人工智能技术丛书

PyTorch
深度学习与企业级项目实战

宋立桓　宋立林　著

清華大学出版社
北　京

内 容 简 介

本书立足于具体的企业级项目开发实践，以通俗易懂的方式详细介绍PyTorch深度学习的基础理论以及相关的必要知识，同时以实际动手操作的方式来引导读者入门人工智能深度学习。本书配套示例项目源代码、数据集、PPT课件与作者微信群答疑服务。

本书共分18章，内容主要包括人工智能、机器学习和深度学习之间的关系，深度学习框架PyTorch 2.0的环境搭建，Python数据科学库，深度学习基本原理，PyTorch 2.0入门，以及13个实战项目：迁移学习花朵识别、垃圾分类识别、短期电力负荷预测、空气质量预测、手写数字识别、人脸识别与面部表情识别、图像风格迁移、糖尿病预测、基于GAN生成动漫人物画像、基于大语言模型的NLP、猴痘病毒识别项目实战、X光肺部感染识别项目实战、乐器声音音频识别项目实战。

本书适合PyTorch深度学习初学者、深度学习算法从业培训人员、深度学习应用开发人员阅读，也适合作为高等院校或高职高专深度学习课程的教材。

图书在版编目（CIP）数据

PyTorch深度学习与企业级项目实战/宋立桓，宋立林著. —北京：清华大学出版社，2024.3
（人工智能技术丛书）
ISBN 978-7-302-65702-6

Ⅰ. ①P… Ⅱ. ①宋… ②宋… Ⅲ. ①机器学习—教材 Ⅳ. ①TP181

中国国家版本馆CIP数据核字（2024）第040480号

责任编辑：夏毓彦
封面设计：王　翔
责任校对：闫秀华
责任印制：沈　露

出版发行：清华大学出版社
　　网　　址：https://www.tup.com.cn，https://www.wqxuetang.com
　　地　　址：北京清华大学学研大厦A座　　**邮　　编：**100084
　　社 总 机：010-83470000　　**邮　　购：**010-62786544
　　投稿与读者服务：010-62776969，c-service@tup.tsinghua.edu.cn
　　质 量 反 馈：010-62772015，zhiliang@tup.tsinghua.edu.cn

印 装 者：定州启航印刷有限公司
经　　销：全国新华书店
开　　本：190mm×260mm　　印　　张：16.25　　字　　数：439千字
版　　次：2024年3月第1版　　印　　次：2024年3月第1次印刷
定　　价：69.00元

产品编号：086674-01

图书推荐

ChatGPT 引爆了全球对人工智能的强烈关注，当下正值人工智能发展的热潮，本书作者都是福州三中校友，他们致力于普及人工智能的知识。本书项目案例丰富，实战性强，帮助读者快速入门，理解核心知识点。希望广大读者能够通过本书开启自己的深度学习之旅，完成从理论到实践的进阶，成为真正符合市场需求的应用型人工智能人才。最后祝本书大卖！

卢龙
国家级人才称号获得者
美国耶鲁大学博士后
武汉大学信息管理学院教授

人工智能的重要基础设施软件之一叫深度学习框架，在业内，深度学习框架被视为“AI 操作系统”。从让 AI 更加普惠的角度来看，本书的两位作者成功地将复杂的理论以可以被理解的方式解释出来，同时本书作者之一的宋立林老师是我的校友，具有丰富的信息学奥赛教学经验。相信每一位读者在阅读本书后都能获益匪浅，成为 AI 时代的弄潮儿。

陈羽中
中国科学技术大学博士
福州大学计算机与大数据学院副院长

全球科技巨头纷纷拥抱深度学习，自动驾驶、AI 医疗、图像识别以及震惊世界的 ChatGPT 背后，都是深度学习在发挥神奇的作用。深度学习是人工智能从概念到繁荣得以实现的主流技术。本书作者极具专业性，内容深入浅出，适合 AI 工作者和爱好者阅读。

俞发仁
全国高校人工智能与大数据创新联盟常务理事
福州软件职业技术学院执行校长

当下正值人工智能发展的热潮。深度学习已经表明它可以成为一个强大的诊断工具，例如，在医疗影像工作中展示出人意料的表现。除医学影像识别外，深度学习在疾病预测方面也发挥着重要作用。本书作者普及 AI 知识，书中项目案例丰富，实战性强，可以为临床一线人员了解和深入研究人工智能技术提供有益参考。最后希望广大读者能够通过本书开启自己的深度学习之旅！

丁健
武汉大学医学博士
福建省政府引进人才
福建医科大学副教授、主任医师

随着 AlphaGo、ChatGPT 横空出世，越来越多的人开始意识到人工智能深度学习对当今时代产生的影响。许多人都选择转行到人工智能这一行。本书作者深入浅出地描述让你轻轻松松告别阅读障碍，通过企业级项目实战带领读者学习深度学习，以项目贯穿全书，让读者在学习过程中更具成就感。这个时代是没有专家的时代，我们每个人都在学习。不存在输在起跑线上，因为每天都在新的起跑线。欢迎广大读者加入人工智能行业，一起来记录这个风起云涌的人工智能时代。最后祝本书大卖！

刘小健
知鱼智联创始人
清华经管 EMBA

随着 ChatGPT 的爆火出圈，今年被称为“生成式人工智能元年”，AI 人工智能时代，每个人都应该意识到深度学习的重要性和意义。本书作者结合企业实际项目案例，详细介绍了人工智能深度学习相关内容。数据、人才、算法、算力这四者缺一不可。其中每个方面在未来都有巨大的商机，正是因为我们即将进入智能社会，商机恰恰不是只在智能本身，而是各个方面。从事人工智能工程师职业的初学者，将从这本书获得巨大收获。

胡文生
创星谷 CEO
福建省闽商资本联合会产业创新孵化中心主任
厦门市科技服务行业协会副会长

首先感谢两位作者出版了这么一本非常重要的产业数字化项目案例参考书。这本书不仅详细介绍了深度学习框架 PyTorch，还提供了丰富的企业级项目实践经验。更重要的是，它将深度学习理论与项目实战相结合，为实现“数实融合，产业共进”搭建了一座桥梁。通过学习这本书，读者可以深入了解深度学习在数字经济中的应用场景、技术挑战以及解决方案，进一步推动数字产业化的发展。这本书的出版填补了产业数字化领域在深度学习应用方面的空白，对于那些希望在数字技术领域有所突破的人来说，这是一本不可或缺的参考书和学习宝典。

陈宏毅

民建福州市委大数据委员会主任

福州大学民建经济研究院特聘研究员

在人工智能时代，理解和应用人工智能已成为互联网从业者的核心竞争力之一。本书的两位作者结合实际项目案例深入浅出地介绍人工智能深度学习，非常适合人工智能行业的从业者参考。对于一个需要跟着互联网变化与时俱进的 AI 从业者来说，本书是值得强烈推荐入手学习的一本好书！

许福生

青叶智能创始人

厦门理工学院研究生导师

厦大平潭研究院青叶联合实验室主任

前　言

我们正经历一场大革命，这场革命就是由大数据和强大的计算机计算能力发起的。2016年3月，震惊世界的AlphaGo以4:1的成绩战胜李世石，让越来越多的人了解到人工智能的魅力，也让更多人加入深度学习的研究。2023年5月，ChatGPT“横空出世”，开启了人工智能技术的新时代，进一步体现人工智能超乎想象的潜力。ChatGPT的爆火出圈使得开发它的人工智能实验室OpenAI以及创始人山姆·阿尔特曼获得全世界的关注，马斯克更是盛赞：ChatGPT非常好，我们离强大到危险的人工智能不远了。

想要自己实现ChatGPT？那就先学习PyTorch吧！在人工智能领域中，自然语言处理技术已经成为一个重要的研究方向。而ChatGPT作为自然语言处理技术中的一种模型，因为其在语言生成和理解方面的出色表现，已经引起了广泛的关注。但是，要想自己实现ChatGPT，需要先学习一些基础知识，其中PyTorch是一个非常重要的工具。

PyTorch是由Facebook开发的一款开源深度学习框架，因其简单易用、灵活自由的特性，受到了广泛的欢迎。在PyTorch中，我们可以轻松地构建神经网络模型，实现模型的训练和推理，并且可以方便地进行模型调试和优化。

而ChatGPT是一种基于Transformer模型的自然语言处理技术。它通过预训练的方式让模型学习语言的生成和理解，从而可以高效地进行文本生成、文本理解、机器翻译等任务。ChatGPT的出现为自然语言处理领域带来了新的思路和方向。

但是，要想自己实现ChatGPT，需要先掌握一些基础知识，如深度学习、神经网络、自然语言处理等。同时，还需要熟悉PyTorch框架的使用，包括模型的构建、训练、推理等。此外，还需要掌握一些常用的自然语言处理算法和工具。

对于初学者来说，可以从一些基础的深度学习课程开始学习。同时，可以参考一些优秀的项目实战来进行实践操作。

总之，只有不断地学习和实践，才能掌握深度学习技术的精髓，实现自己的ChatGPT梦想。未来，随着深度学习技术的不断发展和完善，深度学习也将迎来更多的挑战和机遇。我们需要更加深入地研究和学习，才能在这个领域中不断取得新的突破和成就。

然而普通的程序员想要快速入门深度学习，就需要借助PyTorch深度学习框架。有了PyTorch，编写神经网络模型更简单、更高效。本书立足具体实践，以通俗易懂的方式详细介绍深度学习的基础理论以及相关的必要知识，同时以实际动手操作的方式来引导读者入门人工智能深度学习。

阅读本书的读者，只需学过Python语言基础知识，只要你想改变自己的现状，那么这本书就非常适合你。本书为那些非科班出身而又想半路“杀进”人工智能领域的程序员提供快速上手的参考指南。

本书提供详细的案例资源代码文件，可在清华大学出版社的网站上下载，以便于读者动手实践。

本书配套资源下载

本书配套示例源代码、数据集、PPT 课件与作者微信群答疑服务，读者需要用微信扫描下面的二维码获取。如果阅读中发现问题或疑问，请联系 booksaga@163.com，邮件主题写“PyTorch 深度学习与企业级项目实战”。

本书作者

本书由宋立桓和宋立林创作。宋立桓，目前为国内某互联网头部企业的解决方案架构师，专注于云计算、大数据和人工智能。宋立林，曾指导多名学生获得全国青少年信息学奥林匹克竞赛（National Olympiad in Informatics，NOI）奖牌，培养的学生被清华大学、北京大学等名校录取的有上百人，许多学生进入了世界著名的高科技企业。宋立林老师具有丰富的教学经验，使得本书能够以生动的语言带你走进深度学习 PyTorch 框架的学习，全书阅读起来易懂而不枯燥。

致　谢

感谢我的妻子和女儿、你们是我心灵的港湾！

感谢我的父母，你们一直在默默地支持者我！

感谢我的朋友和同事，相互学习的同时彼此欣赏！

感谢清华大学出版社的夏毓彦老师帮助我出版了这本有意义的著作。

万事开头难，只有打开了一扇窗户，才能发现一个全新的世界，希望这本书能帮助新人打开深度学习的大门，让更多的人享受到人工智能时代到来的红利。

宋立桓

国内头部互联网企业解决方案架构师

大数据、人工智能布道师

2024 年 1 月

目　录

第1章 人工智能、机器学习与深度学习简介

目前业界许多图像识别技术与语音识别技术的进步都源于深度学习的发展。深度学习的发展极大地促进了机器学习的地位提高，进一步推动了业界对人工智能梦想的再次重视。深度学习摧枯拉朽一样地实现了各种任务，使得所有的机器辅助功能都变为可能，无人驾驶汽车、预防性医疗保健甚至是更好的电影推荐都将可以实现。“AI无所不能，马上就要改变世界，取代人类”的领域，基本跟深度学习有关系。

1.1 什么是人工智能

首先，我们先来界定接下来所要讨论的人工智能的定义和范畴。

人工智能（Artificial Intelligence，AI）可以理解为让机器具备类似人的智能，从而代替人类去完成某些工作和任务。

同学们对AI的认知可能来自《西部世界》《超能陆战队》《机器人总动员》等影视作品，这些作品中的AI都可以定义为“强人工智能”，因为它们能够像人类一样思考和推理，且具备知觉和自我意识。强人工智能是指具有完全人类思考能力和情感的人工智能。而弱人工智能是指不具备完全智慧，但能完成某一特定任务的人工智能。弱人工智能系统是人类已经掌握的技术，能够在特定的任务上，在已有的数据集上进行学习，它往往只擅长某方面的工作，无论是可以预约烧饭的电饭煲，还是会聊天的机器人，都属于此列。这种弱人工智能就在你身边，早已服务在大家生活的方方面面了，已经开始为社会创造价值。

比如语音助手，在手机、音响、车里，甚至你的手表上。最常见的“Hi Siri，帮我查查明天上海的天气”。这里面涉及机器如何听懂、理解人类的意图，并且在互联网上找到合适的数据进行回复。

顺便说一下电话客服的问题，相信大家平时都接到过一些推销电话、骚扰电话，和人类的声音完全一样，甚至能够对答如流，但是你有没有想过，和你进行交流的其实只是一台机器。

这个其实是最接近大家普遍认知里面人工智能的模样，无奈要让机器理解人类的自然语言，

还是路漫漫，特别是人类隐藏在语言里面的情感、隐喻。所以，自然语言处理一直被视为人类征服人工智能的珠穆朗玛峰。

相比于理解自然语言，计算机视觉发展得就顺利多了，它教计算机“看懂”一些人类交给他们的事物。

比如最常见的出行环境中，停车场的牌照识别。以前得雇一个老大爷天天守在门口抄牌子，现在一个摄像头可以搞定所有的事情。

在购物场景中，如Amazon的无人超市，能够通过人脸识别知道你是否来过、以前有没有购物过，给你推荐更好的体验。

而除这些身边“有形”的能看能听的人工智能外，帮助人类做决策、做预测，也是人工智能的强项。

比如在网购场景下，能够根据你以前的购物习惯，“猜测”你可能喜欢购买哪件物品。

比如刷抖音的时候，机器会学习你的喜好并推荐更符合你口味的视频。

再比如专业性更高的医疗行业，你有没有想过，自己学医8年，从20岁到28岁，仍然有可能被新技术所取代。笔者一个朋友的儿子是医疗影像专业的，在一家医院工作，有次一起交流的时候，我发现他对自己的前景充满了担忧：他说一个影像科的医生，从学习到出师，需要花费数十年的时间。这些X光片或者CT、核磁共振的片子和诊断结果，让人工智能来进行判断，可能只需要几秒钟就能完成。而且计算机诊断的准确率明显高于人类医生，甚至成本更低。

在家庭生活场景中，每年我们都会看到全球智能家居厂商发布的硬核产品。例如科沃斯发布了第一款基于视觉技术的扫地机器人DG70，它可以识别家里的鞋子、袜子、垃圾桶、充电线，当然除用到视觉系统外，还需要机身上各种各样的传感器信息融合处理，才能实现在清扫复杂家居环境时合理避障。

1.2 人工智能的本质

举一个简单的例子，如果我们需要让机器具备识别狗的智能：第一种方式是将狗的特征（毛茸茸、四条腿、有尾巴……）告诉机器，机器将满足这些规则的东西识别为狗；第二种方式是完全不告诉机器狗有什么特征，但我们“喂”给机器10万幅狗的图片，机器就会自己从已有的图片中学习狗的特征，从而具备识别狗的智能。

其实，AI本质上是一个函数。AI其实就是我们“喂”给机器目前已有的数据，机器从这些数据中找出一个最能拟合（即最能满足）这些数据的函数，当有新的数据需要预测的时候，机器就可以通过这个函数来预测这个新数据对应的结果是什么。

对于一个具备某种AI智能的模型而言，一般具备以下要素：“数据”+“算法”+“模型”，理解了这三个词，AI的本质你也就搞清楚了。

我们用一个能够区分猫和狗图片的分类器模型来辅助理解一下这三个词：

- “数据”就是我们需要准备大量标注过是“猫”还是“狗”的图片。为什么要强调大量？因为只有数据量足够大，模型才能够学习到足够多且准确的区分猫和狗的特征，才能在区分猫和狗这个任务上表现出足够高的准确性；当然，在数据量不大的情况下，我们也可以训练模型，不过在新数据集上预测出来的结果往往就会差很多。

- “算法”指的是构建模型时打算用浅层的网络还是深层的网络，如果是深层的网络，我们要用多少层，每层有多少神经元，功能是什么，等等，也就是网络架构的设计，相当于确定了我们的预测函数大致结构应该是什么样的。

我们用 Y=f(W,X,b)来表示这一函数，X 是已有的用来训练的数据（猫和狗的图片），Y 是已有的图片数据的标签（该图片是猫还是狗）。聪明的你会问：W 和 b 呢？问得好，函数里的 W（权重）和 b（偏差）我们还不知道，这两个参数是需要机器学习后自己找出来的，找的过程也就是模型训练的过程。

- “模型”指的我们把数据代入算法中进行训练，机器就会不断地学习，当机器找到最优W（权重）和b（偏差）后，我们就说这个模型训练成功了，这个时候函数Y=f(W,X,b)就完全确定下来了。

然后就可以在已有的数据集外给模型一幅新的猫或狗的图片，模型就能通过函数 Y=f(W,X,b)计算出这幅图的标签究竟是猫还是狗，这也就是所谓的模型的预测功能。

至此，你应该已经能够理解 AI 的本质了。我们再简单总结一下：无论是最简单的线性回归模型还是较复杂的拥有几十甚至上百个隐藏层的深度神经网络模型，本质都是寻找一个能够良好拟合目前已有数据的函数 Y=f(W,X,b)，并且希望这个函数在新的未知数据上能够表现良好。

前面提到的科沃斯发布的 DG70，只提供一个“眼睛”和有限个传感器，但却要求其可以识别日常家居物品，比如前方遇到的障碍物是拖鞋还是很重的家具脚，可不可以推过去？如果遇到了衣服、抹布这种奇形怪状的软布，机器还需要准确识别出来以避免缠绕。

让扫地机器人完成图像识别大致会经过以下几个步骤：

步骤01 定义问题：就像刚刚说的，根据扫地机器人的使用场景，识别家居场景里面可能遇到的所有障碍物：家具、桌角、抹布、拖鞋等。有了这些类别定义，我们才可以训练一个多分类模型，针对扫地机器人眼前看到的物体进行分类，并且采取相应的规避动作。对于很多不了解机器学习的同学来说，能够理解到这一步其实已经是巨大的认知突破了。因为机器智能无法像人类一样学习，自我进化，举一反三。当前阶段的机器智能永远只能忠实执行人类交给他的任务。

步骤02 收集数据 & 训练模型：接下来接着收集数据，并且标注数据。现在的深度神经网络动不动就有几百万个参数，具有非常强大的表达能力。因此需要大量的数据，而且是标注数据。所谓标注数据，就是在收集了有关图片后，需要人工标注员一个一个判断这些图片是否属于上面已定义类别中的某一个。在工业界这个成本非常昂贵，一个任务一年可能要花费几百万美金，仅仅是为了做数据标注。有了高质量的标注数据，才有可能驱动深度神经网络拟合真实世界问题。

步骤03 这么复杂的人工智能运算在这个具体案例上是在本地机器上运行的。一方面，要保护用户隐私，不能将用户数据上传到云端；另一方面，扫地是一个动态过程，很多运算对时效性要求非常高，稍有延迟可能一不小心就撞到墙壁了。

综上所述，连简单的“识别拖鞋”都需要经过上面这么复杂的过程。因此，扫地机器人虽小，但其涉及的技术领域堪比自动驾驶。而对于自动驾驶汽车来说，其信号收集过程也跟上面差不多。不过为了保证信号的精确程度，现代的自动驾驶汽车除图像视觉信号外，车身还会配备更多的传感器，精确感知周围环境。

1.3 人工智能相关专业人才就业前景

1. 国家鼓励发展新一代人工智能

2017年7月，国务院印发《新一代人工智能发展规划》，确立了未来我国人工智能发展的目标和方向，战略目标分三步走：

第一步，到2020年人工智能总体技术和应用与世界先进水平同步，人工智能产业成为新的重要经济增长点，人工智能技术应用成为改善民生的新途径，有力支撑进入创新型国家行列和实现全面建成小康社会的奋斗目标。

第二步，到2025年人工智能基础理论实现重大突破，部分技术与应用达到世界领先水平，人工智能成为带动我国产业升级和经济转型的主要动力，智能社会建设取得积极进展。

第三步，到2030年人工智能理论、技术与应用总体达到世界领先水平，成为世界主要人工智能创新中心，智能经济、智能社会取得明显成效，为跻身创新型国家前列和经济强国奠定重要基础。

2. 人工智能产业飞速发展引发巨量人才需求

近年来，随着人工智能的飞速发展，生产效率和生活品质都得到大幅提升，各路资本、巨头和创业公司纷纷涌入相关领域，苹果、谷歌、微软、亚马逊和Facebook五大巨头都投入了大量资源抢占人工智能市场，甚至将自己整体转型为人工智能驱动型公司。据麦肯锡统计，全球范围内，包括谷歌、苹果、Facebook等科技巨头在AI上的相关投入已经达到200~300亿美元，其中90%用于技术研发和部署，10%用于收购。此外，面向初创公司的VC和PE投资也快速增长，总计60~90亿美元，三年间的外部投资年增长率接近40%。国内互联网领军者BAT（即百度、阿里巴巴、腾讯）也将人工智能作为重点战略，凭借自身优势，积极布局人工智能领域，尤其是计算机视觉、服务机器人、语音及自然语言处理、智能医疗、机器学习、智能驾驶等。截至目前，阿里巴巴、腾讯、百度、华为、微软、亚马逊等国内外知名科技企业均已在上海设立了人工智能科研机构。

在此背景下，相关人才的需求量日益增加，尤其是北京、上海、广东、江苏、浙江等地区需求量尤为庞大。北京以领先全国其他地区的政策环境、人才储备、产业基础、资本支持等成为人工智能创业首要阵地；上海、江苏、浙江均有良好的经济基础和科技实力，人工智能应用实力雄厚，也聚集了一批人工智能垂直产业园；浙江计划用5年时间引进10万名人工智能人才，还将建立全球人工智能人才数据库。广东互联网产业发达，企业对数据需求强烈，依靠大数据产业链有效推动了人工智能产业蓬勃发展。

据工信部调研统计，中国人工智能产业发展与人才需求比为1:10，预计到2030年，人工智能核心产业规模将达到1万亿，相关产业规模达到10万亿，人工智能人才缺口达到500万，需求量最大的是工程应用型人才，其次是技术应用和科技转化中端人才，最后是前沿理论高端研究人才。可以预见，未来5~10年随着各类公司对人工智能布局的推广和深入，核心技术和人才的争夺将会越来越激烈。

3. 国内人工智能专业人才供不应求

据教育部公布的信息显示，截至2018年年底，全国已经开设人工智能相关专业的院校数量如下：智能科学与技术专业 155 所，人工智能专业 38 所，机器人工程专业 194 所。经过调研显示，普遍存在着缺乏实验环境、缺乏实验项目、缺乏课程教师、缺乏配套教材、缺乏测评体系等方面的困难，人才培养的速度总体缓慢，规模总体较小，远远不能满足相关产业人才需求。

4. 国家鼓励加强人工智能人才培养

2018 年 4 月，教育部印发《高等学校人工智能创新行动计划》，从科研、教学、成果转化三个方面给高等教育体系下达“任务”：

2020 年，基本完成适应新一代人工智能发展的高校科技创新体系和学科体系的优化布局。

2025 年，取得一批具有国际重要影响的原创成果，部分理论研究、创新技术与应用示范达到世界领先水平。

2030 年，高校成为建设世界主要人工智能创新中心的核心力量和引领新一代人工智能发展的人才高地。

综上所述，当前国家正积极鼓励和引导发展新一代人工智能，国内人工智能产业得到了飞速发展，由此引发巨量人才需求，然而，由于现有人才存量不多，相关院校人才培养速度总体缓慢，相关人才供不应求，迫切需要加大力度培养人工智能专业人才。因此，可以预见，在未来 5~10 年内，人工智能专业人才就业前景乐观。

以上内容的目的是让大家看清人工智能行业目前的发展情况，一个日益增长且正面临全面商业化的行业，需要的人只会越来越多，而不是越来越少。传统行业的智能化已经启动，企业在 AI 时代构建新的竞争优势的核心在于人工智能人才的有效供给。目前我国高等教育对人工智能人才的培养处于较为滞后的状态，高校对人才的培养很难满足企业需求。一些掌握人工智能前沿技术的企业开始寻找新的人才培养模式，未来将有更多的符合岗位需求的人才进入市场。

1.4　机器学习和深度学习

1.4.1　什么是机器学习

要说明什么是深度学习，首先要知道机器学习（Machine Learning，ML）、神经网络、深度学习之间的关系。

众所周知，机器学习是一种通过利用数据训练出模型，然后使用模型预测的方法。与传统的为解决特定任务、硬编码的软件程序不同，机器学习是用大量的数据来“训练”的，通过各种算法从数据中学习如何完成任务。举个简单的例子，当我们浏览网上商城时，经常会出现商品推荐的信息。这是商城根据你往期的购物记录和冗长的收藏清单识别出其中哪些是你真正感兴趣的，并且愿意购买的产品。这样的决策模型可以帮助商城为客户提供建议并鼓励产品消费。

机器学习是人工智能的子领域，机器学习理论主要是设计和分析一些让计算机可以自动学习的算法。

举个例子，假设要构建一个识别猫的程序。传统上，如果我们想让计算机进行识别，需要输入一串指令，例如猫长着毛茸茸的毛、顶着一对三角形的耳朵等，然后计算机根据这些指令执行下去。

但是，如果我们对程序展示一只老虎的照片，程序应该如何反应呢？更何况通过传统方式要制定全部所需的规则，而且在此过程中必然涉及一些较难定义的概念，比如对毛茸茸的定义。因此，更好的方式是让机器自学。我们可以为计算机提供大量的猫的照片，系统将以自己特有的方式查看这些照片。随着实验的反复进行，系统会不断学习更新，最终能够准确地判断出哪些是猫，哪些不是猫。

我们不给机器规则，取而代之，我们“喂”给机器大量的针对某一任务的数据，让机器自己学习，继而挖掘出规律，从而具备完成某一任务的智能。机器学习是通过算法，使用大量数据进行训练，训练完成后会产生模型，将来有新的数据进来能够进行准确的分类或预测。

机器学习的常用方法主要分为监督学习（Supervised Learning）和无监督学习（Unsupervised Learning）。

1. 监督学习

监督学习需要使用有输入和预期输出标记的数据集。例如，指定的任务是使用一种图像分类算法对男孩和女孩的图像进行分类，那么男孩的图像需要带有“男孩”标签，女孩的图像需要带有“女孩”标签。这些数据被认为是一个训练数据集，通过已有的训练数据集（即已知数据及其对应的输出）来训练得到一个最优模型，这个模型就具备了对未知数据进行分类的能力。它之所以被称为监督学习，是因为算法从训练数据集学习的过程就像是一位老师正在监督学习。在我们预先知道正确的分类答案的情况下，算法对训练数据不断进行迭代预测，然后预测结果由“老师”进行不断修正。当算法达到可接受的性能水平时，学习过程才会停止。

在人对事物的认知中，我们从小就被大人教授这是鸟，那是猪，那是房子，等等。我们所见到的景物就是输入数据，而大人对这些景物的判断结果（是房子还是鸟）就是相应的输出。当我们见识多了以后，脑子里就慢慢地得到了一些泛化的模型，这就是训练得到的那个（或者那些）函数，从而不需要大人在旁边指点的时候，我们也能分辨出来哪些是房子，哪些是鸟。

2. 无监督学习

无监督学习（也叫非监督学习）则是另一种研究得比较多的学习方法，它与监督学习的不同之处在于我们事先没有任何训练样本，需要直接对数据进行建模。这听起来有些不可思议，但是在我们认识世界的过程中很多地方都用到了无监督学习。比如我们去参观一个画展，我们对艺术一无所知，但是欣赏完多幅作品之后，也能把它们分成不同的派别（比如哪些更朦胧一点，哪些更写实一些，即使我们不知道什么叫作朦胧派，什么叫作写实派，但是至少能把它们分为两个类别）。

1.4.2 深度学习独领风骚

机器学习有很多经典算法，其中有一个叫作神经网络的算法。神经网络最初是一个生物学的概念，一般是指大脑神经元、触点、细胞等组成的网络，用于产生意识，帮助生物思考和行动，后来人工智能受神经网络的启发，发展出了人工神经网络。人工神经网络是指由计算机模拟一层一层的神经元组成的系统。这些神经元与人类大脑中的神经元相似，通过加权连接相互影响，并且通过改变连接上的权重，可以改变神经网络执行的计算。

最初的神经网络是感知器（Perceptron）模型，可以认为是单层神经网络，但由于感知器算法无法处理多分类问题和线性不可分问题，当时计算能力也落后，因此对神经网络的研究沉寂了一段时间。2006 年，Geoffrey Hinton 在科学杂志 *Science* 上发表了一篇文章，不仅解决了神经网络在计算上的难度，同时也说明了深层神经网络在学习上的优异性。深度神经网络（Deep Neural Network，DNN）的深度指的是这个神经网络的复杂度，神经网络的层数越多，就越复杂，它所具备的学习能力就越深，因此我们称之为深度神经网络。从此神经网络重新成为机器学习界主流强大的学习技术，同时具有多个隐藏层的神经网络被称为深度神经网络，基于深度神经网络的学习研究称为深度学习。

如图 1-1 所示，神经网络与深度神经网络的区别在于隐藏层级，神经网络一般有输入层→隐藏层→输出层，一般来说隐藏层大于 2 的神经网络叫作深度神经网络，深度学习就是采用像深度神经网络这种深层架构的一种机器学习方法。它的实质就是通过构建具有很多隐藏层的神经网络模型和海量的训练数据来学习更有用的特征，从而最终提升分类或预测的准确性。

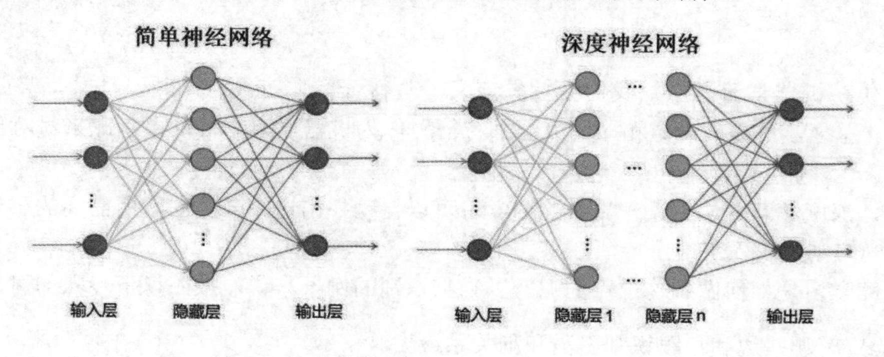

图 1-1

有计算机界诺贝尔奖之称的 ACM A.M.图灵奖（ACM A.M. Turing Award）公布 2018 年获奖者由引起这次人工智能革命的三位深度学习之父——蒙特利尔大学教授 Yoshua Bengio、多伦多大学名誉教授 Geoffrey Hinton、纽约大学教授 Yann LeCun 获得，他们使深度神经网络成为计算的关键。ACM 这样介绍他们三人的成就：Hinton、LeCun 和 Bengio 三人为深度神经网络这一领域建立起了概念基础，通过实验揭示了神奇的现象，还贡献了足以展示深度神经网络实际进步的工程进展。

Google 的 AlphaGo 与李世石九段惊天动地的大战，AlphaGo 以绝对优势完胜李世石九段，击败棋圣李世石的 AlphaGo 所用到的算法实际上就是基于神经网络的深度学习算法。在自然语言处理领域，深度学习技术已经取得了很多重大突破。这些深度学习模型可以对大量的文本数据进行自动学习，自动生成丰富的语言表示，这些表示可以被用来解决多种自然语言处理任务，如火爆的 ChatGPT 的技术架构就是深度学习模型。人工智能、深度学习成为这几年计算机行业、互联网行业最火的技术名词。

1.4.3　机器学习和深度学习的关系和对比

如图 1-2 所示，深度学习（Deep Learning，DL）属于机器学习的子类。它的灵感来源于人类大脑的工作方式，这是利用深度神经网络来解决特征表达的一种学习过程。深度神经网络本身并非是一个全新的概念，可理解为包含多个隐含层的神经网络结构。为了提高深层神经网络的训练效果，人们对神经元的连接方法以及激活函数等做出了调整，其目的在于建立、模拟人脑进行分析学习的神经网络，模仿人脑的机制来解释数据，如文本、图像、声音。

图 1-2

如果是传统机器学习方法，我们会首先定义一些特征，如有没有胡须，耳朵、鼻子、嘴巴的模样，等等。总之，首先要确定相应的“面部特征”作为机器学习的特征，以此来对对象进行分类识别。

而现在，深度学习方法更进一步。深度学习可以自动找出这个分类问题所需要的重要特征，而传统的机器学习则需要人工给出特征。

那么深度学习是如何做到这一点的呢？以猫狗识别的例子来说，按照以下步骤即可：

（1）确定有哪些边和角跟识别出猫和狗关系最大。

（2）根据上一步找出的很多小元素（边、角等）构建层级网络，找出它们之间的各种组合。

（3）在构建层级网络之后，就可以确定哪些组合可以识别出猫和狗。

深度学习的“深”是因为它通常有较多的隐藏层，正是因为有那么多隐藏层存在，深度学习网络才拥有表达更复杂函数的能力，这样才能识别更复杂的特征，继而完成更复杂的任务。

对于机器学习与深度学习，我们从 5 个方面进行比较：数据依赖、硬件依赖、特征工程、运行时间、可理解性。

1. 数据依赖

机器学习能够适应各种数据量，特别是数据量较小的场景。如果数据量迅速增加，那么深度学习的效果将更加突出，如图 1-3 所示。这是因为深度学习算法需要大量数据才能完美理解。随着数据量的增加，二者的表现有很大区别。

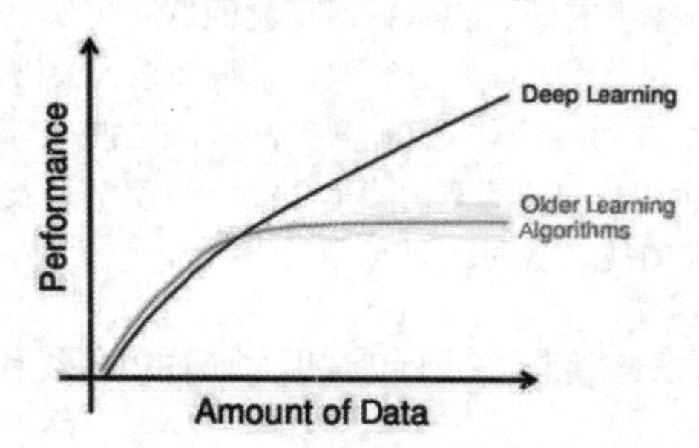

图 1-3

通过数据量对不同方法表现的影响可以发现，深度学习适合处理大数据，而数据量比较小的时候，用传统机器学习方法也许更合适。之前提到的预先训练过的网络在 120 万幅图像上进行了训练。对于许多应用来说，这样的大数据集并不容易获得，并且花费昂贵且耗时。

2. 硬件依赖

深度学习十分依赖高端的硬件设施，因为计算量实在太大了。深度学习中涉及很多矩阵运算，因此很多深度学习都要求有 GPU 参与运算，因为 GPU 就是专门为矩阵运算而设计的。相反，普通的机器学习随便给一台计算机就可以运行。深度学习需要使用高端的 CPU 和 GPU（图形处理器）。与 GPU 相比，CPU 在处理并行计算的速度上略有落后。GPU 的设计初衷是用于图形渲染，这需要大规模的并行计算来处理图像中的像素。深度学习中的许多任务也可以受益于大规模并行计算，因为神经网络中的许多操作可以同时在多个数据点上执行。GPU 的高度并行化结构使其非常适合执行这些操作。

3. 特征工程

特征工程是指我们在训练一个模型的时候，需要首先确定有哪些特征。在机器学习方法中，几乎所有的特征都需要通过行业专家来确定，然后手工对特征进行编码。然而深度学习算法试图自己从数据中学习特征。这也是深度学习十分引人注目的一点，毕竟特征工程是一项十分烦琐、耗费很多人力物力的工作，深度学习的出现大大减少了发现特征的成本。经典的机器学习算法通常需要复杂的特征工程。首先在数据集上执行深度探索性数据分析，然后做一个简单的降低维数的处理。最后，必须仔细挑选一些对结果预测最有用的特征传递给机器学习算法。而当使用深度网络时，不需要这样做，因为只需将数据直接传递到网络，通常就可以实现良好的性能。深度学习算法试图自己从数据中学习特征。这也是深度学习十分引人注目的一点，毕竟特征工程是一项十分烦琐、耗费很多人力物力的工作，深度学习的出现大大减少了发现特征的成本。

4. 运行时间

深度学习需要花费大量时间来训练，因为有太多参数需要学习。顶级的深度学习算法需要花费几周的时间来训练。但是机器学习一般几秒钟，最多几小时就可以训练好。执行时间是指训练算法所需要的时间量。一般来说，深度学习算法需要大量时间进行训练。这是因为该算法包含很多参数，因此训练它们需要比平时更长的时间。相对而言，机器学习算法的执行时间更少。但是深度学习花费这么多时间训练模型肯定不会白费力气的，优势在于模型一旦训练好，在预测任务时就运行得很快。

5. 可理解性

最后一点，也是深度学习的一个缺点。其实也算不上缺点吧，那就是深度学习很多时候我们难以理解。一个深层的神经网络，每一层都代表一个特征，而层数多了，我们也许根本不知道它们代表什么特征，就无法把训练出来的模型用来对预测任务进行解释。例如，我们用深度学习方法来批改论文，也许训练出来的模型对论文评分都十分准确，但是我们无法理解模型的规则，这样那些拿了低分的同学找你问“凭什么我的分这么低？”，你会哑口无言，因为深度学习模型太复杂，内部的规则很难理解。

传统机器学习算法就不一样，比如决策树算法，可以明确地把规则列出来，每一个规则、每一个特征都可以理解。但这不是深度学习的错（指深度学习模型太复杂，内部的规则很难理解），只能说它太厉害了，人类还不够聪明，理解不了深度学习的内部特征。

1.5 小白如何学深度学习

很早之前，听过雷军说的一句话："站在风口上，猪都可以飞起来"！这句话用来形容现在的深度学习非常贴切。是的，近几年来，深度学习的发展极其迅速。其影响力已经遍地开花，在医疗、自动驾驶、机器视觉、自然语言处理等各个方面大展身手。在深度学习这个世界大风口上，谁能抢先进入深度学习领域，学会运用深度学习技术，谁就能真正地在 AI 时代"飞"起来。

对于每一个想要开始学深度学习的大学生、IT 程序员或者其他想转行的人来说，最迫切的需求就是深度学习该如何入门。下面来谈一谈笔者的看法。

1.5.1 关于两个"放弃"

1. 放弃海量资料

没错，就是放弃海量资料！在我们想要入门深度学习的时候，往往会搜集很多资料，比如 xx 学院深度学习内部资源、深度学习从入门到进阶百吉字节资源、xx 人工智能教程等。很多时候我们拿着十几吉字节、几百吉字节的学习资源，然后踏踏实实地放到了某个云盘里存着，等着日后慢慢学习。殊不知，有 90% 的人仅仅只是搜集资料、保存资料而已，放在云盘里一年半载也没打开学习。躺在云盘的资料很多时候只是大多数人"以后好好学习"的自我安慰和"自我"安全感而已。而且，面对海量的学习资料，很容易陷入一种迷茫的状态，最直接的感觉就是：天啊，有这么多东西要学！天啊，还有这么多东西没学！简单来说，就是选择越多，越容易让人陷入无从选择的困境。

所以，第一步就是要放弃海量资料，选择一份真正适合自己的资料，好好研读下去，消化它。最终会发现收获很大。

2. 放弃从零起步

深度学习的初学者总会在学习路径上遇到困惑。先是那些框架，就让你不知道该从哪里着手。一堆书籍，也让你犹豫如何选择。即便你去咨询专业人士，他们也总会轻飘飘地告诉你一句"先学好数学"。怎样算是学好？深度学习是一门融合概率论、线性代数、凸优化、计算机、神经科学等多方面的复杂技术。学好深度学习需要的理论知识很多，有些人可能基础不是特别扎实，就想着从最底层的知识开始学起，如概率论、线性代数、机器学习、凸优化公式推导等。但是这样做的坏处是比较耗费时间，而且容易造成"懈怠学习"，打消学习的积极性，直到你彻底放弃学习的想法。真要按照他们的要求按部就班地学习，没有几年功夫，你连数学和编程基础都学不完。可到那时候，许多"低垂的果实"还在吗？

因为"啃"书本和推导公式相对来说是比较枯燥的，远不如自己搭建一个简单的神经网络更能激发自己学习的积极性。当然，不是说不需要钻研基础知识，只是说，在入门的时候，最好先从顶层框架上有个系统的认识，然后从实践到理论，有的放矢地查缺补漏机器学习的知识点。从宏观到微观，从整体到细节，更有利于深度学习快速入门。而且从学习的积极性来说，也起到了"正反馈"的作用。

1.5.2 关于三个"必须"

谈完了深度学习入门的两个"放弃"之后，接下来看深度学习究竟该如何快速入门。

1. 必须选择编程语言：Python

俗话说“工欲善其事，必先利其器”。学习深度学习，掌握一门合适的编程语言非常重要。最佳的选择就是 Python。为什么人工智能、深度学习会选择 Python 呢？一方面是因为 Python 作为一门解释型语言，入门简单，容易上手。另一方面是因为 Python 的开发效率高，Python 有很多库很方便实现人工智能，比如 NumPy、SciPy 做数值计算，Sklearn 做机器学习，Matplotlib 将数据可视化，等等。总的来说，Python 既容易上手，又是功能强大的编程语言。可以毫不夸张地说，Python 可以支持从航空航天器系统的开发到小游戏开发的几乎所有领域。

这里笔者强烈推荐 Python，因为 Python 作为一个万能胶水语言，能做的事情实在太多，并且它非常容易上手。笔者大概花了 50 个小时学习了 Python 的基础语法，然后就可以开始动手写神经网络代码了。

总之，Python 是整个过程并不耗精力的环节，但是刚开始记语法确实挺无聊的，需要些许坚持。

2. 必须选择一个或两个最好的深度学习框架（如PyTorch）

对于工业界的人工智能项目，一般都不重复造轮子：不会从零开始写一套人工智能算法，而往往选择采用一些已有的算法库和算法框架。以前，我们可能会选用已有的各种算法来解决不同的问题。现在一套深度学习框架就可以解决几乎所有问题，进一步降低了人工智能项目开发的难度。Facebook 人工智能研究院（FAIR）团队在 GitHub 上开源了 PyTorch 深度学习框架，并迅速占领 GitHub 热度榜榜首。

如果说 Python 是我们手中的利器，那么一个好的深度学习框架无疑给了我们更多的资源和工具，方便我们实现庞大、高级、优秀的深度学习项目。

奥卡姆剃刀定律（Occam’s Razor, Ockham’s Razor）又称“奥康的剃刀”，它是由 14 世纪英格兰的逻辑学家、圣方济各会修士奥卡姆的威廉（William of Occam，约 1285—1349 年）提出的。这个原理称为“如无必要，勿增实体”，即“简单有效原理”。正如他在《箴言书注》2 卷 15 题说的“切勿浪费较多东西去做，用较少的东西，同样可以做好事情。”

深度学习的底层实际结构很复杂。然而，作为应用者，你只需要几行代码，就能实现上述神经网络。加上数据读取和模型训练，也不过寥寥十来行代码。感谢科技的进步，深度学习的用户接口越来越像搭积木。只要你投入适当的学习成本，总是能很快学会。PyTorch 是当前主流的深度学习框架之一，其追求最少的封装、最直观的设计，其简洁优美的特性使得 PyTorch 代码更易理解，对新手非常友好。今年大火的 ChatGPT 是由 OpenAI 使用 Python 编程语言实现的自然语言处理模型，是基于深度学习技术实现的，使用了 Python 中的 PyTorch 等深度学习框架来训练模型。

3. 必须坚持“唯有实践出真知”

现在很多教程和课程都忽视了实践的重要性，将大量精力放在了理论介绍上。我们都知道纸上谈兵的典故，重理论、轻实践的做法是非常不可取的。就像前面讲的第 2 个“放弃”一样，在具备基本的理论知识之后，最好就去实践、编写代码，解决实际问题。从学习的效率上讲，速度是最快的。

对于毫无 AI 技术背景，只会 Python 编程语言，从零开始入门深度学习的同学，不要犹豫开始学习吧，深度学习入门可以很简单！

第 2 章

深度学习框架 PyTorch 开发环境搭建

工欲善其事，必先利其器。开发工具的准备是进行深度学习的第一步。 PyCharm 是目前最流行的 Python IDE。另外，搭建 PyTorch 环境，建议尽量利用 GPU 的算力，如果没有 Nvidia 显卡提供的 GPU，CPU 也可以，但示例代码的运算速度要慢很多。

PyTorch 的前身便是 Torch，Torch 是纽约大学的一个机器学习开源框架，几年前在学术界非常流行，包括 Lecun 等大佬都在使用。但是由于使用的是一种绝大部分人没有听过的 Lua 语言，导致很多人都被吓退。后来随着 Python 的生态越来越完善，Facebook 人工智能研究院推出了 PyTorch 并开源。PyTorch 不是简单地封装 Torch 并提供 Python 接口，而是使用 Python 重新写了很多内容，不仅更加灵活，支持动态图，而且提供了 Python 接口。它是一个以 Python 优先的深度学习框架，不仅能够实现强大的 GPU 加速，同时还支持动态神经网络，这是很多主流深度学习框架（比如 TensorFlow 等）都不支持的。

2.1 PyCharm 的安装和使用技巧

PyCharm 是一款 Python IDE，其带有一整套可以帮助用户在使用 Python 语言开发时提高效率的工具，比如调试、语法高亮、Project 管理、代码跳转、智能提示、自动完成、单元测试、版本控制等。

进入 PyCharm 官方下载页面（https://www.jetbrains.com/pycharm/），如图 2-1 所示，读者可按页面提示，选择下载免费的 PyCharm Community Edition。

安装过程很简单，选择安装路径不要选择带中文和空格的目录，跟着安装向导一步一步就可以完成。

安装完成后，双击桌面上的 PyCharm 图标，进入 PyCharm 中。首先创建一个 Python 项目，在项目中创建一个文件，在文件中才可以编写程序，为什么不可以直接创建文件？我们可以这样理解，这个项目相当于一个总文件，我们写程序有很多内容需要运行，要存储到多个文件中，所以可以把它们放在总文件中同步运行，也就是成为一个项目。如图 2-2 所示，创建一个 Python 项目，这里可以修改项目存放的位置，修改 Python 版本。

PC
PyCharm
The Python IDE
for Professional Developers
DOWNLOAD
Full-fledged Professional or Free Community

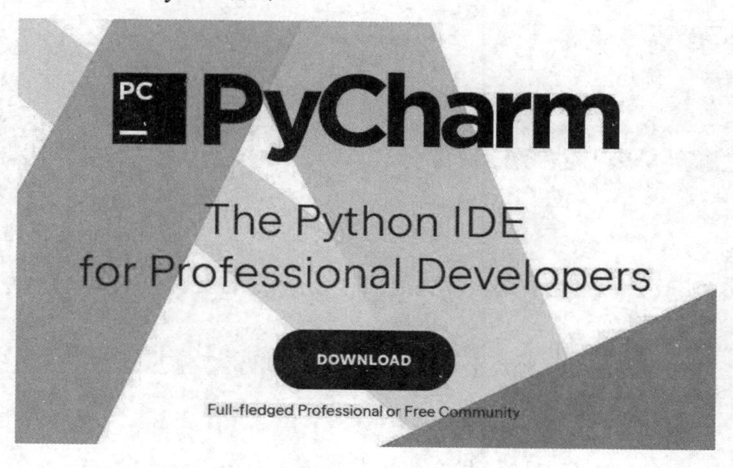

图 2-1

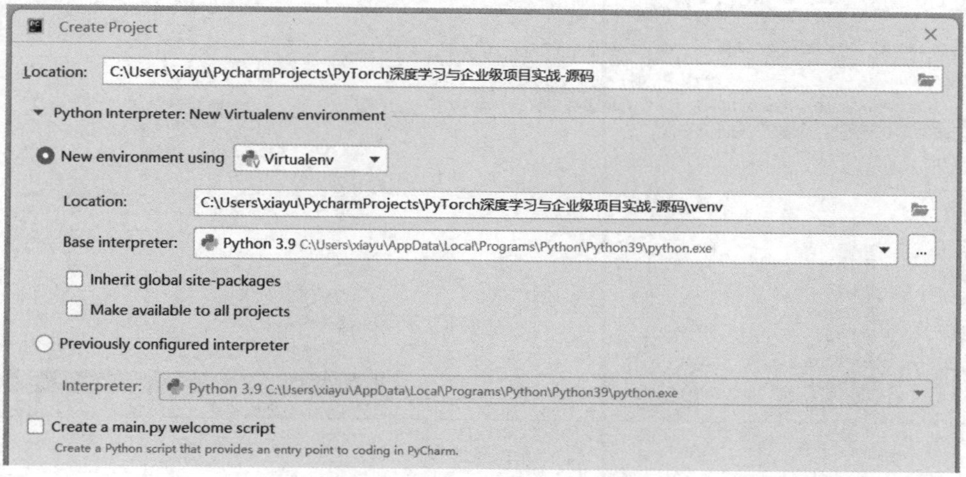
Create Project
Location:
C:\Users\xiayu\PycharmProjects\PyTorch深度学习与企业级项目实战-源码
Python Interpreter: New Virtualenv environment
New environment using
Virtualenv
Location:
C:\Users\xiayu\PycharmProjects\PyTorch深度学习与企业级项目实战-源码\venv
Base interpreter:
Python 3.9 C:\Users\xiayu\AppData\Local\Programs\Python\Python39\python.exe
Inherit global site-packages
Make available to all projects
Previously configured interpreter
Interpreter:
Python 3.9 C:\Users\xiayu\AppData\Local\Programs\Python\Python39\python.exe
Create a main.py welcome script
Create a Python script that provides an entry point to coding in PyCharm.

图 2-2

这里我们遇到一个虚拟环境（Virtual Environment）的概念，笔者先阐述一下关于虚拟环境的作用。虚拟环境在 Python 中是相当重要的存在，它起到了项目隔离的作用。前面我们安装的 Python，相当于在本地安装了一个 Python 的全局环境，在任何地方都可以使用这个 Python 的全局环境。

但是大家有没有想过一个问题：笔者同时接手了 Demo A 和 Demo B 两个项目，两个项目用到了同一个模块 X，但是 Demo A 要求使用模块 X 的 1.0 版本，Demo B 要求使用模块 X 的 2.0 版本。全局环境中一个模块只能安装一个版本，这样就遇到问题了，怎样才能让两个项目同时正常运行呢？

这时虚拟环境就能发挥作用了，笔者使用全局的 Python 环境分别创建两个虚拟环境给 Demo A 和 Demo B。相当于两个项目分别有自己的环境，这个时候笔者把各自需要的模块安装到各自的虚拟环境中，就成功实现了项目隔离。假如这个项目笔者不需要了，直接删除就可以（一个虚拟环境相当于一个拥有 Python 环境的文件夹，可以自行指定路径）。

右击刚创建的项目，选择 New 选项，如图 2-3 所示，再选择 Python File 选项，即可创建一个

Python 文件。

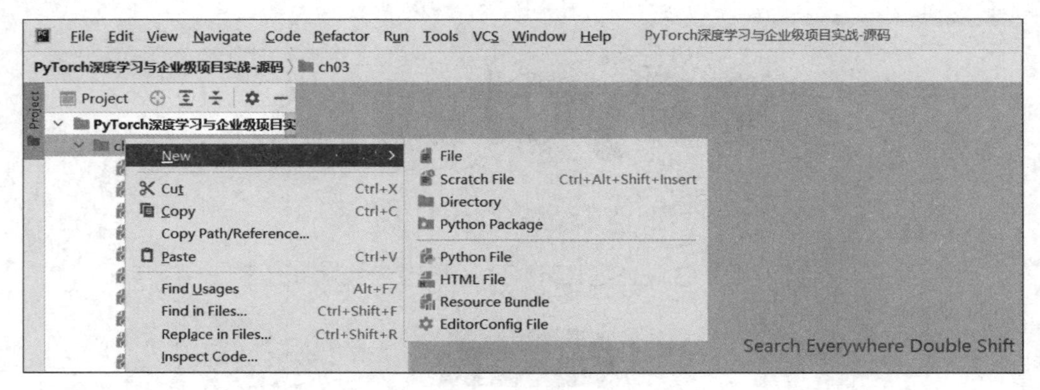

图 2-3

输入代码内容，在空白处右击显示菜单，单击 Run 'helloworld'运行，如图 2-4 所示。

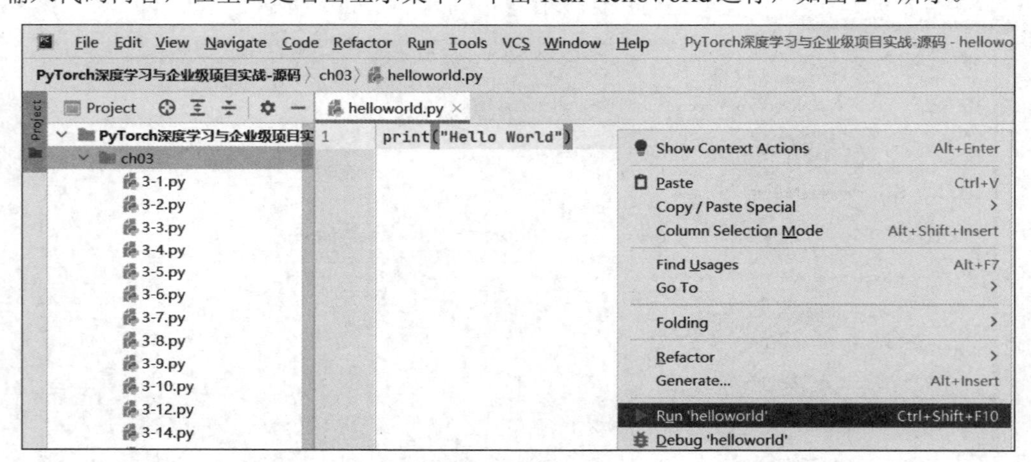

图 2-4

有些人可能不习惯背景，我们可以自己设置背景跟文字大小、颜色等，单击菜单 File→Settings 即可设置，如图 2-5 和图 2-6 所示。

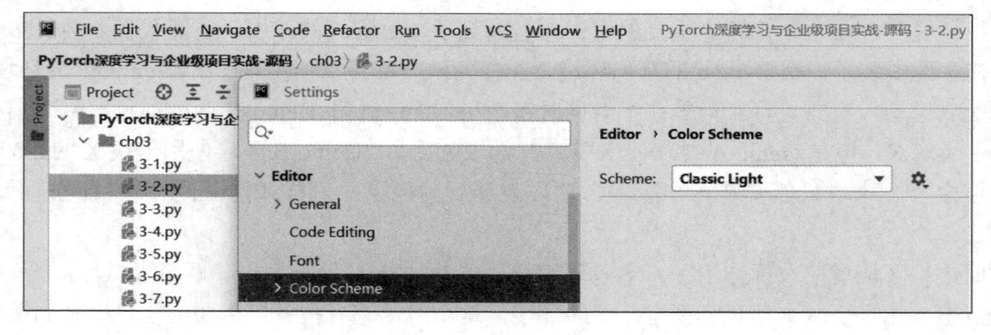

图 2-5

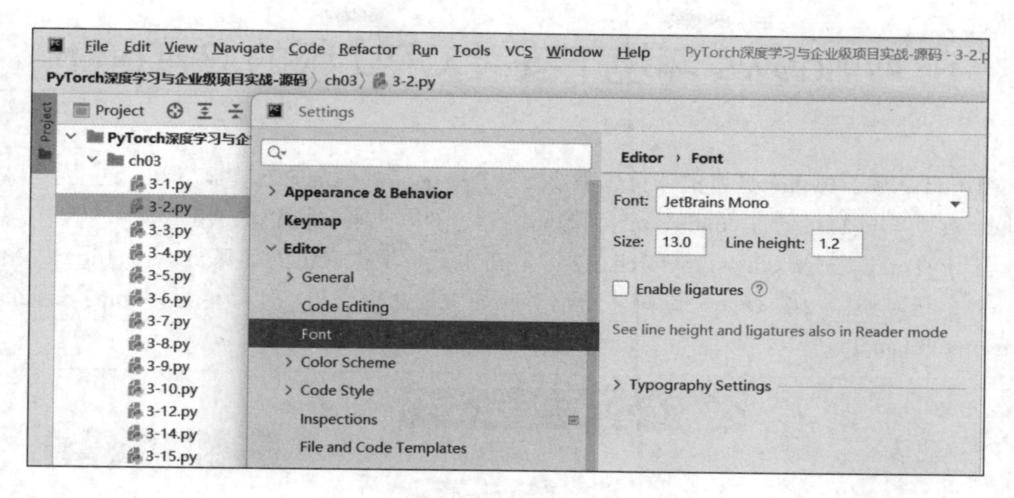

图 2-6

“断点”与“调试”是比较重要的功能，“断点”就是故意停止的地方或者让 Debug 程序停下来。而“调试”是当程序停下来时，我们可以一步一步往下调试，看清程序每一步的结果，让我们发现缺陷或问题。如何添加断点？在代码前面单击就可以了。而调试断点时，在空白处右击显示菜单，单击绿色甲虫 Debug，如图 2-7 所示。单击后会运行到第一个断点位置，下面就会显示断点之前的变量信息或者参数，然后继续往下运行，按 F8 键，可以单步运行到下一个断点，执行到最后就可以看到下面显示了上面的变量信息。

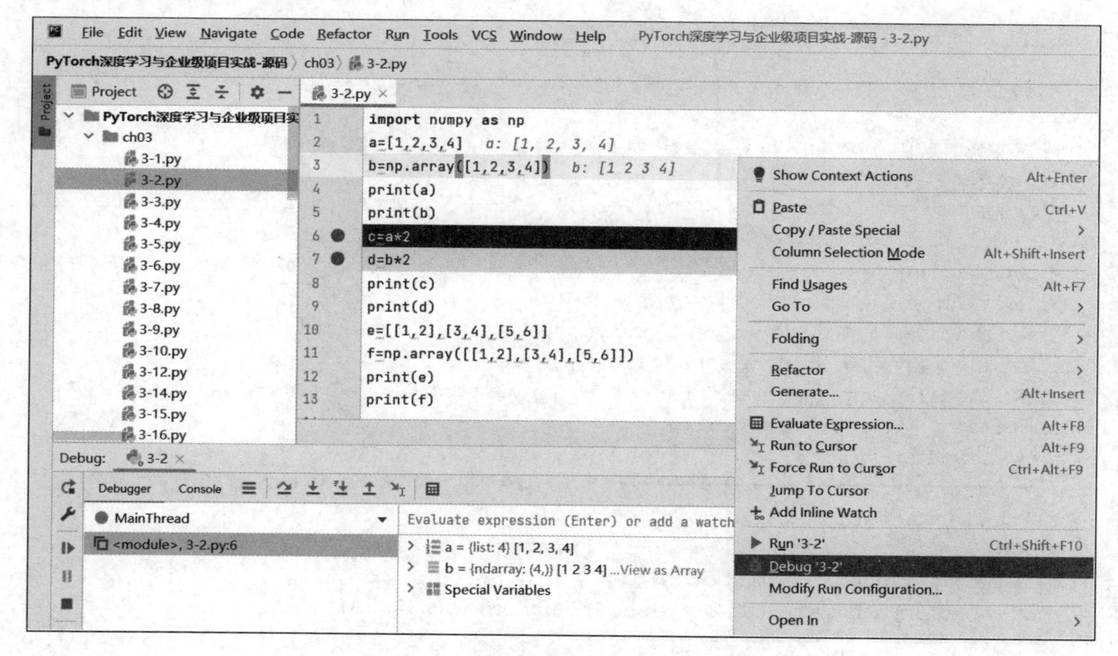

图 2-7

可以看到，这段代码经过调试，从下面的结果可以看到各个变量的值。断点调试很重要，不仅可以让我们知道运行过程，还能减少程序的错误。这便是在 PyCharm 中创建项目、编写及运行代码的过程。

2.2 在 Windows 环境下安装 CPU 版的 PyTorch

PytTorch是基于Python开发的，首先需要安装Python，Python的安装很简单，这里不再赘述。而 Windows 用户能直接通过 conda、pip 和源码编译三种方式来安装 PyTorch。

打开 PyTorch 官网（https://pytorch.org/），在主页中根据自己的计算机选择 Linux、Mac 或 Windows 系统，如图 2-8 所示，系统将给出对应的安装命令语句，比如这里为 pip3 install torch torchvision torchaudio。

PyTorch Build	Stable (2.1.0)		Preview (Nightly)	
Your OS	Linux	Mac	Windows	
Package	Conda	Pip	LibTorch	Source
Language	Python		C++ / Java	
Compute Platform	CUDA 11.8	CUDA 12.1	~~ROCm 5.6~~	CPU
Run this Command:	pip3 install torch torchvision torchaudio			

图 2-8

通过安装命令安装 PyTorch 2.1.0，结果如下：

```
PS C:\Users\xiayu> pip3 install torch torchvision torchaudio
Collecting torch
  Downloading torch-2.1.0-cp39-cp39-win_amd64.whl.metadata (24 kB)
Collecting torchvision
  Downloading torchvision-0.16.0-cp39-cp39-win_amd64.whl.metadata (6.6 kB)
Collecting torchaudio
  Downloading torchaudio-2.1.0-cp39-cp39-win_amd64.whl.metadata (5.7 kB)
Collecting filelock (from torch)
  Downloading filelock-3.12.4-py3-none-any.whl.metadata (2.8 kB)
Collecting typing-extensions (from torch)
  Downloading typing_extensions-4.8.0-py3-none-any.whl.metadata (3.0 kB)
Collecting sympy (from torch)
  Downloading sympy-1.12-py3-none-any.whl (5.7 MB)
  ━━━━━━━━━━━━━━━━━━━━━━━━━━━━━━━━━━━━━━━━ 5.7/5.7 MB 14.7 kB/s eta 0:00:00
Collecting networkx (from torch)
  Downloading networkx-3.2-py3-none-any.whl.metadata (5.2 kB)
Collecting jinja2 (from torch)
  Downloading Jinja2-3.1.2-py3-none-any.whl (133 kB)
  ━━━━━━━━━━━━━━━━━━━━━━━━━━━━━━━━━━━━━━━━ 133.1/133.1 kB 12.8 kB/s eta 0:00:00
Collecting fsspec (from torch)
  Downloading fsspec-2023.10.0-py3-none-any.whl.metadata (6.8 kB)
Requirement already satisfied: numpy in
c:\users\xiayu\appdata\local\programs\python\python39\lib\site-packages
(from torchvision) (1.26.1)
```

```
    Collecting requests (from torchvision)
      Downloading requests-2.31.0-py3-none-any.whl.metadata (4.6 kB)
    Requirement already satisfied: pillow!=8.3.*,>=5.3.0 in
    c:\users\xiayu\appdata\local\programs\python\python39\lib\site-packages
(from torchvision) (10.1.0)
    Collecting MarkupSafe>=2.0 (from jinja2->torch)
      Downloading MarkupSafe-2.1.3-cp39-cp39-win_amd64.whl.metadata (3.1 kB)
    Collecting charset-normalizer<4,>=2 (from requests->torchvision)
      Downloading charset_normalizer-3.3.1-cp39-cp39-win_amd64.whl.metadata (33
kB)
    Collecting idna<4,>=2.5 (from requests->torchvision)
      Downloading idna-3.4-py3-none-any.whl (61 kB)
        ──────────────────────────────────── 61.5/61.5 kB 32.2 kB/s eta 0:00:00
    Collecting urllib3<3,>=1.21.1 (from requests->torchvision)
      Downloading urllib3-2.0.7-py3-none-any.whl.metadata (6.6 kB)
    Collecting certifi>=2017.4.17 (from requests->torchvision)
      Downloading certifi-2023.7.22-py3-none-any.whl.metadata (2.2 kB)
    Collecting mpmath>=0.19 (from sympy->torch)
      Downloading mpmath-1.3.0-py3-none-any.whl (536 kB)
        ──────────────────────────────────── 536.2/536.2 kB 17.7 kB/s eta 0:00:00
    Downloading torch-2.1.0-cp39-cp39-win_amd64.whl (192.2 MB)
        ──────────────────────────────────── 192.2/192.2 MB 96.2 kB/s eta 0:00:00
    Downloading torchvision-0.16.0-cp39-cp39-win_amd64.whl (1.3 MB)
        ──────────────────────────────────── 1.3/1.3 MB 78.0 kB/s eta 0:00:00
    Downloading torchaudio-2.1.0-cp39-cp39-win_amd64.whl (2.3 MB)
        ──────────────────────────────────── 2.3/2.3 MB 78.5 kB/s eta 0:00:00
    Downloading filelock-3.12.4-py3-none-any.whl (11 kB)
    Downloading fsspec-2023.10.0-py3-none-any.whl (166 kB)
        ──────────────────────────────────── 166.4/166.4 kB 121.9 kB/s eta 0:00:00
    Downloading networkx-3.2-py3-none-any.whl (1.6 MB)
        ──────────────────────────────────── 1.6/1.6 MB 81.6 kB/s eta 0:00:00
    Downloading requests-2.31.0-py3-none-any.whl (62 kB)
        ──────────────────────────────────── 62.6/62.6 kB 119.8 kB/s eta 0:00:00
    Downloading typing_extensions-4.8.0-py3-none-any.whl (31 kB)
    Downloading certifi-2023.7.22-py3-none-any.whl (158 kB)
        ──────────────────────────────────── 158.3/158.3 kB 103.1 kB/s eta 0:00:00
    Downloading charset_normalizer-3.3.1-cp39-cp39-win_amd64.whl (98 kB)
        ──────────────────────────────────── 98.7/98.7 kB 111.1 kB/s eta 0:00:00
    Downloading MarkupSafe-2.1.3-cp39-cp39-win_amd64.whl (17 kB)
    Downloading urllib3-2.0.7-py3-none-any.whl (124 kB)
        ──────────────────────────────────── 124.2/124.2 kB 165.7 kB/s eta 0:00:00
    Installing collected packages: mpmath, urllib3, typing-extensions, sympy,
networkx, MarkupSafe, idna, fsspec, filelock, charset-normalizer, certifi, requests,
jinja2, torch, torchvision, torchaudio
    Successfully installed MarkupSafe-2.1.3 certifi-2023.7.22
charset-normalizer-3.3.1 filelock-3.12.4 fsspec-2023.10.0 idna-3.4 jinja2-3.1.2
mpmath-1.3.0 networkx-3.2 requests-2.31.0 sympy-1.12 torch-2.1.0 torchaudio-2.1.0
torchvision-0.16.0 typing-extensions-4.8.0 urllib3-2.0.7
    WARNING: There was an error checking the latest version of pip.
    PS C:\Users\xiayu>
```

验证 PyTorch 是否安装成功，执行如下命令，注意命令中的双下画线：

```
print(torch.__version__)
print(torch.version.cuda)
print(torch.cuda.is_available())
```

命令执行结果如下：

```
    PS C:\Users\xiayu> python
    Python 3.9.10 (tags/v3.9.10:f2f3f53, Jan 17 2022, 15:14:21) [MSC v.1929 64 bit
(AMD64)] on win32
    Type "help", "copyright", "credits" or "license" for more information.
    >>> import torch
    >>> print(torch.__version__)
    2.1.0+cpu
    >>> print(torch.version.cuda)
    None
    >>> print(torch.cuda.is_available())
    False
    >>>
```

如果没有报错，则说明 PyTorch 安装成功。

2.3 在 Windows 环境下安装 GPU 版的 PyTorch

2.3.1 确认显卡是否支持 CUDA

在深度学习中，我们经常要对图像数据进行处理和计算，而处理器 CPU 因为需要处理的事情多，并不能满足我们对图像处理和计算速度的要求，显卡 GPU 就是用来帮助 CPU 解决这个问题的，GPU 特别擅长处理图像数据。

为什么 GPU 特别擅长处理图像数据呢？这是因为图像上的每个像素点都有被处理的需要，而且每个像素点处理的过程和方式都十分相似，GPU 就是用很多简单的计算单元来完成大量的计算任务，类似于纯粹的人海战术。GPU 不仅可以在图像处理领域大显身手，它还被用在科学计算、密码破解、数值分析、海量数据处理（比如排序、Map-Reduce）、金融分析等需要大规模并行计算的领域。

而 CUDA（Compute Unified Device Architecture）是显卡厂商 NVIDIA 推出的只能用于自家 GPU 的并行计算架构，只有安装这个软件，才能够进行复杂的并行计算。该架构使 GPU 能够解决复杂的计算问题。它包含 CUDA 指令集架构（Instruction Set Architecture，ISA）以及 GPU 内部的并行计算引擎，安装 CUDA 之后，可以加快 GPU 的运算和处理速度，主流的深度学习框架也都是基于 CUDA 进行 GPU 并行加速的。

想要使用 GPU 加速，则需要安装 CUDA，首先需要自己的计算机显卡支持 CUDA 的安装，也就是查看自己的计算机有没有 NVIDA 的独立显卡。在 NVIDA 官网列表（https://developer.nvidia.com/cuda-gpus）中可以查看自己的显卡型号是否包括在 NVIDA 列表中。

在计算机桌面上右击，在弹出的菜单中如果能找到 NVIDIA 控制面板，如图 2-9 所示，则说明该计算机配有 GPU。

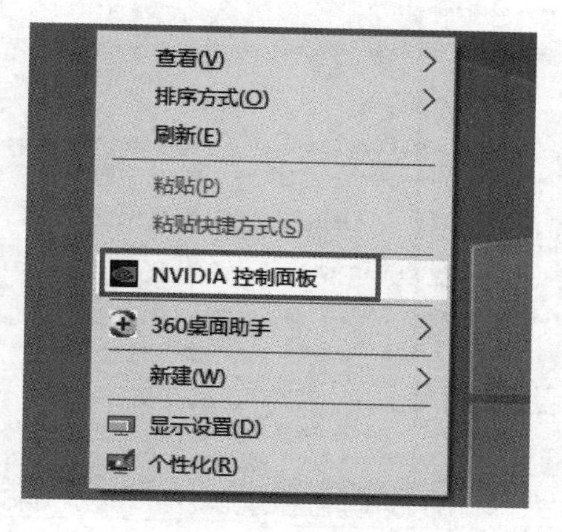

图 2-9

打开 NVIDIA 控制面板窗口，可以查看 NVIDIA 的一些信息，包括显卡的驱动版本，通过单击“帮助”菜单，并选择“系统信息”选项，查看系统信息获取支持的 CUDA 版本。如图 2-10 所示，选择“组件”，在 3D 设置模块找到 NVCUDA64.DLL，在该行可以看到该 NVCUDA 的版本，可以看到图中显示的版本是 11.8。

系统信息

NVIDIA 硬件及运行该硬件的系统的详细信息。

显示　组件

文件名	文件版本	产品名称
3D 设置		
nvGameS.dll	31.0.15.2225	NVIDIA 3D Settings Server
nvGameSR.dll	31.0.15.2225	NVIDIA 3D Settings Server
NVCUDA64.DLL	31.0.15.2225	NVIDIA CUDA 11.8.87 driver
PhysX	09.21.0713	NVIDIA PhysX
工作站		
nvWSS.dll	31.0.15.2225	NVIDIA Workstation Server
nvWSSR.dll	31.0.15.2225	NVIDIA Workstation Server
开发者		
nvDevToolS.dll	31.0.15.2225	NVIDIA 3D Settings Server
nvDevToolSR.dll	31.0.15.2225	NVIDIA Licensing Server

图 2-10

2.3.2　安装 CUDA

我们已经知道，CUDA 是显卡厂商 NVIDIA 推出的通用并行计算架构，能利用英伟达 GPU 的并行计算引擎。目前已经确认系统已有支持 CUDA 的显卡，这时可以到 NVIDIA 网站（https://developer.nvidia.com/cuda-toolkit-archive）下载 CUDA，如图 2-11 所示。注意，安装 CUDA

Driver 时，需要与 Nvidia GPU Driver 的版本驱动一致，CUDA 才能找到显卡。

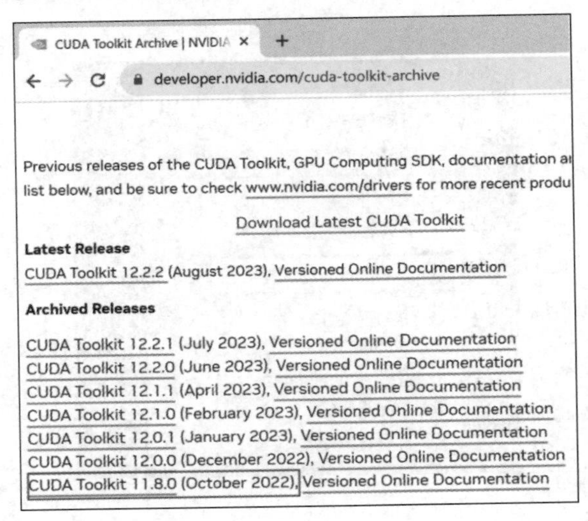

图 2-11

根据实际情况选择合适的版本，比如计算机操作系统是 Windows 10，这里下载 CUDA 11.8.0 的本地安装包，如图 2-12 所示。

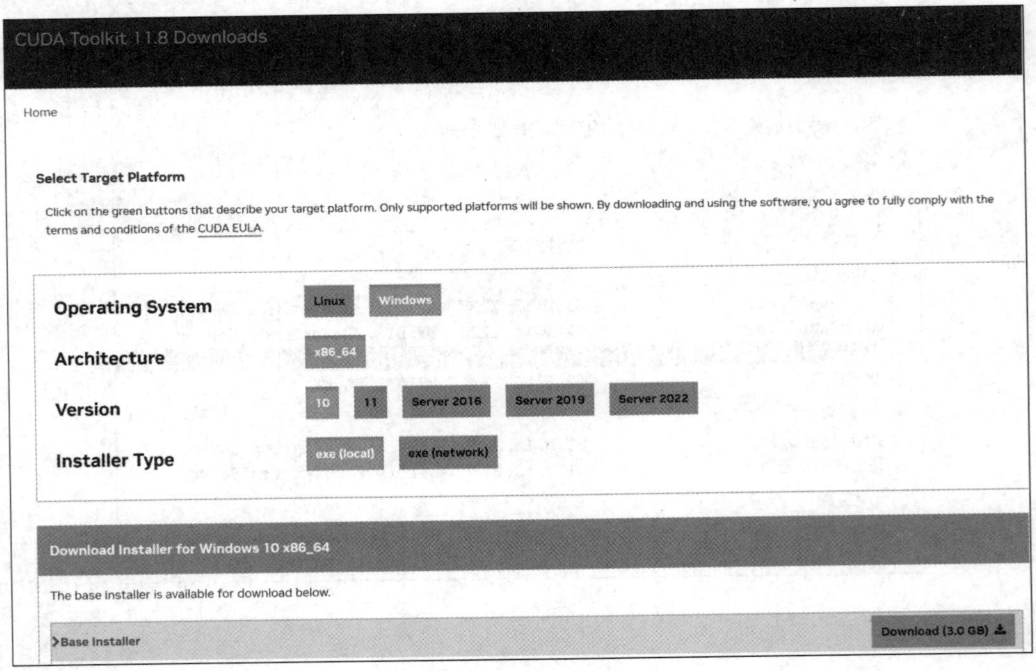

图 2-12

2.3.3　安装 cuDNN

接下来下载与 CUDA 对应版本的 cuDNN，cuDNN 是用于深度神经网络的 GPU 加速库，下载地址为 https://developer.nvidia.com/rdp/cudnn-archive，页面如图 2-13 所示。

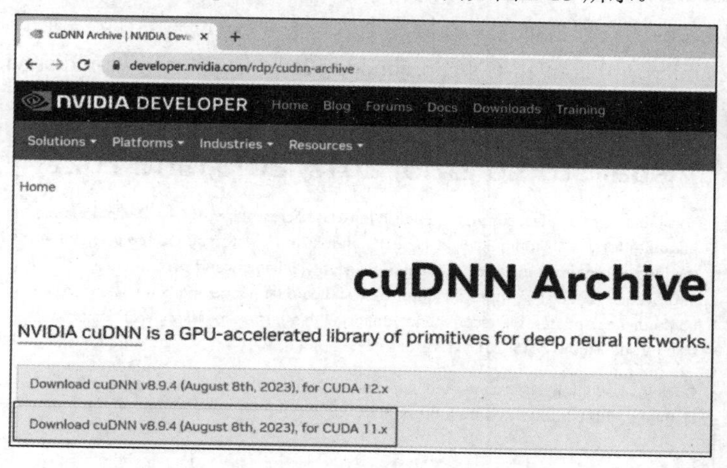

图 2-13

下载 cuDNN，需要注册英伟达开发者计划的会员账号才能下载，如图 2-14 所示，读者请自行注册账户，加入会员。

进入下载页面后，注意不要选择错误的版本，一定要找到对应 CUDA 的版本号。另外，如果使用的是 Windows 64 位的操作系统，那么需要对应下载 x86 版本的 cuDNN。

cuDNN 就是个压缩包，解压会生成 bin、include、lib 三个目录（见图 2-15），里面的文件复制到 CUDA 安装目录（这里是 C:\Program Files\NVIDIA GPU Computing Toolkit\CUDA\v10.0 目录）下对应的目录即可。注意，不是替换文件夹，而是将文件放入对应的文件夹中。

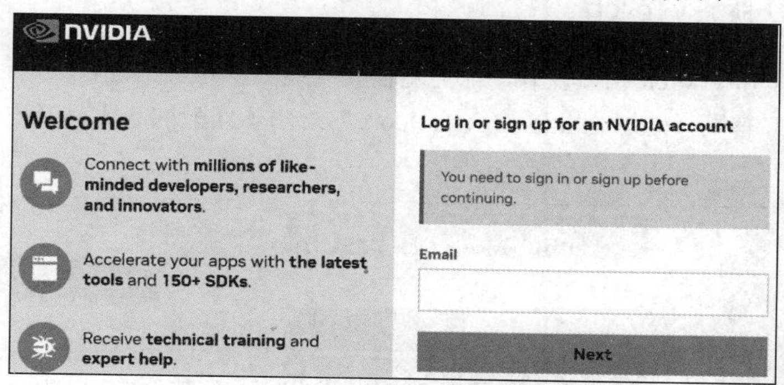

图 2-14

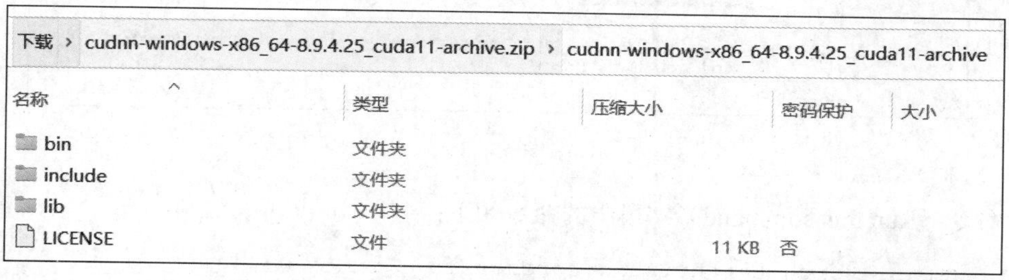

下载 › cudnn-windows-x86_64-8.9.4.25_cuda11-archive.zip › cudnn-windows-x86_64-8.9.4.25_cuda11-archive

名称	类型	压缩大小	密码保护	大小
bin	文件夹			
include	文件夹			
lib	文件夹			
LICENSE	文件	11 KB	否	

图 2-15

接下来安装 Visual Studio 2015、2017、2019 和 2022 支持库，这个支持库务必安装，否则后面安装 PyTorch 支持库会出现各种“坑”。支持库不大，有十多兆字节，安装完成后重启系统。其下载地址为 https://docs.microsoft.com/zh-CN/cpp/windows/latest-supported-vc-redist?view=msvc-160，下载页面如图 2-16 所示。

Visual Studio 2015, 2017, 2019, and 2022

This table lists the latest supported English (en-US) Microsoft Visual C++ Redistributable packages for Visual Studio 2015, 2017, 2019, and 2022. The latest supported version has the most recent implemented C++ features, security, reliability and performance improvements. It also includes the latest C++ standard language and library standards conformance updates. We recommend you install this version for all applications created using Visual Studio 2015, 2017, 2019, or 2022.

Download additional languages and versions, including for long term servicing release channels (LTSC), from my.visualstudio.com.

Architecture	Link	Notes
ARM64	https://aka.ms/vs/16/release/vc_redist.arm64.exe	Permalink for latest supported ARM64 version
X86	https://aka.ms/vs/16/release/vc_redist.x86.exe	Permalink for latest supported x86 version
X64	https://aka.ms/vs/16/release/vc_redist.x64.exe	Permalink for latest supported x64 version.

图 2-16

2.3.4　安装 GPU 版 PyTorch

安装 GPU 版本的 PyTorch 稍微复杂，前提是需要安装 CUDA、cuDNN 并行计算框架，然后安装 PyTorch。PyTorch 官网（地址为 https://pytorch.org）给出了匹配的版本号及安装命令，如图 2-17 所示。

PyTorch Build	Stable (2.1.0)	Preview (Nightly)		
Your OS	Linux	Mac	Windows	
Package	Conda	Pip	LibTorch	Source
Language	Python	C++ / Java		
Compute Platform	CUDA 11.8	CUDA 12.1	~~ROCm 5.6~~	CPU
Run this Command:	pip3 install torch torchvision torchaudio --index-url https://download.pytorch.org/whl/cu118			

图 2-17

运行命令（Run this command）字段中的命令如下：

```
pip3 install torch torchvision torchaudio --index-url
https://download.pytorch.org/whl/cu118
```

把此命令复制到管理员终端命令行，按回车键执行即可安装 GPU 版本的 PyTorch。PyTorch 安装好以后，执行下面的示例代码看看结果如何。

```
import torch
print(torch.__version__)
print(torch.cuda.is_available())
print("是否可用：", torch.cuda.is_available())          # 查看 GPU 是否可用
print("GPU 数量：", torch.cuda.device_count())          # 查看 GPU 数量
print("torch 方法查看 CUDA 版本：", torch.version.cuda)# torch 方法查看 CUDA 版本
print("GPU 索引号：", torch.cuda.current_device())      # 查看 GPU 索引号
print("GPU 名称：", torch.cuda.get_device_name(0))      # 根据索引号得到 GPU 名称
```

接下来，我们看 CPU 与 GPU 在模型训练时的性能差异对比图，如图 2-18 所示。

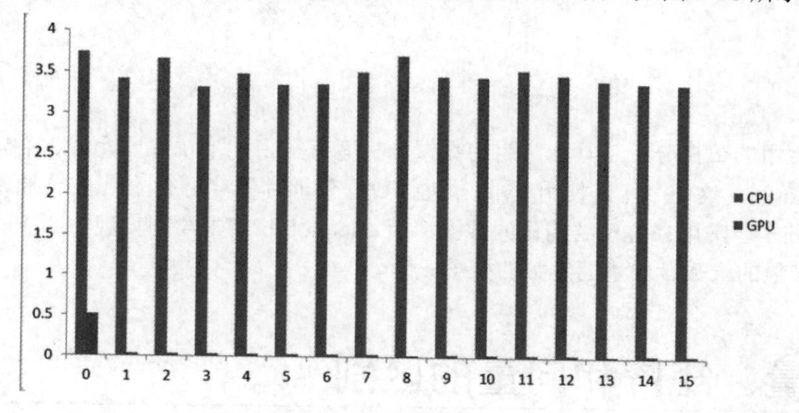

图 2-18　（颜色参见下载资源中的相关图片文件）

可以看出，15 次 bathsize=128 的耗时（秒）对比，GPU 快得非常多，大大减少了运行时间。如果有条件的话，尽量购买大显存的 GPU 显卡，在深度学习训练中能节省大量的计算时间，物超所值。

第 3 章

Python 数据科学库

Python 是常用的数据分析工具，常用的数据分析库有很多，本章主要介绍 3 个分析库：NumPy、Pandas 和 Matplotlib。这 3 个库是使用 Python 进行数据分析时最常用的，NumPy 通常用来进行矢量化的计算，Pandas 通常用来处理结构化的数据，而 Matplotlib 用来绘制直观的图表。另外，深度学习中经常涉及张量的维数、向量的维数的概念。

3.1 张量、矩阵和向量的区别

标量只有大小的概念，没有方向的概念，通过一个具体的数值就能表达完整，比如重量、温度、长度、体积、时间、热量等数据就是标量。

只有一行或者一列的数组被称作向量。向量主要有两个维度：大小和方向。因此，我们把向量定义为一个一维数组。向量有行向量和列向量之分，分别表示为：

$$(x_1, x_2, \cdots, x_n)\text{和}\begin{pmatrix} x_1 \\ x_2 \\ \vdots \\ x_n \end{pmatrix}$$

矩阵（Matrix）是一个按照长方阵列排列的复数或实数集合，元素是实数的矩阵称为实矩阵，元素是复数的矩阵称为复矩阵。而行数与列数都等于 n 的矩阵称为 n 阶矩阵或 n 阶方阵。

由 m×n 个数 a_{ij} 排成的 m 行 n 列的数表称为 m 行 n 列的矩阵，简称 m×n 矩阵，表示如下：

$$A = \begin{bmatrix} a_{11} & a_{12} & \cdots & a_{1n} \\ a_{21} & a_{22} & \cdots & a_{2n} \\ a_{31} & a_{32} & \cdots & a_{3n} \\ \cdots & \cdots & & \cdots \\ a_{m1} & a_{m2} & \cdots & a_{mn} \end{bmatrix}$$

标量、向量、矩阵、张量这 4 个概念是维度不断上升的，我们用点、线、面、体的概念来解释更加容易理解：

- 点——标量（Scalar）。
- 线——向量（Vector）。
- 面——矩阵（Matrix）。
- 体——张量（Tensor）。

零维的张量就是标量；一维的张量就是向量；二维的张量就是矩阵；大于或等于三维的张量没有名称，统一叫作张量。

举例说明如下：

- 标量：很简单，就是一个数，如1、2、5、108等。
- 向量：如[1,2]、[1,2,3]、[1,2,3,4]、[3,5,67,⋯,n]都是向量。
- 矩阵：如[[1,3]、[3,5]]、[[1,2,3]、[2,3,4]、[3,4,5]]、[[4,5,6,7,8]、[3,4,7,8,9]、[2,11,34,56,18]]都是矩阵。
- 张量：[[[1,2],[3,4]],[[1,2],[3,4]]]。

TensorFlow 内部的计算都是基于张量的，因此我们有必要先对张量有个认识。张量是在我们熟悉的标量、向量之上定义的，详细的定义比较复杂，我们可以先简单地将它理解为一个多维数组：

```
3                                    # 这个 0 阶张量就是标量，shape=[]
[1., 2., 3.]                         # 这个 1 阶张量就是向量，shape=[3]
[[1., 2., 3.], [4., 5., 6.]]         # 这个 2 阶张量就是二维数组，shape=[2, 3]
[[[1., 2., 3.]], [[7., 8., 9.]]]     # 这个 3 阶张量就是三维数组，shape=[2, 1, 3]
```

可能混淆的地方来了，就是数学里面有三维向量，n 维向量的说法，这其实指的是二维张量（即向量）的形状，即它所含分量的个数，比如[1,3]这个向量的维数为 2，它有 1 和 3 这两个分量；[1,2,3,⋯,4096]这个向量的维数为 4096，它有 1，2，⋯，4096 这 4096 个分量，都是说的向量的形状。你不能说[1,3]这个“张量”的维数是 2，只能说[1,3]这个“一维张量”的维数是 2。矩阵也是类似的，常说的 n×m 阶矩阵，这里的阶也是指的矩阵的形状。

那么，张量的维数和张量的形状怎么看呢？维数要看张量的最左边有多少个左方括号，若有 n 个，则这个张量是 n 维张量。

比如[[1,3],[3,5]]最左边有两个左方括号，它就是二维张量；[[[1,2],[3,4]],[[1,2],[3,4]]]最左边有三个左方括号，它就是三维张量。[[1,3],[3,5]]的最左边的方括号有[1,3]和[3,5]这两个元素，最左边的第二个方括号里有 1 和 3 这两个元素，所以形状为[2,2]；[[[1,2],[3,4]],[[1,2],[3,4]]]的最左边方括号里有[[1,2],[3,4]]和[[1,2],[3,4]]这两个元素，最左边的第二个方括号里有[1,2]和[3,4]这两个元素，最左边的第三个方括号里有 1 和 2 这两个元素，所以形状为[2,2,2]。在形状的方括号中有多少个数字，就代表这个张量是多少维的张量。

3.2 数组和矩阵运算库 NumPy

NumPy（Numerical Python）是 Python 语言的一个扩展程序库，支持大量的维度数组与矩阵运算，此外也针对数组运算提供大量的数学函数库。Python 官网上的发行版是不包含 NumPy 模块的，安装 NumPy 最简单的方法就是使用 pip 工具命令，比如安装 NumPy 版本 1.8.1 的命令是 pip install numpy==1.8.1。

3.2.1 列表和数组的区别

NumPy 最重要的一个特点是其 N 维数组对象 ndarray，它是一系列同类型数据的集合，以 0 下标开始进行集合中元素的索引。ndarray 对象是用于存放同类型元素的多维数组，ndarray 中的每个元素在内存中都有相同存储大小的区域。

示例代码如下，首先引入NumPy库，然后创建一个 ndarray，这里只需调用 NumPy 的 array 函数即可。

```
import numpy as np
a=np.array([1,2,3])
print(a)
```

运行结果如下：

```
[1 2 3]
```

读者可能会有疑问，Python 已经有列表类型，为什么还需要数组对象？ NumPy 支持数学运算，同样做乘法运算，列表是把元素复制一遍，而数组是对每个元素做乘法。列表存储的是一维数组，而数组则能存储多维数据。示例代码如下：

```
import numpy as np
a=[1,2,3,4]
b=np.array([1,2,3,4])
print(a)
print(b)
c=a*2
d=b*2
print(c)
print(d)
e=[[1,2],[3,4],[5,6]]
f=np.array([[1,2],[3,4],[5,6]])
print(e)
print(f)
```

运行结果如下：

```
[1, 2, 3, 4]
[1 2 3 4]
[1, 2, 3, 4, 1, 2, 3, 4]
[2 4 6 8]
```

```
[[1, 2], [3, 4], [5, 6]]
[[1 2]
 [3 4]
 [5 6]]
```

这里列表 e 虽然包含 3 个小表，但结构是一维的，而数组 f 则是 3 行 2 列的二维结构。

3.2.2 创建数组的方式

方法一：通过列表来创建数组，代码如下。代码中，创建一维数组 a1，创建列表 lst1，将列表 lst1 转换成 ndarray。

```
import numpy as np
a1=np.array([1,2,3,4])
lst1=[3.14,2.17,0,1,2]
a2=np.array([[1,2],[3,4],[5,6]])
a3=np.array(lst1)
print(a2)
print(a3)
```

输出结果如下：

```
[[1 2]
 [3 4]
 [5 6]]
[3.14 2.17 0.   1.   2.  ]
```

方法二：使用 NumPy 中的函数创建 ndarray 数组，如 arange、ones、zeros 等，示例代码如下：

```
import numpy as np
x1=np.arange(12)
x2=np.arange(5,10)
x3=np.random.randn(3,3)
x4=np.random.random([3,3])
x5=np.ones((2,4))
x6=np.zeros((3,4))
x7=np.linspace(2,8,3,dtype=np.int32)
print(x1)
print(x2)
print(x3)
print(x4)
print(x5)
print(x6)
print(x7)
```

这里使用 np.arange(n)函数（第一个参数为起始值，第二个参数为终止值，第三个参数为步长）。NumPy 中有一些常用的用来产生随机数的函数，randn()和 rand()就属于这类函数。下面使用 np.linspace()根据起止数据等间距地填充数据，形成数组。示例代码如下：

运行结果如下：

```
[ 0  1  2  3  4  5  6  7  8  9 10 11]
```

```
[5 6 7 8 9]
[[-1.56233759  0.8746619  -0.15799036]
 [-0.56180239 -0.61494341 -0.69827126]
 [-0.66539546  1.16099223 -1.41587553]]
[[0.24024003 0.79538857 0.27694957]
 [0.64205338 0.12071625 0.10342665]
 [0.87571911 0.61208231 0.64015831]]
[[1. 1. 1. 1.]
 [1. 1. 1. 1.]]
[[0. 0. 0. 0.]
 [0. 0. 0. 0.]
 [0. 0. 0. 0.]]
[2 5 8]
```

3.2.3　NumPy 的算术运算

NumPy 最强大的功能便是科学计算与数值处理，比如有一个较大的列表，需要将每个元素的值都变为原来的 10 倍，NumPy 的操作就比 Python 要简单得多。

NumPy 中的加、减、乘、除与取余操作可以是两个数组之间的运算，也可以是数组与常数之间的运算。比如在计算中，常数是一个标量，数组是一个矢量或向量。一个数组和一个标量进行加、减、乘、除等算数运算时，结果是数组中的每个元素都与该标量进行相应的运算，并返回一个新数组。示例代码如下：

```
import numpy as np
arr = np.arange(10)
print("arr:",arr)
#数组与常数之间的运算
#求加法
print("arr+1:",arr+1)
#求减法
print("arr-2:",arr-2)
#求乘法
print("arr*3",arr*3)
#求除法
print("arr/2",arr/2)
```

输出结果如下：

```
arr: [0 1 2 3 4 5 6 7 8 9]
arr+1: [ 1  2  3  4  5  6  7  8  9 10]
arr-2: [-2 -1  0  1  2  3  4  5  6  7]
arr*3 [ 0  3  6  9 12 15 18 21 24 27]
arr/2 [0.  0.5 1.  1.5 2.  2.5 3.  3.5 4.  4.5]
```

同样地，数组与数组也可以进行加、减、乘、除等相应的运算。原则上，数组之间进行运算时，各数组的形状应当相同，当两个数组形状相同时，它们之间进行算术运算就是在数组的对应位置进行相应的运算，示例代码如下：

```
import numpy as np
a = np.arange(1,7).reshape((2,3))
```

```
b = np.array([[6,7,8],[9,10,11]])
print("a:\n",a)
print("b:\n",b)
#数组加法
print("a+b:\n",a+b)
#数组减法
print("a-b:\n",a-b)
#数组乘法
print("a*b:\n",a*b)
#数组除法
print("b/a:\n",b/a)
```

输出结果如下：

```
a:
 [[1 2 3]
 [4 5 6]]
b:
 [[ 6  7  8]
 [ 9 10 11]]
a+b:
 [[ 7  9 11]
 [13 15 17]]
a-b:
 [[-5 -5 -5]
 [-5 -5 -5]]
a*b:
 [[ 6 14 24]
 [36 50 66]]
b/a:
 [[6.         3.5        2.66666667]
 [2.25       2.         1.83333333]]
```

在上面的运算中，数组之间的形状都是一致的。在一些特殊情况下，不同形状的数组之间可以通过“广播”机制来临时转换，满足数组计算的一致性要求。如下面的代码所示，a 为 2 行 3 列的二维数组，b 为 1 行 3 列的一维数组，原则上不能进行数组与数组之间的运算，但从结果显示，a 数组与 b 数组之间的运算是将 b 数组的行加到 a 数组的每一行中。

```
import numpy as np
a = np.arange(1,7).reshape((2,3))
print("a:\n",a)
b = np.arange(3)
print("b:",b)
print("a.shape:",a.shape)
print("b.shape:",b.shape)
print("a+b:\n",a+b)
print("a-b:\n",a-b)
print("a*b:\n",a*b)
```

运行结果如下：

```
a:
 [[1 2 3]
 [4 5 6]]
b: [0 1 2]
a.shape: (2, 3)
b.shape: (3,)
a+b:
 [[1 3 5]
 [4 6 8]]
a-b:
 [[1 1 1]
 [4 4 4]]
a*b:
 [[ 0  2  6]
 [ 0  5 12]]
```

同样地，当两个数组的行相同时，列上面也可以进行上述操作，规则与行相同，代码如下。在代码中，同样将 a 数组的每一列与 b 数组进行相加。

```
import numpy as np
a = np.arange(1,13).reshape((4,3))
b = np.arange(1,5).reshape((4,1))
print("a:\n",a)
print("b:\n",b)
print("a.shape:",a.shape)
print("b.shape:",b.shape)
print("a+b:\n",a+b)
```

运行结果如下：

```
a:
 [[ 1  2  3]
 [ 4  5  6]
 [ 7  8  9]
 [10 11 12]]
b:
 [[1]
 [2]
 [3]
 [4]]
a.shape: (4, 3)
b.shape: (4, 1)
a+b:
 [[ 2  3  4]
 [ 6  7  8]
 [10 11 12]
 [14 15 16]]
```

3.2.4　数组变形

数组变形最灵活的实现方式是通过 reshape()函数来实现。

例如将数字 1~9 放入一个 3×3 的矩阵中，代码如下。该方法必须保证原始数组的大小和变形后数组的大小一致。如果满足这个条件，reshape 方法将会用到原数组的一个非副本视图。

```
import numpy as np
a = np.arange(1,10).reshape((3,3))
print(a)
```

运行结果如下：

```
[[1 2 3]
 [4 5 6]
 [7 8 9]]
```

另一个常见的变形模式是一个一维数组转为二维的行或列的矩阵。可以通过 reshape 方法来实现，或者更简单地在一个切片操作中利用 newaxis 关键字实现，代码如下：

```
import numpy as np
x = np.array([1,2,3])
y=x [ np.newaxis , : ]
z=x[ : , np.newaxis ]
print(x)
print(y)
print(z)
```

运行结果如下：

```
[1 2 3]
[[1 2 3]]
[[1]
 [2]
 [3]]
```

3.3　数据分析处理库 Pandas

3.3.1　Pandas 数据结构 Series

Series 是一种一维数据结构，每个元素都带有一个索引，与一维数组的含义相似，其中索引可以为数字或字符串，如图 3-1 所示。

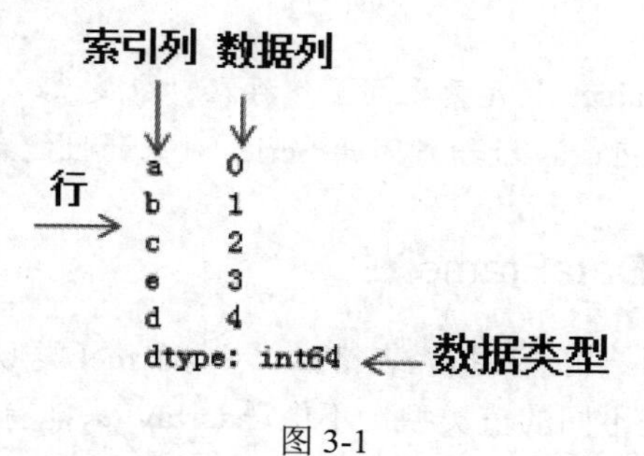

图 3-1

Series 对象包含两个主要的属性：index 和 values，分别为上例中的左右两列。因为传给构造器的是一个列表，所以 index 的值是从 0 起递增的整数，如果传入的是一个类字典的键-值对结构，就会生成 index-value 对应的 Series；或者在初始化的时候以关键字参数显式指定一个 index 对象。

示例代码如下，Series 类似于一维数组，但 Series 最大的特点就是可以使用标签索引。ndarray 也有索引，但它是位置索引，Series 的标签索引使用起来更加方便。

```
import pandas as pd
import numpy as np
mylist = list('abced')
myarr = np.arange(5)
ser1 = pd.Series(mylist)
ser2 = pd.Series(myarr)
ser3 = pd.Series([1,3,6],index=['a','b','c'])
print(ser1)
print(ser2)
print(ser3)
print(ser3[['c','b']])
```

运行结果如图 3-2 所示。

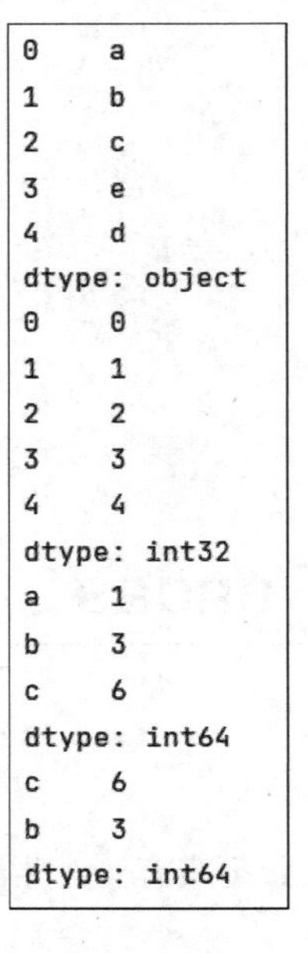

图 3-2

注意：Series 的 index 和 values 的元素之间虽然存在对应关系，但这与字典的映射不同。index 和 values 实际仍为互相独立的 ndarray 数组，因此 Series 对象的性能完全没问题。

3.3.2　Pandas 数据结构 DataFrame

Dataframe 是一种二维数据结构，数据以表格形式（与 Excel 类似）存储，有对应的行和列，如图 3-3 所示。它的每列可以是不同的值类型（不像 ndarray 只能有一个 dtype）。基本上可以把

DataFrame 看成是共享同一个 index 的 Series 的集合。

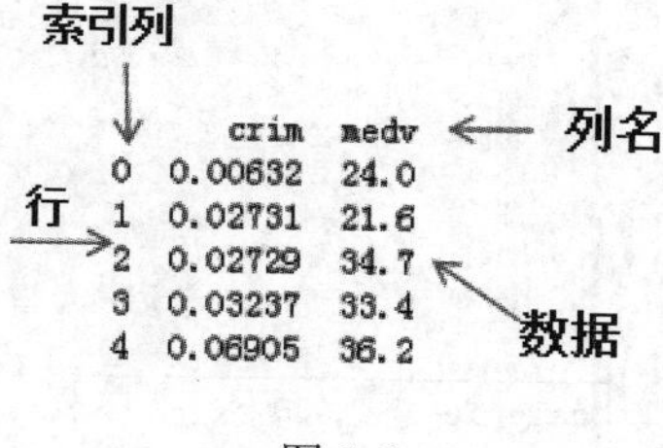

图 3-3

DataFrame 的构造方法与 Series 类似，只不过可以同时接受多条一维数据源，每一条都会成为单独的一列，演示代码如下。DataFrame 创建方法比较丰富，可以通过字典、列表、ndarrays、Series 对象创建而来。

```
import pandas as pd
data1 = [['Google',10],['Runoob',12],['Wiki',13]]
df1 = pd.DataFrame(data1,columns=['Site','Age'])
print(df1)
data2 = [{'a': 1, 'b': 2},{'a': 5, 'b': 10, 'c': 20}]
df2 = pd.DataFrame(data2)
print (df2)
data3 = {'Site':['Google', 'Runoob', 'Wiki'], 'Age':[10, 12, 13]}
df3 = pd.DataFrame(data3)
print (df3)
```

运行结果如图 3-4 所示。

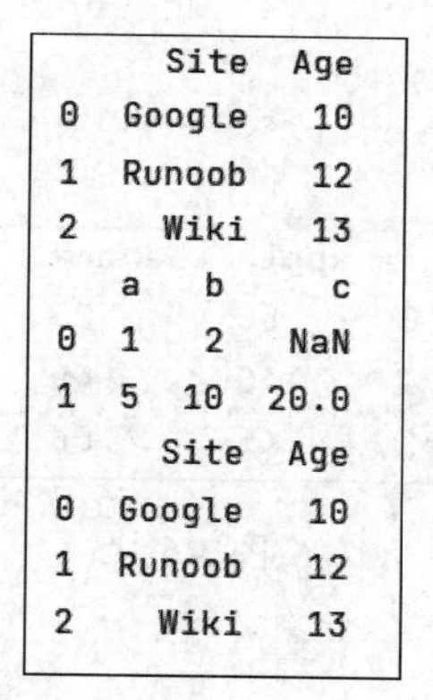

图 3-4

如下面的代码所示，Pandas 可以使用 loc 属性返回指定行的数据，如果没有设置索引，第一行索引为 0，第二行索引为 1，以此类推。它也可以返回多行数据，使用[[...]]格式，...为各行的索引，以逗号隔开。

```
import pandas as pd
data = {
  "calories": [420, 380, 390],
  "duration": [50, 40, 45]
}
```

```
#数据载入 DataFrame 对象
df = pd.DataFrame(data)
#返回第一行
print(df.loc[0])
#返回第二行和第三行
print(df.loc[[1, 2]])
```

运行结果如图 3-5 所示。

```
calories    420
duration     50
Name: 0, dtype: int64
   calories  duration
1       380        40
2       390        45
```

图 3-5

另外，也可以只获取 dataframe 中的几列，比如当处理数据的时候 series 较多，我们可以只关注其中一些特定的列，代码如下，假设只关注 apple 和 banana 数据列。

```
import pandas as pd
data2 = {
  "mango": [420, 380, 390],
  "apple": [50, 40, 45],
  "pear": [1, 2, 3],
  "banana": [23, 45,56]
}
df = pd.DataFrame(data2)
print(df[["apple","banana"]])
```

运行结果如图 3-6 所示。

```
   apple  banana
0     50      23
1     40      45
2     45      56
```

图 3-6

3.3.3 Pandas 处理 CSV 文件

CSV（Comma-Separated Values，逗号分隔值，有时也称为字符分隔值，因为分隔字符也可以不是逗号）文件以纯文本形式存储表格数据（数字和文本）。CSV 是一种通用的、相对简单的文件格式，被用户、商业和科学领域广泛应用。Pandas 可以很方便地处理 CSV 文件。

Pandas 在读取 CSV 文件时通过 read_csv 函数读取，读取 CSV 文件时指定的分隔符默认为逗号，代码如下。注意“CSV 文件的分隔符”和“我们读取 CSV 文件时指定的分隔符”一定要一致。Pandas 的 head(n)方法用于读取前面的 n 行，如果不填参数 n，则默认返回 5 行。tail(n)方法用于读取尾部的 n 行，如果不填参数 n，则默认返回 5 行。

```
import pandas as pd
df = pd.read_csv('nba.csv',sep=',')
print(df.head())
print(df.tail())
```

运行结果如图 3-7 所示。

```
             Name          Team  Number ... Weight            College     Salary
0   Avery Bradley  Boston Celtics    0.0 ...  180.0              Texas  7730337.0
1     Jae Crowder  Boston Celtics   99.0 ...  235.0          Marquette  6796117.0
2    John Holland  Boston Celtics   30.0 ...  205.0  Boston University        NaN
3     R.J. Hunter  Boston Celtics   28.0 ...  185.0      Georgia State  1148640.0
4   Jonas Jerebko  Boston Celtics    8.0 ...  231.0                NaN  5000000.0

[5 rows x 9 columns]
             Name       Team  Number Position  ... Height Weight College     Salary
453  Shelvin Mack  Utah Jazz     8.0       PG  ...    6-3  203.0  Butler  2433333.0
454     Raul Neto  Utah Jazz    25.0       PG  ...    6-1  179.0     NaN   900000.0
455  Tibor Pleiss  Utah Jazz    21.0        C  ...    7-3  256.0     NaN  2900000.0
456   Jeff Withey  Utah Jazz    24.0        C  ...    7-0  231.0  Kansas   947276.0
457           NaN        NaN     NaN      NaN  ...    NaN    NaN     NaN        NaN

[5 rows x 9 columns]
```

图 3-7

Pandas 的 info()方法返回表格的一些基本信息，代码如下。在输出结果中，non-null 为非空数据，可以看到这些信息总共 458 行，College 字段的空值最多。

```
import pandas as pd
df = pd.read_csv('nba.csv')
print(df.info())
```

运行结果如图 3-8 所示。

```
<class 'pandas.core.frame.DataFrame'>
RangeIndex: 458 entries, 0 to 457
Data columns (total 9 columns):
 #   Column    Non-Null Count  Dtype
---  ------    --------------  -----
 0   Name      457 non-null    object
 1   Team      457 non-null    object
 2   Number    457 non-null    float64
 3   Position  457 non-null    object
 4   Age       457 non-null    float64
 5   Height    457 non-null    object
 6   Weight    457 non-null    float64
 7   College   373 non-null    object
 8   Salary    446 non-null    float64
dtypes: float64(4), object(5)
memory usage: 32.3+ KB
None
```

图 3-8

我们也可以使用 to_csv()方法将 DataFrame 存储为 CSV 文件，代码如下：

```
import pandas as pd
#三个字段 name、site和age
nme = ["Google", "Runoob", "Taobao", "Wiki"]
st = ["www.google.com", "www.runoob.com", "www.taobao.com",
"www.wikipedia.org"]
ag = [90, 40, 80, 98]
#字典
dict = {'name': nme, 'site': st, 'age': ag}
df = pd.DataFrame(dict)
#保存dataframe
df.to_csv('site.csv')
df2 = pd.read_csv('site.csv')
print(df2)
```

运行结果如图 3-9 所示。

	Unnamed: 0	name	site	age
0	0	Google	www.google.com	90
1	1	Runoob	www.runoob.com	40
2	2	Taobao	www.taobao.com	80
3	3	Wiki	www.wikipedia.org	98

图 3-9

还要注意 Pandas 的 to_string()用于返回 DataFrame 类型的数据，如果不使用该函数，则直接print(df)输出结果为数据的前面 5 行和末尾 5 行，中间部分以…代替。

3.3.4 Pandas 数据清洗

数据清洗是对一些没有用的数据进行处理的过程。很多数据集存在数据缺失、数据格式错误、数据错误或数据重复的情况，如果要使数据分析更加准确，就需要对这些没有用的数据进行处理。

这里使用的测试数据是 clean-data.csv，如图 3-10 所示。这个表包含 4 种空数据：n/a、NA、--、na。

A	B	C	D	E	F	G
PID	ST_NUM	ST_NAME	OWN_OCC	NUM_BEDI	NUM_BATI	SQ_FT
1E+08	104	PUTNAM	Y	3	1	1000
1E+08	197	LEXINGTO	N	3	1.5	--
1E+08		LEXINGTO	N	n/a	1	850
1E+08	201	BERKELEY	12	1	NaN	700
	203	BERKELEY	Y	3	2	1600
1E+08	207	BERKELEY	Y	NA	1	800
1E+08	NA	WASHINGTON		2	HURLEY	950
1E+08	213	TREMONT	Y	1	1	
1E+08	215	TREMONT	Y	na	2	1800

图 3-10

我们可以通过 isnull()判断各个单元格是否为空，代码如下。这个例子中，我们看到 Pandas 把

n/a 和 NA 当作空数据，na 不是空数据，不符合我们的要求，可以指定空数据类型。

```
import pandas as pd
missing_values = ["n/a", "na", "--"]
df = pd.read_csv('clean-data.csv', na_values = missing_values)
print (df['NUM_BEDROOMS'])
print (df['NUM_BEDROOMS'].isnull())
```

运行结果如下：

```
0    3.0
1    3.0
2    NaN
3    1.0
4    3.0
5    NaN
6    2.0
7    1.0
8    NaN
Name: NUM_BEDROOMS, dtype: float64
0    False
1    False
2     True
3    False
4    False
5     True
6    False
7    False
8     True
Name: NUM_BEDROOMS, dtype: bool
```

在下面的代码中，dropna()方法是删除包含空数据的行。默认情况下，dropna()方法返回一个新的 DataFrame，不会修改源数据（如果你要修改源数据 DataFrame，可以使用 inplace = True 参数）。我们可以使用 fillna()方法来替换一些空字段，也可以指定某一列来替换数据。

```
import pandas as pd
df = pd.read_csv('clean-data.csv')
new_df = df.dropna()
print(new_df.to_string())
new_df2=df.fillna('unknown')
print(new_df2.to_string())
new_df3=df['PID'].fillna('unknown')
print(new_df3.to_string())
```

运行结果如图 3-11 所示。

```
         PID  ST_NUM    ST_NAME OWN_OCCUPIED NUM_BEDROOMS NUM_BATH SQ_FT
0  100001000.0   104.0     PUTNAM            Y            3        1  1000
1  100002000.0   197.0  LEXINGTON            N            3      1.5    --
8  100009000.0   215.0    TREMONT            Y           na        2  1800
          PID   ST_NUM     ST_NAME OWN_OCCUPIED NUM_BEDROOMS NUM_BATH   SQ_FT
0  100001000.0    104.0      PUTNAM            Y            3        1    1000
1  100002000.0    197.0   LEXINGTON            N            3      1.5      --
2  100003000.0  unknown   LEXINGTON            N      unknown        1     850
3  100004000.0    201.0    BERKELEY           12            1  unknown     700
4      unknown    203.0    BERKELEY            Y            3        2    1600
5  100006000.0    207.0    BERKELEY            Y      unknown        1     800
6  100007000.0  unknown  WASHINGTON      unknown            2   HURLEY     950
7  100008000.0    213.0     TREMONT            Y            1        1 unknown
8  100009000.0    215.0     TREMONT            Y           na        2    1800
0    100001000.0
1    100002000.0
2    100003000.0
3    100004000.0
4        unknown
5    100006000.0
6    100007000.0
7    100008000.0
8    100009000.0
```

图 3-11

通常替换空单元格的方法是计算列的均值、中位数值或众数。Pandas 使用 mean()、median() 和 mode() 方法计算列的均值（所有值加起来的平均值）、中位数值（排序后排在中间的数）和众数（出现频率最高的数）。下面的代码使用 mean()方法计算列的均值并替换空单元格。

```
import pandas as pd
df = pd.read_csv('clean-data.csv')
x = df["ST_NUM"].mean()
df["ST_NUM"].fillna(x,inplace=True)
print(df.to_string())
```

运行结果如图 3-12 所示。

```
          PID      ST_NUM     ST_NAME OWN_OCCUPIED NUM_BEDROOMS NUM_BATH SQ_FT
0  100001000.0  104.000000      PUTNAM            Y            3        1  1000
1  100002000.0  197.000000   LEXINGTON            N            3      1.5    --
2  100003000.0  191.428571   LEXINGTON            N          NaN        1   850
3  100004000.0  201.000000    BERKELEY           12            1      NaN   700
4          NaN  203.000000    BERKELEY            Y            3        2  1600
5  100006000.0  207.000000    BERKELEY            Y          NaN        1   800
6  100007000.0  191.428571  WASHINGTON          NaN            2   HURLEY   950
7  100008000.0  213.000000     TREMONT            Y            1        1   NaN
8  100009000.0  215.000000     TREMONT            Y           na        2  1800
```

图 3-12

数据格式错误的单元格会使数据分析变得困难，数据错误也是很常见的情况，我们可以对错误的数据进行替换或移除。Pandas 清洗错误数据代码如下，这里格式化日期，替换错误年龄的数据。

```
import pandas as pd
#第三个日期格式错误
data = {
```

```
  "Date": ['2020/12/01', '2020/12/02' , '2020/12/26'],
  "duration": [50, 40, 45]
}
person = {
  "name": ['Google', 'Runoob' , 'Taobao'],
  "age": [50, 200, 12345]
}
df1 = pd.DataFrame(data, index = ["day1", "day2", "day3"])
df1['Date'] = pd.to_datetime(df1['Date'])
print(df1.to_string())
df2 = pd.DataFrame(person)
for x in df2.index:
  if df2.loc[x, "age"] > 100:
    df2.loc[x, "age"] = 100
print(df2.to_string())
```

运行结果如图 3-13 所示。

```
           Date  duration
day1 2020-12-01        50
day2 2020-12-02        40
day3 2020-12-26        45
     name  age
0  Google   50
1  Runoob  100
2  Taobao  100
```

图 3-13

如果要清洗重复的数据，可以使用 duplicated() 和 drop_duplicates() 方法。如果对应的数据是重复的，duplicated() 会返回 True，否则返回 False。删除重复数据可以直接使用 drop_duplicates() 方法，代码如下：

```
import pandas as pd
persons = {
  "name": ['Google', 'Runoob', 'Runoob', 'Taobao'],
  "age": [50, 40, 40, 23]
}
df = pd.DataFrame(persons)
df.drop_duplicates(inplace = True)
print(df)
```

运行结果如图 3-14 所示。

```
     name  age
0  Google   50
1  Runoob   40
3  Taobao   23
```

图 3-14

3.4 数据可视化库Matplotlib介绍

Matplotlib是使用Python开发的一个绘图库，是Python界进行数据可视化的首选库。

Matplotlib 提供了绘制图形的各种工具，支持的图形包括简单的散点图、曲线图和直方图，也包括复杂的三维图形等，基本上做到了只有你想不到，没有它做不到的地步。

从最简单开始绘制一条正弦曲线，代码如下。在代码的最开始，首先引入相关模块并重命名为np和plt，其中np用来生成图形数据，plt就是绘图模块。然后使用np.linspace生成包含50个元素的数组作为x轴数据，这些元素均匀地分布在[0, 2π]区间上，再使用np.sin生成x对应的y轴数据。接着使用plt.plot(x, y)画一个折线图形，并把x和y绘制到图形上。最后调用plt.show()把绘制好的图形显示出来。注意，使用plot()方法时传入了两组数据：x和y，分别对应x轴和y轴。如果仅传入一组数据，那么该数据就是y轴数据，x轴将会使用数组索引作为数据。从绘制的图表中，可以看到它包含x、y轴刻度和曲线本身。

```
import numpy as np
import matplotlib.pyplot as plt
x = np.linspace(0, 2 * np.pi, 50)
y = np.sin(x)
plt.plot(x, y)
plt.show()
```

运行结果如图3-15所示。

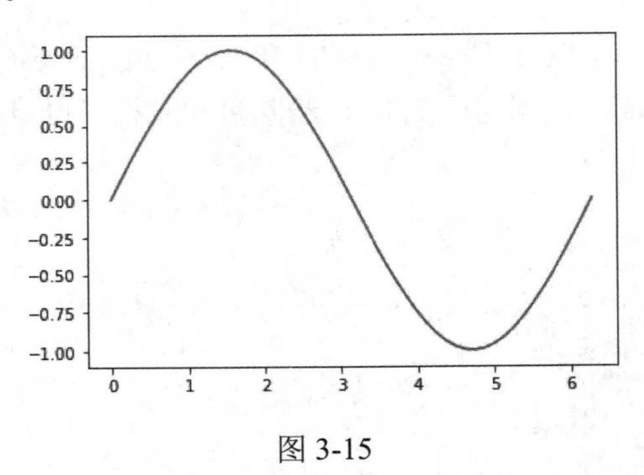

图3-15

我们换一种更容易的方式来画图，代码如下。与之前的编码相比，这里多了两行代码，而且使用ax代替plot来绘制图形。其中，fig = plt.figure() 显式创建了一个图表对象fig，刚创建的图表此时还是空的，什么内容都没有。接着，ax = fig.add_subplot(1,1,1) 往图表中新增了一个图形对象，返回值 ax 为该图形的坐标系。add_subplot()的参数指明了图形数量和图形位置。(1,1,1)对应(R,C,P)三个参数，R表示行，C表示列，P表示位置。因此，(1,1,1)表示在图表中总共有1×1个图形，当前新增的图形添加到位置1。如果改为fig.add_subplot(1,2,1)，则表示图表拥有1行2列，总共有两个图形。

```
import numpy as np
import matplotlib.pyplot as plt
x = np.linspace(0, 2 * np.pi, 50)
```

```
y = np.sin(x)
fig = plt.figure()
ax = fig.add_subplot(1, 1, 1)
ax.plot(x, y)
plt.show()
```

运行结果如图 3-16 所示。

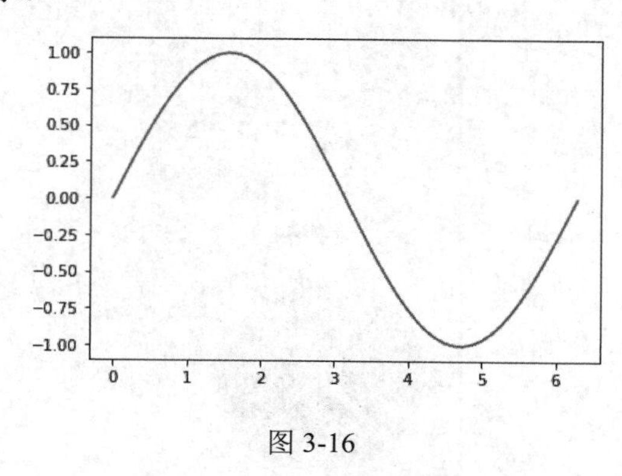

图 3-16

使用 plt.title()函数为图表添加标题，使用 plt.xlable()和 plt.ylabel()函数分别为 x 轴和 y 轴添加标签，代码如下。pyplot 并不默认支持中文显示，需要 rcParams 修改字体实现，但由于更改字体会导致显示不出负号“-”，需要将配置文件中的 axes.unicode_minus 参数设置为 False。

```
import matplotlib
import matplotlib.pyplot as plt
import numpy as np
matplotlib.rcParams['font.family']='SimHei'
matplotlib.rcParams['axes.unicode_minus']=False
matplotlib.rcParams['font.size']=20
a = np.arange(0.0,5.0,0.02)
plt.title('演示')
plt.xlabel('纵轴：振幅')
plt.ylabel('横轴：时间')
plt.plot(a,np.cos(2*np.pi*a),'r--')
plt.show()
```

运行结果如图 3-17 所示。

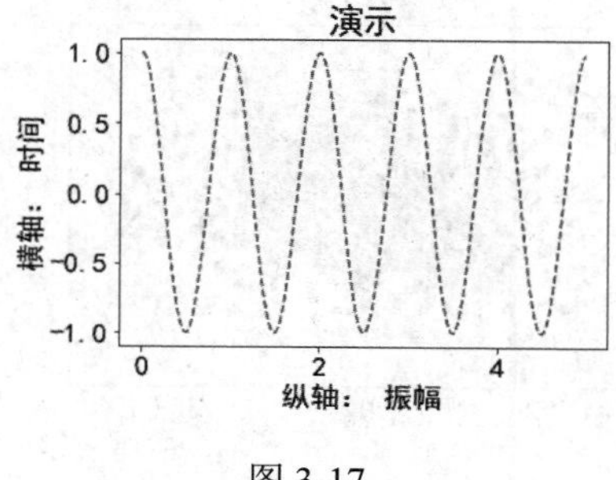

图 3-17

在绘制饼图时，只需给出每个事件所占的时间，会自动计算所占的百分比，代码如下：

```
import matplotlib.pyplot as plt
plt.rcParams['font.sans-serif'] = ['SimHei']
activies = ['工作','吃','睡','玩']
times = [8,7,3,6]
color = ['c','m','r','b']
plt.pie(times,labels = activies,colors = color,shadow = True,
       explode = (0,0.1,0,0),autopct = '%.1f%%')

plt.title('饼图')
plt.show()
```

运行结果如图 3-18 所示。

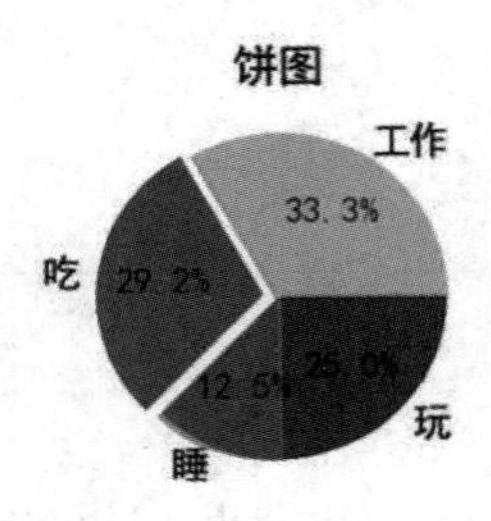

图 3-18

使用 plt.scatter()函数可以绘制散点图，代码如下，使用 NumPy 的 random 方法随机生成 1024 个 0~1 的随机数。

```
import matplotlib.pyplot as plt
import numpy as np
plt.rcParams['axes.unicode_minus'] = False
#设置显示负号，由于设置显示中文字体影响图中负号的显示，因此重新设置
n = 1024
x = np.random.normal(0,1,n)
y = np.random.normal(0,1,n)
plt.scatter(x,y)  #
plt.title('散点图')
plt.show()
```

运行结果如图 3-19 所示。

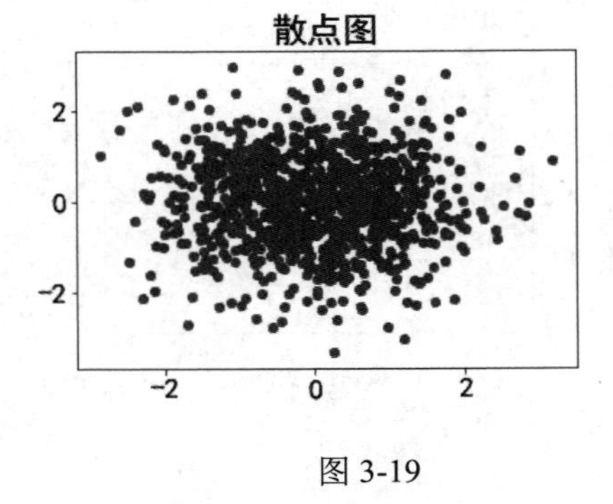

图 3-19

使用 plt.bar()可以绘制柱形图，代码如下：

```
import numpy as np
# 准备数据
xiaoming_score = [80, 75, 65, 58, 75, 80, 90]  # 小明各科成绩
xiaohong_score = [90, 85, 75, 62, 75, 60, 80]  # 小红各科成绩
subjects = ['语文', '英语', '数学', '物理', '化学', '生物', '体育']

import matplotlib.pyplot as plt
plt.rcParams['font.sans-serif'] = ['KaiTi']    # 显示中文
#简单垂直柱状图
plt.bar(subjects,xiaohong_score)
plt.show()
#水平柱状图
plt.barh(y = np.arange(7),                     # 纵坐标，传入类别数据
        height = 0.35,  # 柱状高度
        width = xiaoming_score,                # width 传入数值数据
        label = '小明',                         # 标签
        edgecolor = 'k',                       # 边框颜色
        color = 'r',                           # 柱状图颜色
        tick_label = subjects,                 # 每个柱状图的坐标标签
        linewidth= 3)                          # 柱状图边框宽度
plt.legend() #显示标签
plt.show()
```

运行结果如图 3-20 所示。

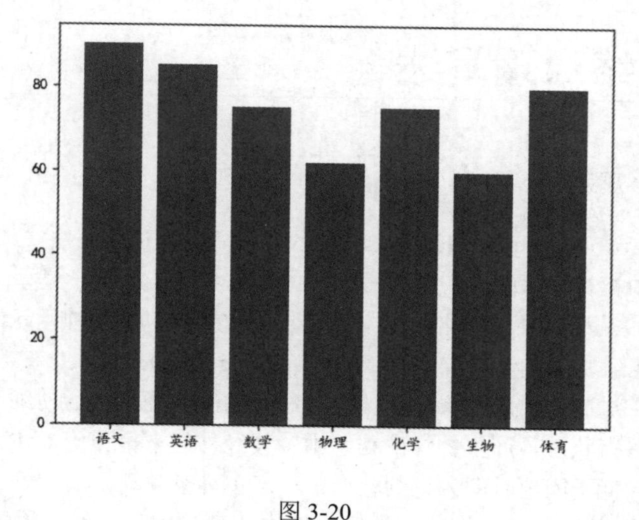

图 3-20

Matplotlib 是 Python 中最受欢迎的数据可视化软件包之一，支持跨平台运行，它是 Python 常用的 2D 绘图库，同时它也提供了一部分 3D 绘图接口。Matplotlib 通常与 NumPy、Pandas 一起使用，是数据分析中不可或缺的重要工具之一。

第4章

深度学习的基本原理

深度学习的框架是神经网络模型，但它研究的是多层隐藏层的深度神经网络。神经网络的重要特性是它能够从环境中学习，神经网络的学习是一个过程，在其所处环境的激励下，相继给网络输入一些样本模式，并按照一定的规则（学习算法）调整网络各层的权值矩阵，待网络各层权值都收敛到一定值，学习过程结束。卷积神经网络是深度学习的代表，它解决了传统神经网络的不足，卷积神经网络的使用让计算机在图像识别领域取得飞跃式的发展。

4.1 神经网络原理阐述

4.1.1 神经元和感知器

人工神经网络（Artificial Neural Network，ANN）也简称为神经网络（NN），它是一种模仿生物神经网络（动物的中枢神经系统，特别是大脑）的结构和功能的数学模型或计算模型。

神经元（Neuron）是构成神经网络的基本单元，其主要模拟生物神经元的结构和特性，接受一组输入信号并产出输出。1943年，美国神经解剖学家Warren McCulloch和数学家Walter Pitts将神经元描述为一个具备二进制输出的逻辑门：传入神经元的冲动经整合后使细胞膜电位提高，超过动作电位的阈值时即为兴奋状态，产生神经冲动，由轴突经神经末梢传出。传入神经元的冲动经整合后使细胞膜电位降低，低于阈值时即为抑制状态，不产生神经冲动。

下面来看一个神经元是如何工作的。神经元接收的是电信号，然后输出另一种电信号。如果输入的电信号强度不够大，那么神经元就不会做出任何反应，如果电信号的强度大于某个界限，那么神经元就会做出反应，向其他神经元传递电信号。想象你把手指伸入水中，如果水的温度不高，你不会感到疼痛，如果水的温度不断升高，当温度超过某个度数时，你会神经反射般把手指抽出来，然后才会感觉到疼痛，这就是输入神经元的电信号强度超过预定阈值后，神经元做出反应的结果。

哲学告诉我们，世界上的万物都是有联系的。生物学的神经元启发我们构造了最简单原始的“人造神经元”。人工神经网络的第一个里程碑就是感知器（Perceptron），一个感知器其实是对神经元最基本概念的模拟。感知器纯粹从数学的角度来看，其实可以理解为一个黑盒函数，接收若干输入，产生一个输出结果，这个结果就代表感知器所做出的决策。

如图 4-1 所示，圆圈表示一个感知器，它可以接收多个输入，产生一个结果，结果只有两种情况："是"与"否"。

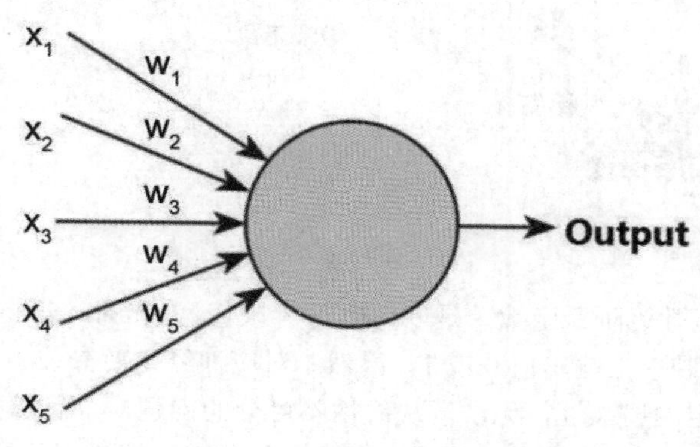

图 4-1

举一个简单的例子，假设我们需要判断小张同学是否喜欢一个女生，主要考虑以下三个因素：女生的颜值、女生的身材和女生的性格。那么对于一个女生，我们只需要将这三个因素量化出来，输入感知器中，然后就能得到感知器给我们的决策结果。而感知器内部决策的原理其实就是给不同的因素赋予不同的权重，因为不同的因素的重要性对小张来说自然是不相同的。然后设置一个阈值，如果加权计算之后的结果大于或等于这个阈值，就说明可以判断为喜欢，否则为不喜欢。因此，感知器本质上就是一个通过加权计算函数进行决策的工具。

单层感知器是一个一层神经元。感知器有多个二进制输入 x_1，x_2，…，x_n，每个输入有对应的权值（或权重）w_1，w_2，…，w_n（图中没画出来），将每个输入值乘以对应的权值再求和（$\sum x_j w_j$），然后与一个阈值（threshold）比较，大于阈值则输出 1，小于阈值则输出 0。写成公式的话，如下所示：

$$\text{output}=\begin{cases}0 & \text{if } \sum_j w_j x_j \leqslant \text{threshold}\\ 1 & \text{if } \sum_j w_j x_j > \text{threshold}\end{cases}$$

如果把公式写成矩阵形式，再用 b 来表示负数的阈值（即 b=−threshold），根据上面这个公式，可以进一步简化，如下所示：

$$\text{output}=f(x)=\begin{cases}0 & \text{if } \omega x+b\leqslant 0\\ 1 & \text{if } \omega x+b>0\end{cases}$$

完整的感知器模型如图 4-2 所示，感知器加权计算之后，再输入激活函数中进行计算，得到一个输出。类比生物学上的神经元信号从人工神经网络中的上一个神经元传递到下一个神经元的过程中，并不是任何强度的信号都可以传递下去，信号必须足够强，才能激发下一个神经元的动作电位，使其产生兴奋，激活函数的作用与之类似。

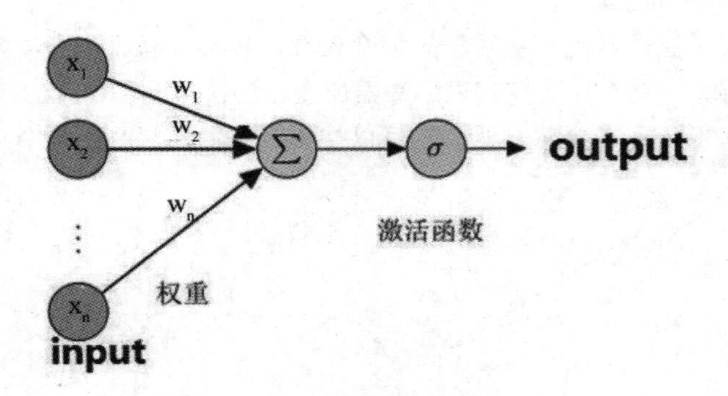

图 4-2

单层感知器的激活函数为阶跃函数，是以阈值0(界限值)为界的，若小于或等于0，则输出0，否则输出1。它将输入值映射为输出值0或1，显然1对应神经元兴奋 ，0对应神经元抑制。

单层感知器具有一定的局限性，无法解决线性不可分的问题， 所以这个模型只能用于二元分类，且无法学习比较复杂的非线性模型，因此实际应用中的感知器模型往往更加复杂。将多个单层感知器进行组合，可以得到一个多层感知器结构。

如图4-3所示，这是一个多层感知器（Multi-Layer Perceptron，MLP）模型的示意图。网络的最左边一层被称为输入层，其中的神经元被称为输入神经元。最右边及输出层包含输出神经元，在这个例子中，只有一个单一的输出神经元，但一般情况下输出层也会有多个神经元。中间层被称为隐藏层，因为里面的神经元既不是输入又不是输出。隐藏层是整个神经网络最为重要的部分，它可以是一层，也可是N层，隐藏层的每个神经元都会对数据进行处理。

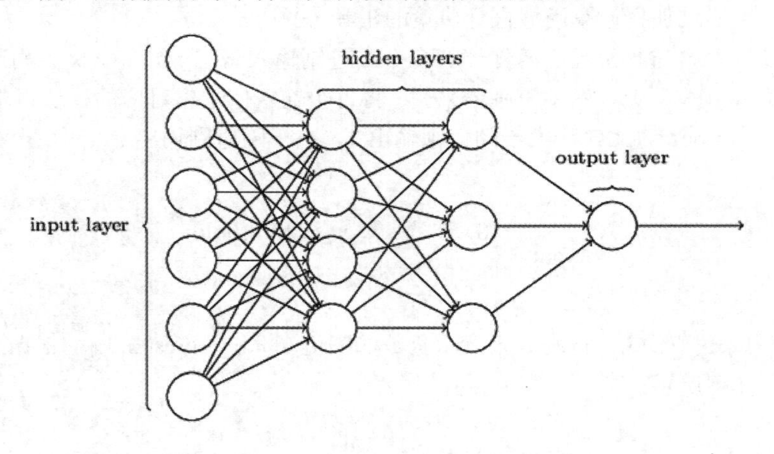

图 4-3

多层感知器并没有规定隐藏层的数量，因此可以根据各自的需求选择合适的隐藏层层数，而且对于输出层神经元的个数也没有限制。我们通常把超过一个隐藏层的神经网络叫作深度神经网络。

能被称为深度神经网络，主要有如下三个特征：

（1）加入了隐藏层，隐藏层可以有多层，可以增强模型的表达能力，当然增加了这么多隐藏层，模型的复杂度也增加了很多。

（2）输出层的神经元也可以不止一个输出，可以有多个输出，这样模型可以灵活地应用于分类回归。

（3）每个感知器都对输出结果有一定比重的贡献，单个感知器权重或偏移的变化应该会对输出结果产生微小影响的，这里需要使用非线性激活函数。如果不使用非线性激活函数，即使是多层神经网络，也无法解决线性不可分的问题（当激活函数是线性时，多层神经网络相当于单层神经网络）。

在多层神经网络中，一般使用的激活函数有 Sigmoid、Softmax 和 ReLU 等，这些非线性激活函数给感知器引入了非线性因素，使得神经网络可以任意逼近任何非线性函数，这样神经网络就可以应用到众多的非线性模型中。通过使用不同的激活函数，神经网络的表达能力进一步增强。想象一下，足够多的神经元，足够多的层级，恰到好处的模型参数，神经网络的威力暴增。

4.1.2　激活函数

所谓激活函数，就是在神经网络的神经元上运行的函数，负责将神经元的输入映射到输出端。例如，最简单的激活函数如图 4-4 所示。

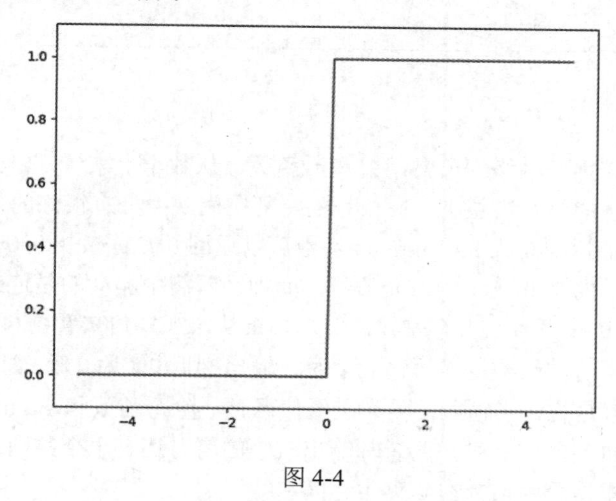

图 4-4

图 4-4 是单位阶跃函数，以 0 为界，输出从 0 切换为 1（或从 1 切换为 0），其值呈阶梯式变化，所以称之为阶跃函数。当输入大于 0 的时候，就继续向下一层传递，否则不传递。这个函数很好地表现了“激活”的意思，但是这个函数是由两段水平线组成的，有不连续、不光滑等不太好的性质，所以它无法被用于神经网络的结构。因为如果它做激活函数的话，参数的微小变化所引起的输出变化就会直接被阶跃函数抹杀掉，在输出端完全体现不出来，无法为权重的学习提供指引，这是不利于训练过程的参数更新的。

在神经网络中，比较常用的激活函数包括 Sigmoid、Tanh、ReLU、Softmax，这些函数有一个共同的特点，那就是它们都是非线性函数。我们为什么要在神经网络中引入非线性激活函数呢？

由感知器的结构来看，如果不使用激活函数，每一层输出都是上一层输入的线性函数，无论神经网络有多少层，输出都是输入的线性组合，无法直接进行非线性分类，那么整个网络就只剩下线性运算，线性运算的复合还是线性运算，最终的效果只相当于单层的线性模型。

因此，我们需要一种方法来完成非线性分类，这个方法就是激活函数。激活函数给神经元引入了非线性因素，它应用在隐藏层的每一个神经元上，使得神经网络就能够表示非线性函数，这样神经网络就可以应用到众多的非线性模型中。

举个常用的非线性激活函数的例子——Sigmoid 函数，公式如下：

$$\text{Sigmoid}(x) = \sigma(x) = \frac{1}{1+e^{-x}}$$

这个函数的特点就是左端趋近于 0，右端趋近于 1，两端都趋于饱和，图像如图 4-5 所示。

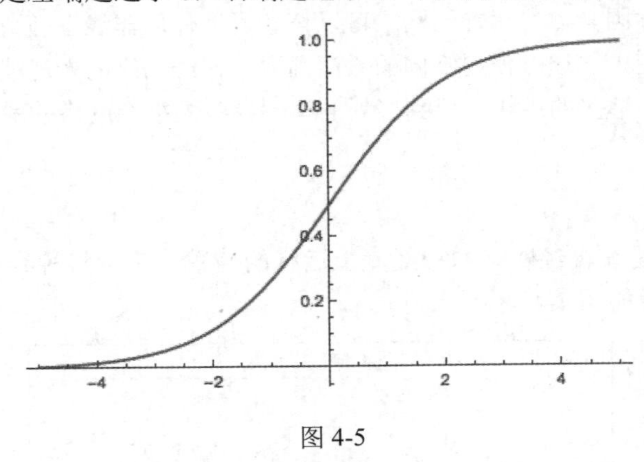

图 4-5

Sigmoid 函数是传统神经网络中最常用的激活函数，从数学上来看，Sigmoid 函数对中央区的信号增益较大，对两侧区的信号增益小，在信号的特征空间映射上有很好的效果。

相对于阶跃函数只能返回 0 或 1，Sigmoid 函数可以返回 0.731…、0.880…等实数。也就是说，感知器中神经元之间流动的是 0 或 1 的二元信号，而神经网络中流动的是连续的实数值信号。阶跃函数和 Sigmoid 函数虽然在平滑性上有差异，但是如果从宏观视角来看图 4-5，可以发现它们具有相似的形状。实际上，两者的结构均是“输入小时，输出接近 0（为 0）；随着输入增大，输出向 1 靠近（变成 1）”。也就是说，当输入信号为重要信息时，阶跃函数和 Sigmoid 函数都会输出较大的值；当输入信号为不重要的信息时，两者都输出较小的值。还有一个共同点是，无论输入信号有多小，或者有多大，输出信号的值都在 0 和 1 之间。

ReLU 函数也是一种很常用的激活函数，它的形式更加简单，当输入小于 0 时，输出为 0，当输入大于 0 时，输出与输入相等。其图像如图 4-6 所示。

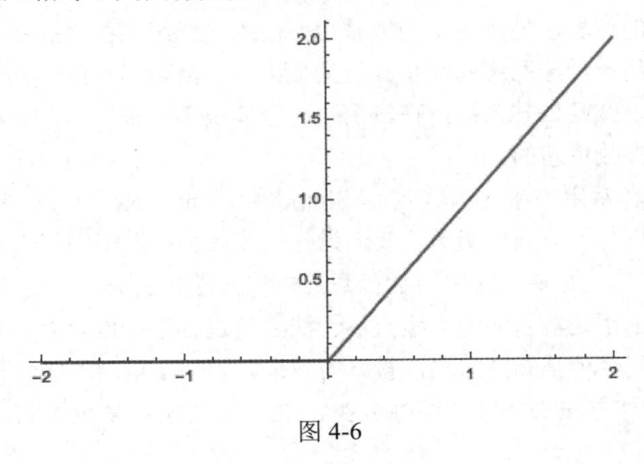

图 4-6

ReLU 函数其实是分段线性函数，它把所有的负值都变为 0，而正值不变。相比于其他激活函数，ReLU 函数有以下优势：对于线性函数而言，ReLU 函数的表达能力更强，尤其体现在深度网络中；而对于非线性函数而言，ReLU 由于非负区间的梯度为常数，因此不存在梯度消失问题，使得模型的收敛速度维持在一个稳定状态。这里稍微描述一下什么是梯度消失问题：当梯度小于 1 时，预测值与真实值之间的误差每传播一层会衰减一次，如果在深层模型中使用 Sigmoid 作为激活函数，这种现象尤为明显，这将导致模型收敛,停滞不前。现如今，几乎所有深度学习模型都在使用 ReLU 函数，但它的局限性在于只能在神经网络模型的隐藏层中使用。

最后的输出层一般会有特定的激活函数，不能随意改变，比如多分类，我们应该使用 Softmax 函数来处理分类问题，从而计算类的概率。它与 Sigmoid 函数类似，唯一的区别是在 Softmax 函数中，输出被归一化，总和变为 1。如果我们遇到的是二进制输出问题，就可以使用 Sigmoid 函数，而如果我们遇到的是多类型分类问题，使用 Softmax 函数可以轻松地为每个类型分配值，并且很容易将这个值转换为概率。所以 Softmax 一般作为神经网络的最后一层，作为输出层进行多分类，Softmax 输出的每个值都是大于或等于 0 的，并且其总和为 1，所以可以认为其为概率分布。举例来说，有一个向量[3,1,-3]，将这组向量传入 Softmax 层进行前向传播，我们会得到约等于[0.88,0.12,0] 的向量。注意，各分量的和为 1，这是公式决定的。这样，这个向量就可以表示取到各个值的概率。

4.1.3　损失函数

损失函数（Loss Function）用来度量真实值和预测值之间的差距，在统计学中损失函数是一种衡量损失和错误（这种损失与“错误”估计有关）程度的函数。

训练神经网络模型的“训练”是指通过输入大量训练数据，使得神经网络中的各参数(如 w 权重系数）不断调整，从而“学习”到一个合适的值，使得损失函数最小。

在处理分类问题的神经网络模型中，通常使用交叉熵（Cross Entropy）做损失函数。交叉熵出自信息论中的一个概念，原来的含义是用来估算平均编码的长度。在人工智能学习领域，交叉熵用来评估分类模型的效果，如图像识别分类器。交叉熵在神经网络中作为损失函数，p 表示真实标记分布，q 则为训练后模型的预测标记分布，交叉熵损失函数可以衡量 p 与 q 的相似性。

我们希望模型在训练数据上学到的预测数据分布与真实数据分布越相近越好，为了简便计算，损失函数使用交叉熵就可以了。交叉熵在分类问题中通常与 Softmax 是标配，Softmax 将输出的结果进行处理，使其多个分类的预测值和为 1，再通过交叉熵来计算损失。

4.1.4　梯度下降和学习率

神经网络的目的就是通过训练使近似分布逼近真实分布。那么如何训练，采用什么方式呢？一点一点地调整参数，找损失函数的极小值（最小值）即可。

我们最容易想到的调整参数（权重）的方法是穷举。即取遍参数的所有可能取值，比较在不同取值情况下得到的损失函数的值，即可得到使损失函数取值最小的参数值。这种方法显然是不可取的。因为在深度神经网络中，参数的数量是一个可怕的数字，动辄上万，甚至十几万。并且，其取值有时是十分灵活的，甚至精确到小数点后若干位。使用穷举法将会造成一个几乎不可能实现的计算量。

因此，我们使用梯度下降法。梯度下降法是一种求函数最小值的方法。梯度衡量的是，稍微改变一下输入值，函数的输出值会发生多大变化。

既然无法直接获得该点，那么就要一步一步逼近该点。一个常见的形象理解是，下山时一步一步朝着坡度最陡的山坡往下，即可到达山谷最底部，如图 4-7 所示。假设这样一个场景：一个人被困在山上，需要从山上下来（找到山的最低点，也就是山谷）。但此时山上的浓雾很大，导致可视度很低。因此，下山的路径就无法确定，必须利用自己周围的信息一步一步地找到下山的路。这个时候，便可利用梯度下降算法来帮助自己下山。怎么做呢？首先以他当前所处的位置为基准，寻找这个位置最陡峭的地方，然后朝着下降方向走一步，再继续以当前位置为基准，找到最陡峭的地方往下走，直到最后到达最低处。

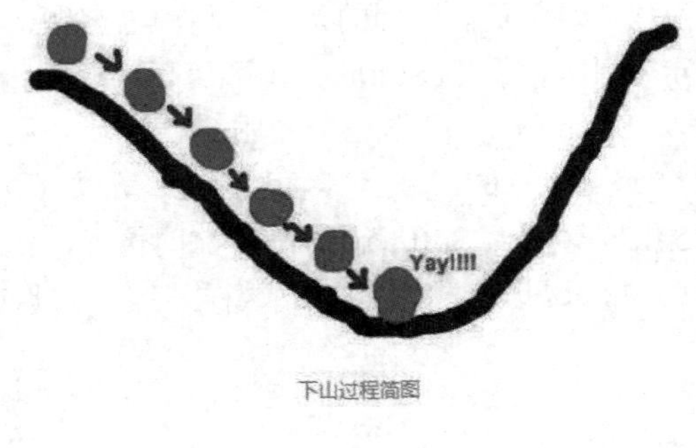

图 4-7

学习率即梯度下降中的步伐大小，步长越大，此梯度影响越大。它意味着我们可以通过步长来控制每一步走的距离，其实就是不要走得太快，错过了最低点。同时也要保证不要走得太慢，导致太阳下山了，还没有走到山下。所以学习率的选择在梯度下降法中往往是很重要的，不能太大，也不能太小，太小的话，可能导致迟迟走不到最低点，太大的话，会导致错过最低点。

学习率是深度学习中一个重要的超参数，决定着目标函数能否收敛到局部最小值以及何时收敛到最小值。这里超参数是在开始学习过程之前设置值的参数，而不是通过训练得到的参数数据。学习率越低，损失函数的变化速度就越慢。虽然使用低学习率可以确保我们不会错过任何局部极小值，但也意味着我们将花费更长的时间来进行收敛。对于学习率的设置，建议通过尝试不同的固定学习率，观察迭代次数和 Loss 损失率的变化关系，找到损失函数下降最快对应的学习率。

常见的随机梯度下降（Stochastic Gradient Descent，SGD）算法已经成为深度神经网络最常用的训练算法之一，还有些优化的方法如 Adam 算法（自适应时刻估计算法，它会根据训练算法自适应地修正学习率。SGD 和 Adam 被称为经典的优化器算法，因为神经网络越复杂、数据越多，在训练神经网络的过程中花费的时间也就越多，我们要让神经网络聪明起来，快起来，这就是优化器算法的作用。

4.1.5　过拟合和 Dropout

随着迭代次数的增加，我们可以发现测试数据的 loss 值和训练数据的 loss 值存在着巨大的差距，如图 4-8 所示，随着迭代次数的增加，training loss 越来越好，但 test loss 却越来越差，test loss 和 training loss 的差距越来越大，模型开始过拟合。过拟合会导致模型在训练集上的表现很好，但针对验证集或测试集，表现却大打折扣。

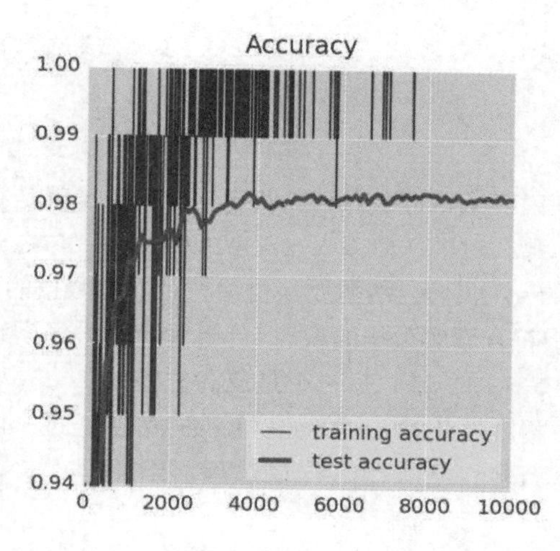

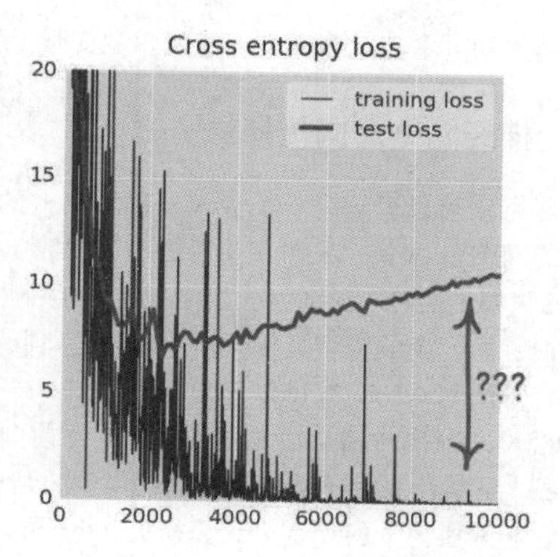

图 4-8

如图 4-9 所示，Dropout 是指在深度学习网络的训练过程中，按照一定的概率将一部分神经网络单元暂时从网络中丢弃，相当于从原始的网络中找到一个更瘦的网络，从而解决过拟合问题。

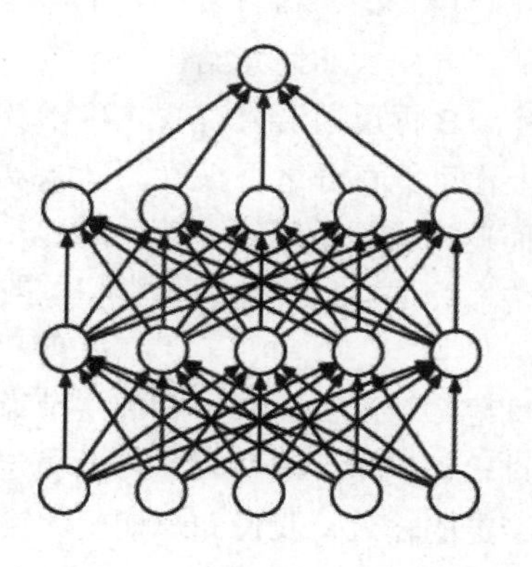

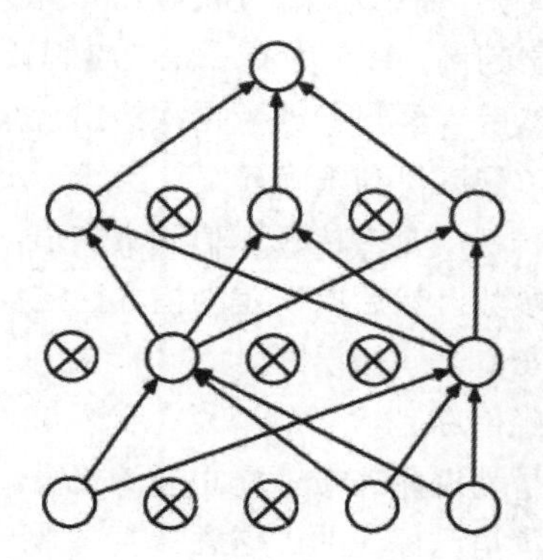

图 4-9

做个类比，无性繁殖可以保留大段的优秀基因，而有性繁殖则将基因随机拆了又拆，破坏了大段基因的联合适应性，但是自然选择中选择了有性繁殖，“物竞天择，适者生存”，可见有性繁殖的强大。Dropout 也能达到同样的效果，它强迫一个神经元和随机挑选出来的其他神经元共同工作，消除并减弱了神经元节点间的联合适应性，增强了泛化能力。

如果一个公司的员工每天早上都是扔硬币决定今天去不去上班，那么这个公司会运作良好吗？这并非没有可能，这意味着任何重要的工作都会有替代者，不会只依赖于某一个人。同样员工也会学会和公司内各种不同的人合作，而不是每天面对固定的人，每个员工的能力也会得到提升。这个想法虽然不见得适用于企业管理，但却绝对适用于神经网络。在进行 Dropout 后，一个神经元不得不与随机挑选出来的其他神经元共同工作，而不是原先一些固定的周边神经元。这样经过几轮训练，这些神经元的个体表现力大大增强，同时也减弱了神经元节点间的联合适应性，增强了泛化能力。我们知道通常是在训练神经网络的时候使用 Dropout，这样会降低神经网络的拟合能力，而在预测的时候则关闭 Dropout。这就好像在练轻功的时候在脚上绑着很多重物，但是在真正和别人打斗的时候会把重物全拿走，这样一下子就感觉变强了很多。

4.1.6　神经网络反向传播法

神经网络可以理解为一个输入 x 到输出 y 的映射函数，即 f(x)=y，其中这个映射 f 就是我们所要训练的网络参数 w，我们只要训练出了参数 w，那么对于任何输入 x，就能得到一个与之对应的输出 y。只要 f 不同，那么同一个 x 就会产生不同的 y，我们当然想要获得最符合真实数据的 y，那么就要训练出一个最符合真实数据的映射 f。训练最符合真实数据的映射 f 的过程就是神经网络的训练过程，神经网络的训练可以分为两个步骤：一个是前向传播，另一个是反向传播。

神经网络前向传播从输入层到输出层：前向传播就是从输入层开始（Layer1），经过一层一层的 Layer，不断计算每一层的神经网络得到的结果，最后得到输出 y^ 的过程，计算出了 y^，就可以根据它和真实值 y 的差别来计算损失（loss）。

而反向传播就是根据损失函数 L(y^,y)来反方向地计算每一层，最后逐层向前改变每一层的权重，也就是更新参数，即得到 loss 之后，反过去调整每个变量以及每层的权重。

反向传播法通常缩写为 BackProp，这是一种监督学习方法，即通过标记的训练数据来学习（由监督者来引导学习）。简单说来，BackProp 就像从错误中学习，监督者在人工神经网络犯错误时进行纠正。以猜数字为例，B 手中有一张数字牌让 A 猜，首先 A 将随意给出一个数字，B 反馈给 A 是大了还是小了，然后 A 经过修改，再次给出一个数字，B 再反馈给 A 是否正确以及大小关系，经过数次猜测和反馈，最后得到正确答案（当然，实际上不可能百分之百正确，只能取最大概率值）。

因此，反向传播就是对比预测值和真实值，继而返回去修改网络参数的过程，一开始我们随机初始化卷积核的参数，然后以误差为指导通过反向传播算法自适应地调整卷积核的值，从而最小化模型预测值和真实值之间的误差。

一个人工神经网络包含多层节点；输入层、中间隐藏层和输出层。相邻层节点的连接都配有权重。学习的目的是为这些连接分配正确的权重。通过输入向量，这些权重可以决定输出向量。在监督学习中，训练集是已标注的。这意味着对于一些给定的输入，我们知道期望的输出。

反向传播算法：最初，所有的边权重（Edge Weight）都是随机分配的。对于所有训练数据集中的输入，人工神经网络都会被激活，并且观察其输出。这些输出会和我们已知的、期望的输出进行比较，误差会传播回上一层。该误差会被标注，权重也会被相应地调整。这个流程一直重复，直到输出误差低于指定的标准。

上述算法结束后，我们就得到了一个学习过的神经网络，这个神经网络被认为是可以接受新输入的。这个神经网络可以说从一些样本（标注数据）和其错误（误差传播）中得到了学习。

4.2　卷积神经网络

4.2.1　什么是卷积神经网络

在机器视觉和其他很多问题上，卷积神经网络（Convolutional Neural Network，CNN）取得了当前最好的效果，被广泛用于各个领域，在很多问题上都取得了当前最好的性能。

卷积神经网络发展历史中的第一个里程碑事件是 20 世纪 60 年代的科学家提出了感受野（Receptive Field）。当时科学家通过对猫的视觉皮层细胞研究发现，每一个视觉神经元只会处理一小块区域的视觉图像，即感受野。

深度学习的许多研究成果都离不开对大脑认知原理的研究，尤其是对视觉原理的研究。1981 年的诺贝尔医学奖颁发给了 David Hubel（出生于加拿大的美国神经生物学家）、TorstenWiesel 和 Roger Sperry。前两位的主要贡献是发现了视觉系统的信息处理，可视皮层是分级的。

人类的视觉原理如下：从原始信号摄入开始（瞳孔摄入像素（Pixels）），接着进行初步处理（大脑皮层某些细胞发现边缘和方向），然后抽象（例如大脑判定眼前物体的形状是圆形的），接着进一步抽象（例如大脑进一步判定该物体是只气球）。对于不同的物体，人类视觉也是通过这样逐层分级来进行认知的：可以看到，最底层特征基本上是类似的，就是各种边缘，越往上越能提取出此类物体的一些特征（轮子、眼睛、躯干等），到最上层，不同的高级特征最终组合成相应的图像，从而能够让人类准确地区分不同的物体。

我们可以很自然地想到：是否可以模仿人类大脑的这个特点构造多层神经网络，较底层的识别初级的图像特征，若干底层特征组成更上一层特征，最终通过多个层级的组合在顶层做出分类呢？答案是肯定的，这也是卷积神经网络的灵感来源。

1980 年前后，日本科学家福岛邦彦（Kunihiko Fukushima）在 Hubel 和 Wiesel 工作的基础上，模拟生物视觉系统并提出了一种层级化的多层人工神经网络，即“神经认知”（Neurocognitron），以进行手写字符识别和其他模式识别任务。神经认知模型在后来也被认为是现今卷积神经网络的前身。在福岛邦彦的神经认知模型中，两种最重要的组成单元是“S 型细胞”（S-Cells）和“C 型细胞”（C-Cells），这两类细胞交替堆叠在一起构成了神经认知网络。其中，S 型细胞用于抽取局部特征（Local Features），C 型细胞则用于抽象和容错，这与现今卷积神经网络中的卷积层（Convolution Layer）和池化层（Pooling Layer）可一一对应，卷积层完成的操作可以认为是受局部感受野概念的启发，而池化层主要是为了降低数据维度。

卷积神经网络是一种多层神经网络，擅长处理图像特别是大图像的机器学习相关问题。

卷积网络通过一系列方法成功将数据量庞大的图像识别问题不断降维，最终使其能够被训练。综上所述，卷积神经网络通过卷积来模拟特征区分，并且通过卷积的权值共享及池化来降低网络参数的数量级，最后通过传统神经网络完成分类等任务。

4.2.2 卷积神经网络详解

由上一小节我们知道，卷积神经网络是一类包含卷积计算且具有深度结构的前馈神经网络（Feedforward Neural Networks），是深度学习（Deep Learning）的代表算法之一。卷积神经网络核心网络层是卷积层，其使用了卷积（Convolution）这种数学运算，卷积是一种特殊的线性运算。

典型的卷积神经网络由卷积层、池化层、全连接层组成。其中卷积层与池化层配合组成多个卷积组，逐层提取特征，最终通过若干全连接层完成分类，如图 4-10 所示。

feature maps
pooled
feature maps
feature maps
pooled
feature maps
Fully-connected 1
p(y|x)
Outputs
Input
Convolutional
layer 1
Pooling 1
Convolutional
layer 2
Pooling 2

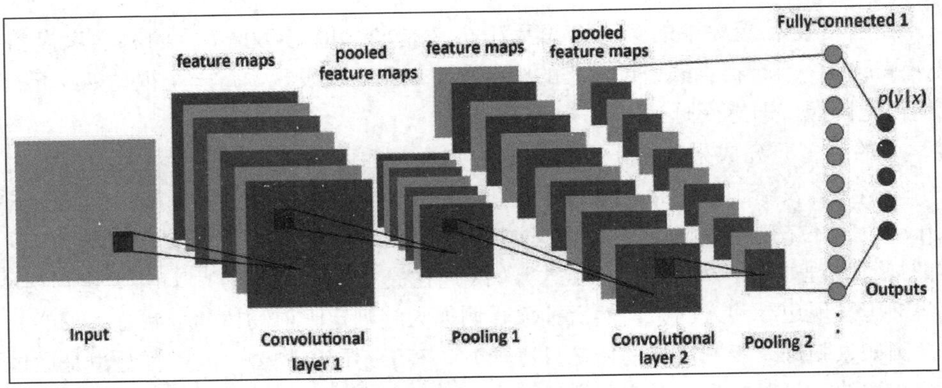

图 4-10

用卷积神经网络识别图片，一般步骤如下：

步骤01 卷积层初步提取图像特征。

步骤02 池化层提取主要特征。

步骤03 全连接层将各部分特征汇总。

步骤04 产生分类器，进行预测识别。

想要详细地了解卷积神经网络，需要先理解什么是卷积和池化。这些概念都来源于计算机视觉领域。

1. 卷积层的作用

卷积层的作用就是提取图片每个小部分里具有的特征。之前我们讲过了，卷积就是一种提取图像特征的方式，特征提取依赖于卷积运算，其中运算过程中用到的矩阵又称为卷积核。卷积核的大小一般小于输入图像的大小，因此卷积提取出的特征会更多地关注局部，这很符合日常我们接触到的图像处理。每个神经元其实没有必要对全局图像进行感知，只需要对局部进行感知，然后在更高层将局部的信息综合起来就得到了全局的信息。

假定我们有一个尺寸为 6×6 的图像，每一个像素点中都存储着图像的信息。我们再定义一个卷积核（相当于权重），用来从图像中提取一定的特征。卷积核与数字矩阵对应位相乘再相加，得到卷积层的输出结果，如图 4-11 所示（429=（18×1+54×0+51×1+55×0+121×1+75×0+35×1+24×0+204×1））。

INPUT IMAGE
18 54 51 239 244 188
55 121 75 78 95 88
35 24 204 113 109 221
3 154 104 235 25 130
15 253 225 159 78 233
68 85 180 214 245 0
WEIGHT
1 0 1
0 1 0
1 0 1
429

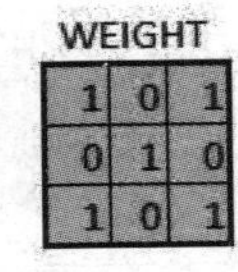

图 4-11

卷积核的取值在没有以往学习的经验下，可由函数随机生成，再逐步训练调整，当所有的像素点都至少被覆盖一次后，就可以产生一个卷积层的输出，如图 4-12 所示。

INPUT IMAGE

18	54	51	239	244	188
55	121	75	78	95	88
35	24	204	113	109	221
3	154	104	235	25	130
15	253	225	159	78	233
68	85	180	214	245	0

WEIGHT

1	0	1
0	1	0
1	0	1

429	505	686	856
261	792	412	640
633	653	851	751
608	913	713	657

图 4-12

神经网络模型初始时并不知道要识别的部分具有哪些特征，而是通过比较不同卷积核的输出来确定哪一个卷积核最能表现该图片的特征。比如要识别图像中曲线这一特征，那么这个卷积核要对这种曲线有很高的输出值（真实区域数字矩阵与卷积核相乘后输出较大，对其他形状，比如三角形来说，则输出较小），就说明该卷积核与曲线这一特征的匹配程度高，越能表现该曲线特征。

此时就可以将这个卷积核保存用来识别曲线特征，采用同样的方式能找出识别其他部位（特征）的卷积核，在此过程中，卷积层在训练时通过不断改变所使用的卷积核，从中选取出与图片特征最匹配的卷积核，进而在图片识别过程中利用这些卷积核的输出来确定对应的图片特征。

一句话介绍卷积层，其实就是使用一个或多个卷积核对输入进行卷积操作。卷积层的作用就是通过不断改变卷积核来确定能初步表征图片特征的有用的卷积核是哪些，再得到与相应的卷积核相乘后的输出矩阵。由于卷积操作会导致图像变小（损失图像边缘），因此为了保证卷积后的图像大小与原图一致，通常人为地在卷积操作之前对图像边缘进行填充。

2. 池化层的作用

池化层的目的是减少输入图像的大小，去除次要特征，保留主要特征。卷积层输出的特征作为池化层的输入，由于卷积核数量众多，输入的特征维度也很大，为了减少需要训练的参数数量和减小过拟合现象(过拟合时模型会过多地注重细节特征，而不是共性特征，导致识别准确率下降)，可以只保留卷积层输出的特征中有用的特征，而消除其中属于噪声的特征，既能减少噪声传送，还能降低特征维度。它的目标是对输入（图片、隐藏层、输出矩阵等）进行下采样来减小输入的维度，并且包含局部区域的特征。首先选择池化方法，常用的池化方法有最大池化（max-pooling）、最小池化（min-pooling）和均值池化（mean-pooling），其次选择池化的区域大小和步长。最大池化是在选择区域内选择最大值，而平均池化是在选择区域内选择平均值。如图 4-13 所示，最大池化大小为 2×2，步长为 2。这个池化例子将 4×4 的区域池化成 2×2 的区域，这样使数据的敏感度大大降低，同时也在保留数据信息的基础上降低了数据的计算复杂度。

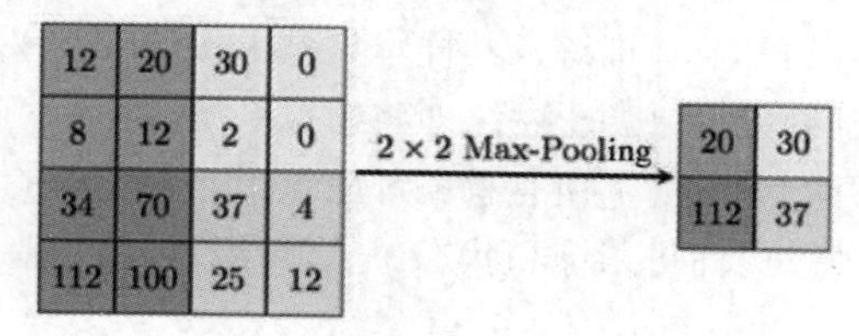

图 4-13

3. 平铺层处理

平铺层（Flatten 层）是一个非常简单的神经网络层，它用来将一个二阶张量（矩阵）或三阶张量展开成一个一阶张量（向量），用来将输入“压平”，即把多维的输入一维化，常用在从卷积层到全连接层的过渡。

4. 全连接层处理

卷积层和池化层的工作就是提取特征并减少原始图像带来的参数。然而，为了生成最终的输出，需要应用全连接层来生成一个等于我们需要的类的数量的分类器。全连接层在整个神经网络模型中相当于分类器。全连接层利用这些有用的图像特征进行分类，利用激活函数对汇总的局部特征进行一些非线性变换，得到输出结果。

检测高级特征之后，网络最后的全连接层就是锦上添花了。简单来说，这一层处理输入内容后会输出一个 N 维向量，N 是该程序必须选择的分类数量。例如，如果你想得到一个数字分类程序，如果有 10 个数字，N 就等于 10。这个 N 维向量中的每一个数字都代表某一特定类别的概率。例如，如果某一数字分类程序的结果矢量是 [0 .1 .1 .75 0 0 0 0 0 .05]，则代表该图片有 10%的概率是 1，10%的概率是 2，75%的概率是 3，还有 5%的概率是 9。全连接层观察上一层的输出（其表示更高级特征的激活映射）并确定这些特征与哪一分类最为吻合。例如，如果该程序预测某一图像的内容为狗，那么激活映射中的高数值便会代表一些爪子或四条腿之类的高级特征。同样地，如果程序测定某一图像的内容为鸟，激活映射中的高数值便会代表诸如翅膀或鸟喙之类的高级特征。大体上来说，全连接层观察高级特征和哪一分类最为吻合以及拥有怎样的特定权重，因此，当计算出权重与先前层之间的点积后，将会得到不同分类的正确概率。

4.2.3 卷积神经网络是如何训练的

因为卷积核实际上就是如 3×3、5×5 这样的权值（Weights）矩阵。我们的网络要学习的，或者说要确定下来的就是这些权值的数值。卷积神经网络不断前后向地计算学习，一直在更新合适的权值，也就是一直在更新卷积核。卷积核更新了，学习到的特征也就更新了。对于分类问题而言，目的就是对图像提取特征，再以合适的特征来判断它所属的类别，你有哪些子特征，就根据这些子特征把你划分到某个类别去。

卷积神经网络的一整套流程就是：更新卷积核参数（Weights），相当于一直更新所提取到的图像特征，以得到可以把图像正确分类的最合适的特征。

我们明白了卷积神经网络在本质上是一种输入到输出的映射，它能够学习大量的输入与输出之间的映射关系，而不需要任何输入和输出之间的精确的数学表达式，仅仅要用已知的模式对卷积神经网络加以训练，卷积神经网络就具有输入输出对之间的映射能力。这里权值更新是基于反向传播算法的，卷积神经网络执行的是监督训练，其样本集是由形如（输入向量，理想输出向量）的向量对构成的。这些向量对全部都应该来源于网络即将模拟系统的实际“执行”结果，它们能够从实际执行系统中采集而来。在开始训练前，所有权值都应该用一些不同的小随机数进行初始化。小随机数用来保证网络不会因权值过大而进入饱和状态，从而导致训练失败，“不同”用来保证网络能够正常地学习。

卷积神经网络的训练过程分为两个阶段。第一个阶段是数据由低层次向高层次传播的阶段，即前向传播阶段。第二个阶段是，当前向传播得出的结果与预期不符时，将误差从高层次向低层次进行传播训练的阶段，即反向传播阶段。训练过程如下：

步骤01 网络进行权值的初始化。

步骤02 输入数据经过卷积层、下采样层、全连接层向前传播得到输出值。

步骤03 求出网络的输出值与目标值之间的误差。

步骤04 当误差大于我们的期望值时，将误差传回网络中，依次求得全连接层、下采样层、卷积层的误差。各层的误差可以理解为对于网络的总误差，网络应承担多少，当误差等于或小于我们的期望值时，结束训练。

步骤05 根据求得的误差，按极小化误差的方法调整权值矩阵，进行权值更新。然后进入步骤02。

4.2.4 卷积神经网络为什么能称霸图像识别领域

计算机识别图像的过程与人的判断过程非常类似，都是通过已有标签的图像做比较来对新的图像做出判断的。与人的判断过程不同的是，计算机科学家会设计算法来捕获与图像形状、颜色相关的各种特征，通过这些特征来判断图像的相似度。这个捕获特征来判断相似程度的算法的效果能够在很大程度上决定图像识别的效果。比如利用图像矩阵之间的欧式距离表达图像的相似度，对于复杂的图像，比如歪扭、不规整的图像，效果就会大打折扣，所以真正解决计算机图像识别的技术就是卷积神经网络。

在人的大脑识别图像的过程中，并不是一下子整幅图同时识别，而是对于图像中的每个特征首先局部感知，然后更高层次对局部进行综合操作，从而得到全局信息。比如人首先理解的是颜色和亮度，然后是边缘、角点、直线等局部细节特征，接下来是纹理、几何形状等更复杂的信息和结构，最后形成整个物体的概念。卷积神经网络通过卷积和池化操作自动学习图像在各个层次上的特征，这符合我们理解图像的常识。

在卷积神经网络中，每个卷积层包含多个卷积核，用这些卷积核从左向右、从上往下依次扫描整幅图像，得到称为特征图（Feature Map）的输出数据。第一个卷积层会直接接受图像像素级的输入，每一个卷积操作只处理一小块图像，进行卷积变化后再传到后面的网络，每一层卷积（也可以说是滤波器）都会提取数据中最有效的特征。这种方法可以提取到图像中最基础的特征，比如不同方向的边或者拐角，而后再进行组合和抽象形成更高阶的特征。网络前面的卷积层捕捉图像局部、细节的信息，后面的卷积层用于捕获图像更复杂、更抽象的信息。经过多个卷积层的运算，最后得到图像在各个不同尺度的抽象表示。

通过卷积将图像的边缘信息凸显出来了，在图像处理中，这些卷积核矩阵的数值是人工设计的。通过某种方法，我们可以通过机器学习的手段来自动生成这些卷积核，从而描述各种不同类型的特征，卷积神经网络就是通过这种自动学习的手段来得到各种有用的卷积核的。

2012 年，在有计算机视觉界“世界杯”之称的 ImageNet 图像分类竞赛中，Geoffrey E. Hinton 等凭借卷积神经网络 Alex-Net 力挫日本东京大学、英国牛津大学 VGG 组等劲旅，且以超过第二名近 12%的准确率一举夺得该竞赛的冠军，霎时间学界、业界纷纷哗然。自此便揭开了卷积神经网络在计算机视觉领域逐渐称霸的序幕，此后，每年 ImageNet 竞赛的冠军非深度卷积神经网络莫属。直到 2015 年，在改进了卷积神经网络中的激活函数后，卷积神经网络在 ImageNet 数据集上的性能（4.94%）第一次超过了人类预测错误率（5.1%）。

近年来，随着神经网络特别是卷积神经网络相关领域研究人员的增多、技术的日新月异，卷积神经网络也变得愈宽、愈深、愈加复杂。在各种深度神经网络结构中，卷积神经网络是应用最广泛的一种，卷积神经网络在早期被成功应用于手写字符图像识别。2012 年，更深层次的 AlexNet 网络取得成功，此后卷积神经网络蓬勃发展，被广泛用于各个领域，在很多问题上都取得了当时最好的性能。

4.3 卷积神经网络经典模型架构简介

ImageNet 是一个包含超过 1 500 万幅手工标记的高分辨率图像的数据库，大约有 22 000 个类别。ImageNet 项目于 2007 年由斯坦福大学的华人教授李飞飞创办，目标是收集大量带有标注信息的图片数据供计算机视觉模型训练。ImageNet 拥有 1 500 万幅标注过的高清图片，总共拥有 22 000 类，其中约有 100 万幅标注了图片中主要物体的定位边框。

而 ILSVRC（ImageNet Large-Scale Visual Recognition Challenge，ImageNet 大规模视觉识别挑战赛）成立于 2010 年，旨在提高大规模目标检测和图像分类的最新技术，ILSVRC 作为最具影响力的竞赛，促进了许多经典的卷积神经网络架构的发展，功不可没。ILSVRC 使用的数据都来自 ImageNet。

从 2010 年开始举办的 ILSVRC 比赛使用 ImageNet 数据集的一个子集，大概拥有 120 万幅图片，以及 1 000 类标注。该比赛一般采用 top-5 和 top-1 分类错误率作为模型性能的评测指标。top1 是指概率向量中最大的作为预测结果，若分类正确，则为正确；而 top5 只要概率向量中最大的前 5 名里有分类正确的，则为正确。

加拿大著名科学家 Yann LeCun 等在 1998 年提出 LeNet-5 这个经典的卷积神经网络模型（用于手写数字的识别）是深度学习的奠基之作，而 2012 年的冠军 AlexNet 网络模型首次将深度学习技术应用到大规模图像分类领域，证明了深度学习技术学习到的特征可以超越手工设计的特征。如图 4-14 所示，ILSVRC 比赛分类项目，2012 年冠军 AlexNet（top-5 错误率为 16.4%，8 层神经网络）、2014 年亚军 VGG（top-5 错误率为 7.3%，19 层神经网络）、2014 年冠军 GoogleNet（top-5 错误率为 6.7%，22 层神经网络）、2015 年的冠军 ResNet（top-5 错误率为 3.57%，152 层神经网络）。

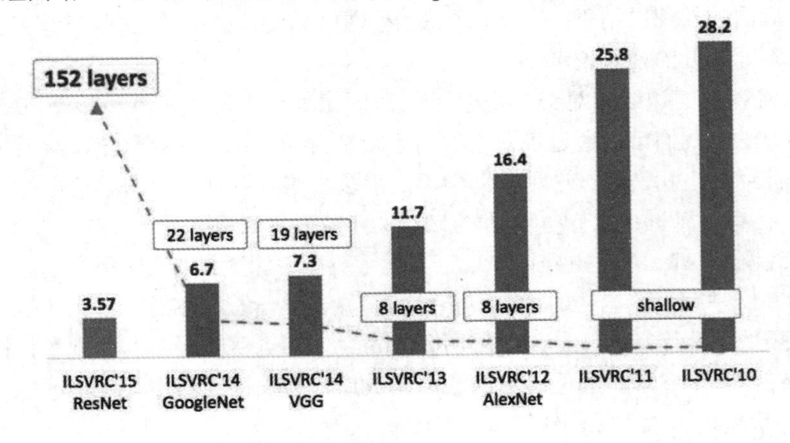

图 4-14

这些经典的卷积神经网络模型及其性能的提升，开启了计算机视觉领域中的深度学习热潮。下面，我们就从 LeNet-5 模型开始一一为大家介绍这些模型。

4.3.1　LeNet-5

LeNet-5 模型是 1998 年 Yann LeCun 教授在论文 *Gradient-based learning applied to document recognition* 中提出的，是第一个成功应用于手写数字识别问题的卷积神经网络，在那时的技术条件下就能取得低于 1%的错误率。因此，LeNet 这一卷积神经网络便在当时效力于全美几乎所有的邮政系统，用来识别手写邮政编码进而分拣邮件和包裹。当年美国大多数银行就是用它来识别支票上面的手写数字的，能够达到这种商用的地步，它的准确性可想而知。可以说，LeNet 是第一个产生实际商业价值的卷积神经网络，同时也为卷积神经网络以后的发展奠定了坚实的基础。

LeNet-5 这个网络虽然很小，但是它包含深度学习的基本模块：卷积层、池化层和全链接层，是其他深度学习模型的基础。这里我们对 LeNet-5 进行深入分析，同时通过实例分析加深对卷积层和池化层的理解。如图 4-15 所示，LeNet-5 模型各层分别为卷积层（Convolution Layer）、采样层（Subsampling Layer）、卷积层、采样层、全连接层（Full connection Layer）、全连接层、高斯连接层（Gaussian connections Layer）。从图 4-15 中可以看到，输入的是一幅手写的英文字母 A，随后经过卷积层-下采样-卷积层-下采样-全连接层-全连接层，最终输出该图片属于每个数字的概率，实际测试的时候取最大概率值的索引值为最终预测值。

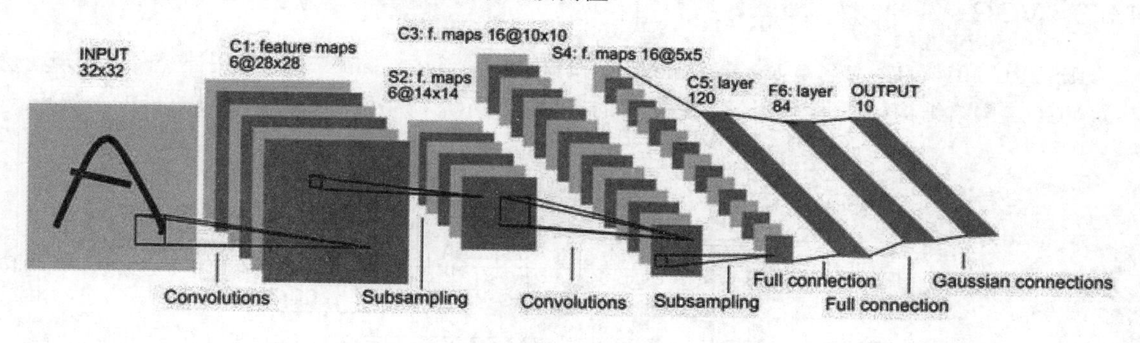

图 4-15

虽然是一个只有 5 层的小网络，但却是当之无愧的开创性工作。卷积使得神经网络可以共享权值，一方面减少了参数，另一方面可以学习图像不同位置的局部特征。

4.3.2　AlexNet

AlexNet 在 2012 年被提交给 ImageNet ILSVRC 挑战，明显优于第二名。该网络使用更多层数，使用 ReLU 激活函数和 0.5 概率的 Dropout 来对抗过拟合。由于 AlexNet 相对简单的网络结构和较小的深度，AlexNet 在今天仍然广泛使用。

AlexNet 是 Hinton 和他的学生 Alex Krizhevsky 设计的，是 2012 年 ImageNet 比赛的冠军，这是第一个基于 CNN 的 ImageNet 冠军，网络比 LeNet5 更深。

AlexNet 包含 5 个卷积层和 3 个全连接层，模型示意如图 4-16 所示。

AlexNet 为 8 层结构，其中前 5 层为卷积层，后面 3 层为全连接层。AlexNet 引用 ReLU 激活函数，成功解决了 Sigmoid 函数在网络较深时的梯度弥散问题；使用最大值池化，避免了平均池化的模糊化效果；并且，池化的步长小于核尺寸，这样使得池化层的输出之间会有重叠和覆盖，提升了特征的丰富性。

另外，为提高运行速度和网络运行规模，AlexNet 采用双 GPU 的设计模式，并且规定 GPU 只能在特定的层进行通信交流。其实就是每一个 GPU 负责一半的运算处理。实验数据表示，two-GPU 方案比只用 one-GPU 的方案，在准确度上提高了 1.7%的 top-1 和 1.2%的 top-5。

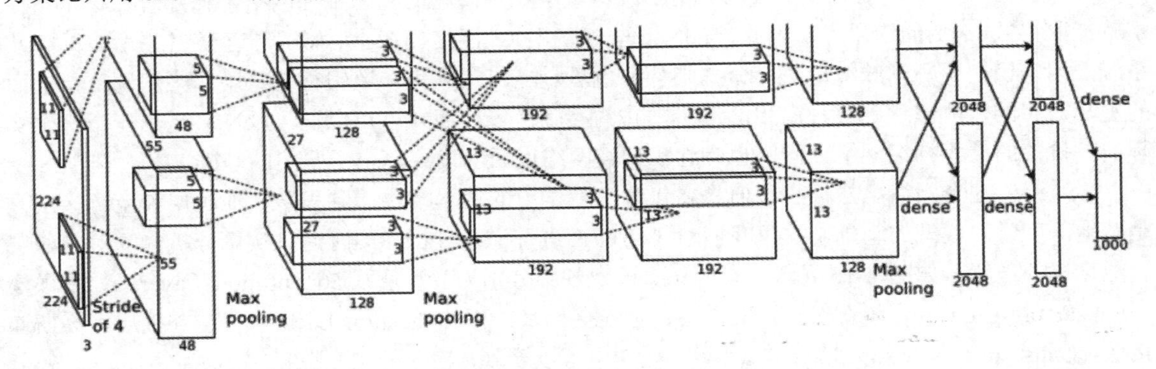

图 4-16

4.3.3 VGG

ILSVRC 2014 的第二名是 Karen Simonyan 和 Andrew Zisserman 实现的卷积神经网络，现在称其为 VGG，网络结构如图 4-17 所示。它主要的贡献是揭示出网络深度是算法优良性能的关键点。

ConvNet Configuration					
A	A-LRN	B	C	D	E
11 weight layers	11 weight layers	13 weight layers	16 weight layers	16 weight layers	19 weight layers
input (224 × 224 RGB image)					
conv3-64	conv3-64 **LRN**	conv3-64 **conv3-64**	conv3-64 conv3-64	conv3-64 conv3-64	conv3-64 conv3-64
maxpool					
conv3-128	conv3-128	conv3-128 **conv3-128**	conv3-128 conv3-128	conv3-128 conv3-128	conv3-128 conv3-128
maxpool					
conv3-256 conv3-256	conv3-256 conv3-256	conv3-256 conv3-256	conv3-256 conv3-256 **conv1-256**	conv3-256 conv3-256 **conv3-256**	conv3-256 conv3-256 conv3-256 **conv3-256**
maxpool					
conv3-512 conv3-512	conv3-512 conv3-512	conv3-512 conv3-512	conv3-512 conv3-512 **conv1-512**	conv3-512 conv3-512 **conv3-512**	conv3-512 conv3-512 conv3-512 **conv3-512**
maxpool					
conv3-512 conv3-512	conv3-512 conv3-512	conv3-512 conv3-512	conv3-512 conv3-512 **conv1-512**	conv3-512 conv3-512 **conv3-512**	conv3-512 conv3-512 conv3-512 **conv3-512**
maxpool					
FC-4096					
FC-4096					
FC-1000					
soft-max					

图 4-17

从图中可以看到，A、A-LRN、B、C、D、E 这 6 种网络结构相似，都是由 5 层卷积层、3 层全连接层组成的，其区别在于每个卷积层的子层数量不同，从 A 至 E 依次增加（子层数量从 1 到 4），总的网络深度从 11 层到 19 层（添加的层以粗体显示）。例如，上图表格中的 con3-128 表示使用 3×3 的卷积核，通道数为 128。其中，网络结构 D 就是著名的 VGG16，网络结构 E 就是著名的 VGG19。VGG16 是一个 16 层的神经网络，不包括最大池化层和 Softmax 层。因此被称为 VGG16，而 VGG19 由 19 个层组成。

这些网络都遵循一种通用的设计，输入网络的是一个固定大小的 224×224 的 RGB 图像，所做的唯一预处理是从每个像素减去基于训练集的平均 RGB 值。图像通过一系列的卷积层时，全部使用 3×3 大小的卷积核。每个网络配置都是 5 个最大池化层，最大池化的窗口大小为 2×2，步长为 2。卷积层之后是三个全连接（Fully Connected，FC）层，前两层有 4 096 个通道，第三个层执行的是 1 000 路 ILSVRC 分类，因此包含 1 000 个通道（每个类一个）。最后一层是 Softmax 层。在 A~E 所有网络中，全连接层的配置是相同的。所有的隐藏层都使用 ReLU 方法进行校正。

卷积层的宽度（即每一层的通道数）设置得很小，从第一层 64 开始，按照每过一个最大池化层进行翻倍，直到到达 512。例如，conv3-64 指的是卷积核大小为 3×3，通道数量为 64。全部使用 3×3 的卷积核和 2×2 的池化核，通过不断加深网络结构来提升性能。网络层数的增长并不会带来参数量上的爆炸，因为参数量主要集中在最后三个全连接层中。VGG 虽然网络更深，但比 AlexNet 收敛得更快，缺点是占用内存较大。

VGG 论文的一个主要结论就是深度的增加有益于精度的提升，这个结论堪称经典。连续 3 个 3×3 的卷积层（步长 1）能获得和一个 7×7 的卷积层等效的感知域（Receptive Fields），而深度的增加在增加网络的非线性时减少了参数。从 VGG 之后，大家都倾向于使用连续多个更小的卷积层，甚至分解卷积核（Depthwise Convolution）。

但是，VGG 简单地堆叠卷积层，而且卷积核太深（最多达 512），特征太多，导致其参数猛增，搜索空间太大，正则化困难，因而其精度也不是最高的，在推理时相当耗时，和 GoogLeNet 相比性价比十分低。

4.3.4　GoogLeNet

GoogLeNet 是 ILSVRC 2014 获奖者，是来自 Google 的 Szegedy 等开发的卷积网络。其主要贡献是开发了一个 Inception 模块，该模块大大减少了网络中的参数数量。另外，这个论文在卷积神经网络的顶部使用平均池化（Average Pooling）而不是全连接层，从而消除了大量似乎并不重要的参数。GoogLeNet 还有几个后续版本，最近的是 Inception-v4。

GoogLeNet 最吸引人的地方在于它的运行速度非常快，主要原因是它引入了 Inception 模块的新概念，这使得 GoogLeNet 更加有效地使用参数，GoogLeNet 的参数量比 AlexNet 少 10 倍左右。

Inception 的结构如图 4-18 所示。

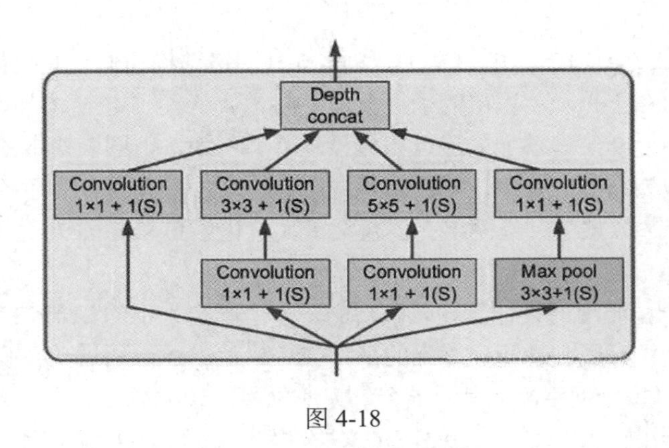

图 4-18

说明如下：

- 3 × 3+1(S)表示该层使用3 × 3的卷积核，步长为1，使用same填充（Padding）。
- 输入被复制4份，然后分别进行不同的卷积或池化操作。
- 图4-18中所有的卷积层都使用ReLU激活函数。
- 使用不同大小的卷积核就是为了能够在不同尺寸上捕获特征模式。
- 由于所有卷积层和池化层都使用了same填充和步长为1的操作，因此输出尺寸与输入尺寸相等。
- 最终将4个结果在深度方向上进行拼接。
- 使用1 × 1大小的卷积核是为了增加更多非线性。

GoogLeNet 架构如图 4-19 所示。

说明如下：

- 卷积核前面的数字是卷积核或池化核的个数，也就是输出特征图的个数。
- GoogLeNet总共包括9个Inception结构（黄色矩形，颜色参见下载资源中的相关图片文件），黄色矩形中的6个数字分别代表Inception结构中卷积层的输出特征图个数。
- 所有卷积层都使用ReLU激活函数。
- 全局平均池化层输出每个特征图的平均值。

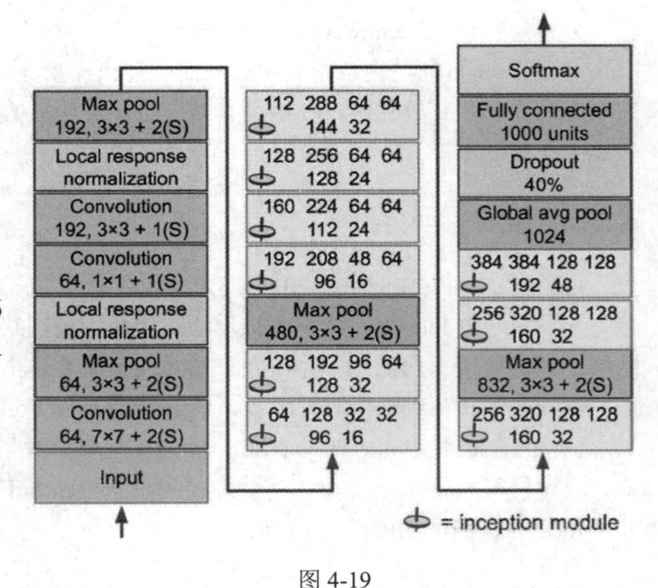

图 4-19

4.3.5 ResNet

深度残差网络（Deep Residual Network，ResNet）的提出是 CNN 图像史上的一件里程碑事件，如图 4-20 所示，ResNet 在 ILSVRC 和 COCO 2015 上的战绩，ResNet 取得了 5 项第一，并又一次刷新了 CNN 模型在 ImageNet 上的历史。

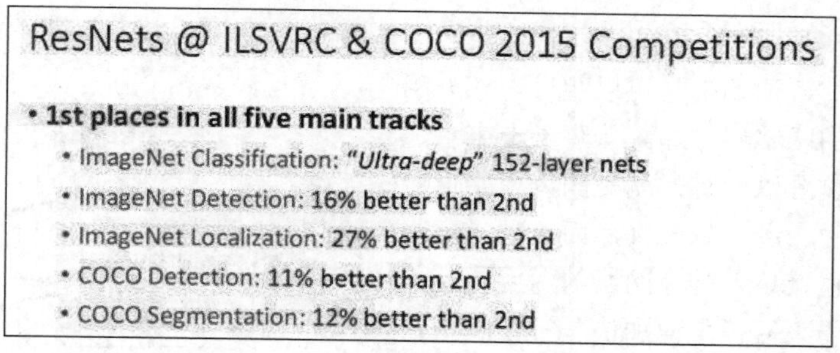

ResNets @ ILSVRC & COCO 2015 Competitions
• 1st places in all five main tracks
• ImageNet Classification: "Ultra-deep" 152-layer nets
• ImageNet Detection: 16% better than 2nd
• ImageNet Localization: 27% better than 2nd
• COCO Detection: 11% better than 2nd
• COCO Segmentation: 12% better than 2nd

图 4-20

ResNet 为什么会有如此优异的表现呢？其实 ResNet 解决了深度卷积神经网络模型难训练的问题， ResNet 多达 152 层，和 VGG 在网络深度上完全不在一个量级上，所以第一眼看这个图，肯定会觉得 ResNet 是靠深度取胜的。事实当然是这样，但是 ResNet 还有架构上的技巧，这才使得网络的深度发挥出作用，这个技巧就是残差学习（Residual Learning）。

从经验来看，网络的深度对模型的性能至关重要，当增加网络层数后，网络可以进行更加复杂的特征模式的提取，所以当模型更深时，理论上可以取得更好的结果。但是更深的网络的性能一定会更好吗？实验发现深度网络出现了退化问题（Degradation Problem），即网络深度增加时，网络准确度出现饱和，甚至出现下降。

如图 4-21 所示，深层网络表现得竟然还不如浅层网络好，越深的网络越难以训练，56 层网络比 20 层网络效果还要差。原因不会是过拟合问题，因为 56 层网络的训练误差同样高。我们知道深层网络存在着梯度消失或者爆炸的问题，这使得深度学习模型很难训练。

training error (%)
56-layer
20-layer
iter. (1e4)
test error (%)
56-layer
20-layer
iter. (1e4)

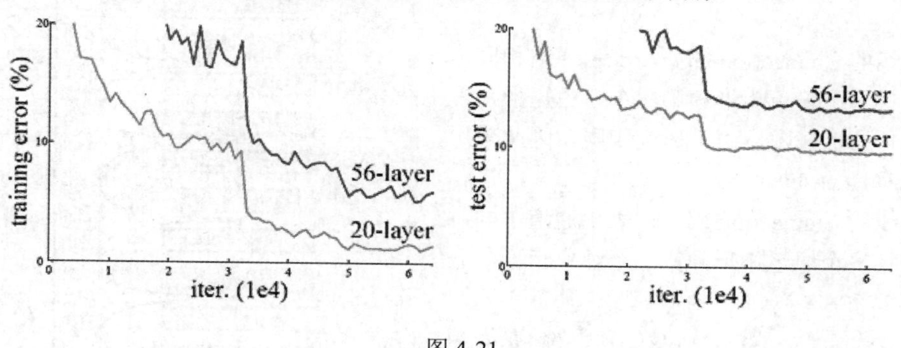

图 4-21

当网络退化时，浅层网络能够达到比深层网络更好的训练效果，这时如果把低层的特征传到高层，那么效果应该至少不比浅层的网络效果差，或者说如果一个 VGG-100 网络在第 98 层使用的是和 VGG-16 第 14 层一模一样的特征，那么 VGG-100 的效果应该会和 VGG-16 的效果相同。但是实验结果表明，VGG-100 网络的训练和测试误差比 VGG-16 网络更大。也就是说，我们不得不承认是目前的训练方法有问题，才使得深层网络很难找到一个好的参数。

想想看，深层网络表现得不如浅层网络是没有道理的，一个 56 层的网络，只用前 20 层，后面 36 层不干活，最起码性能应该达到和一个 20 层网络同等水平吧。所以，肯定有方法使得更深层的网络达到或者超过浅层网络的效果。那么 ResNet 是如何解决这个问题的呢？它采用了一种“短路”的结构，网络的一层通常可以看作 y=H(x)，而残差网络的一个残差块为:H(x)=F(x)+x，则 F(x)=H(x)−x，而 y=x 是观测值，H(x)是预测值，所以 H(x)−x 为残差，即 F(x)是残差，故称残差网络。

通过这样的方式，原始信号可以跳过一部分网络层，直接在更深的网络层传递。从直觉上来看，深层神经网络之所以难以训练，就是因为原始信号x在网络层中传递时，越来越失真，而这种“短路”结构使得原始信号直接传入神经网络的深层，避免了信号失真，这样一来便极大地加快了神经网络训练时的效率。

34层的深度残差网络的结构图如图4-22所示。通过Shortcut Connections（捷径连接）的方式，ResNet相当于将学习目标改变了，不再是学习一个完整的输出，而是目标值H(x)和x的差值，也就是所谓的残差，因此，后面的训练目标就要将残差结果逼近于0，使得随着网络加深，准确率不下降。

这里图4-22中有一些捷径连接是实线，有一些是虚线，有什么区别呢？因为经过捷径连接后，H(x)=F(x)+x，如果F(x)和x的通道相同，则可直接相加，那么通道不同怎么相加呢？

图4-22中的实线、虚线是为了区分以下两种情况：

（1）实线的Connection部分，表示通道相同，如图4-22的第一个粉色矩形和第三个粉色矩形，都是3×3×64的特征图，由于通道相同，因此采用的计算方式为H(x)=F(x)+x。

（2）虚线的Connection部分，表示通道不同，如图4-22的第一个绿色矩形和第三个绿色矩形，分别是3×3×64和3×3×128的特征图，通道不同，采用的计算方式为H(x)=F(x)+Wx，其中W是卷积操作，用来调整x的维度。

经检验，深度残差网络的确解决了退化问题，如图4-23所示，左图为普通网络(Plain Network)，网络层次深的（34层）比网络层次浅的（18层）误差率更高；右图为残差网络，ResNet的网络层次深的（34层）比网络层次浅的（18层）误差率更低。对比18-layer和34-layer的网络效果，可以看到普通的网络出现退化现象，但是ResNet很好地解决了退化问题。

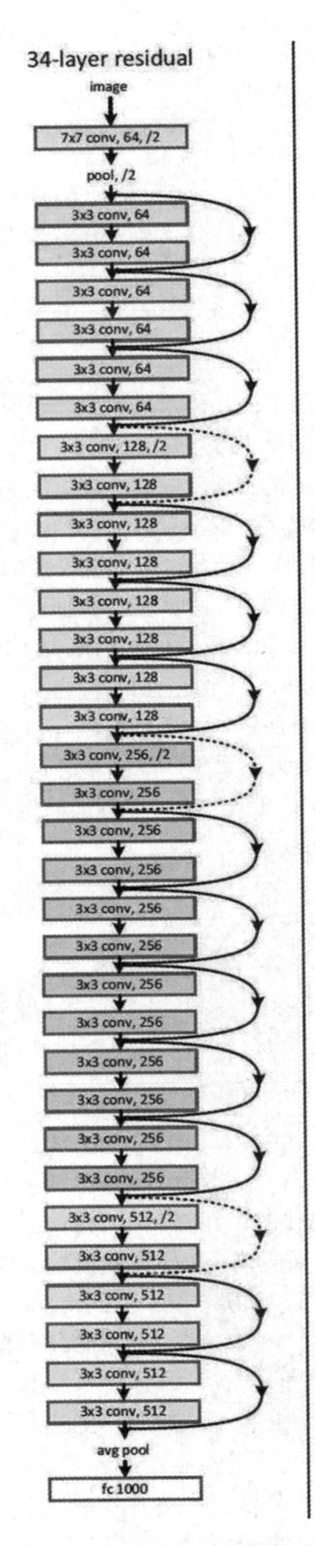

图4-22　（颜色参见下载资源中的相关图片文件）

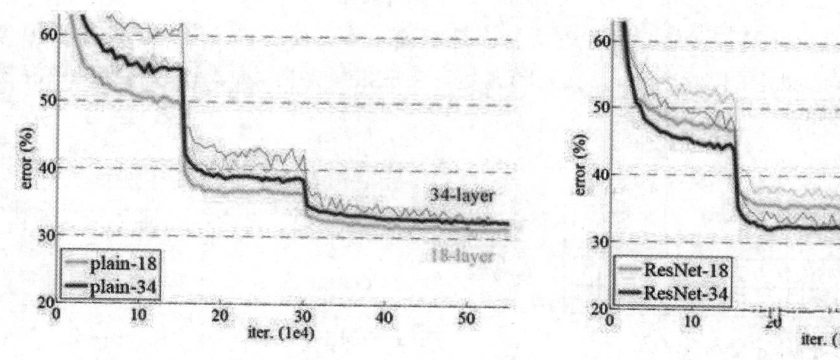

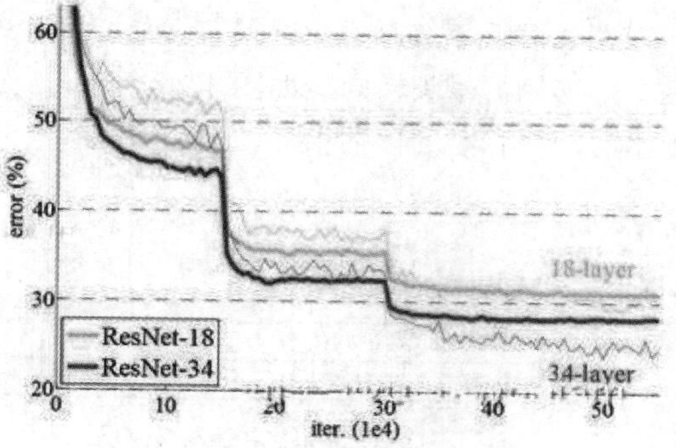

图 4-23

自从 AlexNet 在 LSVRC2012 分类比赛中取得胜利之后，深度残差网络（Deep Residual Network）可以说成为过去几年中在计算机视觉、深度学习社区领域中最具突破性的成果。ResNet 可以实现高达数百甚至数千个层的训练，且仍能获得超赞的性能。这种残差跳跃式的结构打破了传统的神经网络 n-1 层的输出只能给 n 层作为输入的惯例，使某一层的输出可以直接跨过几层作为后面某一层的输入，其意义在于为叠加多层网络而使得整个学习模型的错误率不降反升的难题提供了新的方向。至此，神经网络的层数可以超越之前的约束，达到几十层、上百层甚至上千层，为高级语义特征提取和分类提供了可行性。

4.4　常用的模型评估指标

“没有测量，就没有科学。”这是科学家门捷列夫的名言。在计算机科学中，特别是在机器学习领域，对模型的测量和评估同样至关重要。只有选择与问题相匹配的评估方法，我们才能够快速地发现在模型选择和训练过程中可能出现的问题，迭代地对模型进行优化。本节将总结机器学习、深度学习最常见的模型评估指标，其中包括：

- Confusion Matrix（混淆矩阵）。
- Precision（精准率）。
- Recall（召回率）。
- F1-score。
- PRC。
- ROC和AUC。
- IOU。

1. 混淆矩阵

下面来看一个例子：假定水果批发商拉来一车苹果，我们用训练好的模型对这些苹果进行判别，显然可以使用错误率来衡量有多少比例的苹果被判别错误。但如果我们关心的是“挑出的苹果中有多少比例是优质的苹果”，或者“所有优质的苹果中有多少比例被挑出来了”，那么错误率显然就不够用了，这时需要引入新的评估指标，比如“精准率”和“召回率”更适合此类需求的性能度量。

在引入召回率和精准率之前，我们必须先理解什么是混淆矩阵。就如这个名字，初学者很容易被这个矩阵搞得晕头转向。如图4-24所示，（a）图就是有名的混淆矩阵，而（b）图则是由混淆矩阵推出的一些有名的评估指标。

	actual positive	actual negative
predicted positive	TP	FP
predicted negative	FN	TN

(a) Confusion Matrix

$$\text{Recall} = \frac{TP}{TP+FN}$$

$$\text{Precision} = \frac{TP}{TP+FP}$$

$$\text{True Positive Rate} = \frac{TP}{TP+FN}$$

$$\text{False Positive Rate} = \frac{FP}{FP+TN}$$

(b) Definitions of metrics

图4-24

首先好好解读一下混淆矩阵中的一些名词及其意思。根据混淆矩阵可以得到 TP、FN、FP、TN 四个值，显然 TP+FP+TN+FN=样本总数。这4个值中都带有两个字母，单纯记忆这4种情况很难记得牢，我们可以这样理解：第一个字母表示本次预测的正确性，T 就是正确，F 就是错误；第二个字母则表示由分类器预测的类别，P代表预测为正例，N代表预测为反例。比如TP就可以理解为分类器预测为正例（P），而且这次预测是对的（T），FN可以理解为分类器的预测是反例（N），而且这次预测是错误的（F），正确结果是正例，即一个正样本被错误预测为负样本。我们使用以上理解方式记住TP、FP、TN、FN的意思应该不再困难。下面对混淆矩阵的4个值进行总结性讲解：

- True Positive （真正，TP）被模型预测为正的正样本。
- True Negative（真负，TN）被模型预测为负的负样本。
- False Positive （假正，FP）被模型预测为正的负样本。
- False Negative（假负，FN）被模型预测为负的正样本。

2. Precision、Recall、PRC、F1-score

Precision 指标在中文中可以称为精准率（或查准率），Recall 指标在中文中常被称为召回率（或查全率），精准率P和召回率R分别定义如下：

$$P = \frac{TP}{TP + FP}$$

$$R = \frac{TP}{TP + FN}$$

精准率P和召回率R的具体含义如下：

- 精准率是指在所有系统判定的“真”样本中，确实是真的占比。
- 召回率是指在所有确实为真的样本中，被判为真的占比。

而 Accuracy（准确率）的公式如下：

$$\text{Accuracy} = \frac{TP + TN}{TP + FP + FN + TN}$$

这里强调一点，精准率和准确率是不一样的，准确率针对所有样本，精准率针对部分样本，即正确的预测/总的正反例。

精准率和召回率是一对矛盾的度量，一般而言，精准率高时，召回率往往偏低；而召回率高时，精准率往往偏低。直观理解确实如此：如果希望优质的苹果尽可能多地选出来，则可以通过增加选苹果的数量来实现，如果将所有苹果都选上了，那么所有优质的苹果也必然被选上，但是这样精准率就会降低；若希望选出的苹果中优质的苹果的比例尽可能高，则只选最有把握的苹果，但这样难免会漏掉不少优质的苹果，导致召回率降低。通常只有在一些简单任务中，才可能使召回率和精准率都很高。

再来介绍一下 PRC（Precision Recall Curve），它以精准率为 Y 轴、召回率为 X 轴作图。它是综合评价整体结果的评估指标。所以，哪种类型（正或者负）的样本越多，权重就越大。也就是通常说的“对样本不均衡敏感”“容易被多的样品带走”。

图 4-25 就是一幅 Precision-Recall 表示图（简称 P-R 图），它能直观地显示出学习器在样本总体上的召回率和精准率，显然它是一条总体趋势递减的曲线。在进行比较时，若一个学习器的 PR 曲线被另一个学习器的曲线完全包住，则可断言后者的性能优于前者，比如图 4-25 中 A 优于 C。但是 B 和 A 谁更好呢？因为 A、B 两条曲线交叉了，所以很难比较，这时比较合理的判据就是比较 PR 曲线下的面积，该指标在一定程度上表征了学习器在精准率和召回率上取得相对“双高”的比例。因为这个值不容易估算，所以人们引入“平衡点”（BEP）来度量，它表示“精准率=召回率”时的取值，值越大表明分类器性能越好，以此比较我们一下子就能判断 A 比 B 好。

BEP 还是有点简化了，更常用的是 F1-score 度量，公式如下：

$$F1=\frac{1}{\frac{1}{P}+\frac{1}{R}}=\frac{2\times P\times R}{P+R}$$

F1-score 就是一个综合考虑精准率和召回率的指标，比 BEP 更为常用。

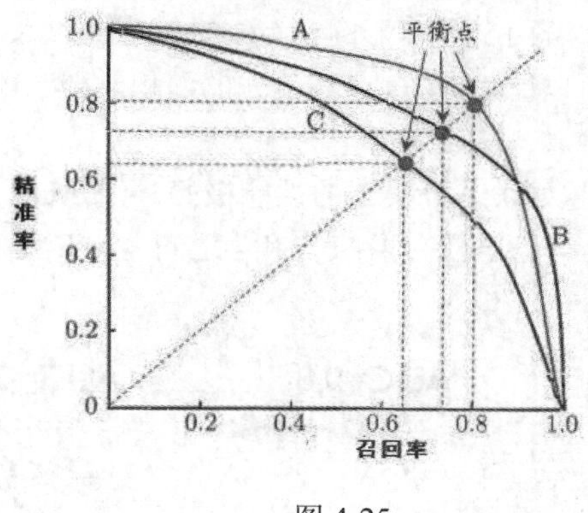

图 4-25

3. ROC & AUC

ROC（Receiver Operating Characteristic，受试者工作特征）曲线以“真正例率”（True Positive Rate，TPR）为 Y 轴，以“假正例率”（False Positive Rate，FPR）为 X 轴，对角线对应“随机猜测”模型，而(0,1)则对应“理想模型”，ROC 形式如图 4-26 所示。

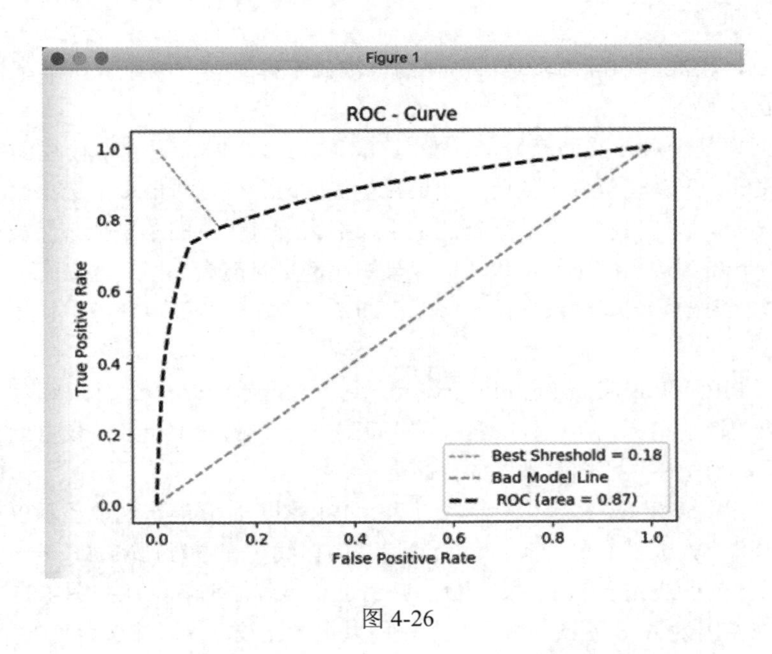

图 4-26

TPR 和 FPR 的定义如下：

$$\mathrm{TPR}=\frac{\mathrm{TP}}{\mathrm{TP}+\mathrm{FN}}$$

$$\mathrm{FPR}=\frac{\mathrm{FP}}{\mathrm{TN}+\mathrm{FP}}$$

从形式上看，TPR 就是前面提到的召回率，而 FPR 就是所有确实为“假”的样本中，被误判真的样本。

进行学习器比较时，与 P-R 图相似，若一个学习器的 ROC 曲线被另一个学习器的曲线包住，则可以断言后者的性能优于前者；若两个学习器的 ROC 曲线发生交叉，则难以一般性断言两者孰优孰劣。此时若要进行比较，则可以比较 ROC 曲线下方的面积，即 AUC（Area Under Curve），面积大的曲线对应的分类器性能更好。

AUC 越接近 1，表示分类器越好，若分类器的性能极好，则 AUC 为 1。但现实生活中，尤其是工业界不会有如此完美的模型，一般 AUC 均在 0.5 和 1 之间，AUC 越高，模型的区分能力越好。图 4-27 展现了三种 AUC 的值。

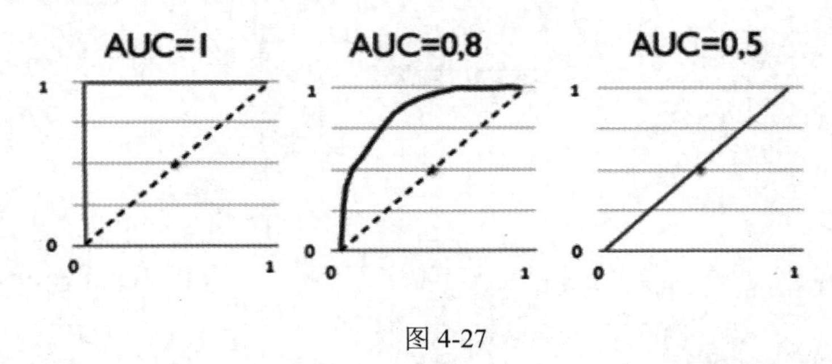

图 4-27

- AUC = 1，是完美分类器，采用这个预测模型时，无论设定什么阈值都能得出完美预测。

绝大多数预测的场合不存在完美分类器。

- 0.5 < AUC < 1，优于随机猜测。这个分类器（模型）妥善设定阈值的话，有预测价值。
- AUC = 0.5，跟随机猜测一样（例如丢铜板），模型没有预测价值。
- AUC < 0.5，比随机猜测还差，但只要总是反预测而行，就优于随机猜测，因此不存在AUC < 0.5的情况。

AUC 对于每一个做机器学习的人来说一定不陌生，它是衡量二分类模型优劣的一种评价指标，表示正例排在负例前面的概率。之前我们讲过评估指标有精确率、召回率，而 AUC 比这两者更为常用。因为一般在分类模型中，预测结果都是以概率的形式表现的，如果要计算准确率，通常都会手动设置一个阈值来将对应的概率转换成类别，这个阈值也就在很大程度上影响了模型是否准确的计算。

我们不妨举一个极端的例子：一个二类分类问题一共 10 个样本，其中 9 个样本为正例，1 个样本为负例，在全部判正的情况下精确率将高达 90%，而这并不是我们希望的结果，尤其是在这个负例样本得分还是最高的情况下，模型的性能本应极差，从精确率上看却适得其反。AUC 能很好地描述模型整体性能的高低，这种情况下，模型的 AUC 值将等于 0（当然，通过取反可以解决小于 50%的情况，不过这是另一回事了）。

4. 怎么选择评估指标

这种问题的答案当然是具体问题具体分析，单纯地回答谁好谁坏是没有意义的，我们需要结合实际场景给出合适的回答。

考虑下面的两个场景，由此可以看出不同场景下我们关注的点是不一样的：

（1）对于地震的预测，我们希望召回率非常高，也就是说每次地震我们都希望预测出来。这个时候可以牺牲精准率。情愿发出 1000 次警报，把 10 次地震都预测正确了，也不要预测 10 次正确 8 次而漏了两次。所以我们可以设定在合理的精准率下，最高的召回率作为最优点，找到这个对应的 threshold 点。

（2）犯罪嫌疑人的定罪基于不错怪一个好人的原则，对于犯罪嫌疑人的定罪我们希望是非常准确的，即使有时放过了一些罪犯（召回率低），但也是值得的。

ROC 和 PRC 在模型性能评估上效果差不多，但需要注意的是，在正负样本分布得极不均匀（Highly Skewed Datasets）的情况下，PRC 比 ROC 能更有效地反映分类器的好坏。在数据极度不平衡的情况下，比如 1 万封邮件中只有 1 封垃圾邮件，那么如果挑出 10 封、50 封、100 封垃圾邮件（假设每次挑出的 N 封邮件中都包含真正的那封垃圾邮件），召回率都是 100%，FPR 分别是 9/9999、49/9999、99/9999（数据都比较好看：FPR 越低越好），而精准率只有 1/10、1/50、1/100（数据很差：精准率越高越好）。因此，在数据非常不均衡的情况下，看 ROC 的 AUC 可能看不出好坏，而 PR Curve 就要敏感得多。

5. IoU

IoU（Intersection over Union，交并比）是目标检测任务中常用的评价指标，它是用于在特定数据集中检测相应物体准确度的一个标准。IoU 是一个简单的测量标准，只要是在输出中得出一个预测范围的任务，都可以用 IoU 来进行测量。

这里提供一个实际例子：如图 4-28 所示，绿色框（上方那个框，具体颜色参见配套资源中的相关图片文件）是真实感兴趣的区域，红色框是预测区域。有时红色框并不能准确预测物体位置，因为预测区域总是试图覆盖目标物体而不是正好预测物体位置。虽然二者的交集确实是最大的，这时如果能除以一个并集的大小，就可以规避这种问题。这就是 IoU 要解决的问题。

图 4-28

而图 4-29 表示了 IoU 的具体意义，即预测框与标注框的交集与并集之比，数值越大表示该检测器的性能越好。

使用 IoU 评价指标后，我们控制并集不要太大，对准确预测是有益的，这就有效抑制了一味追求交集最大的情况的发生，图 4-30 的第 2 个和第 3 个小图就是目标检测效果比较好的情况。

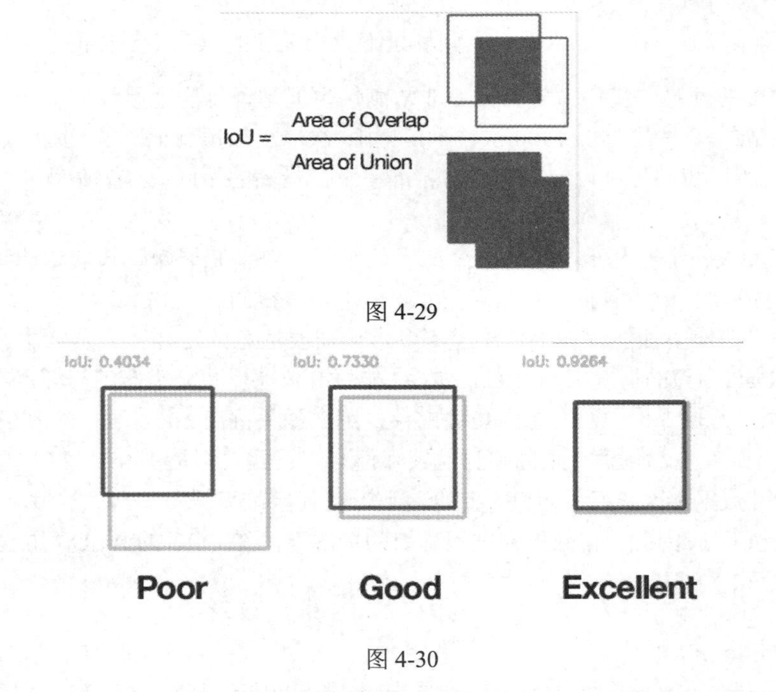

图 4-29

图 4-30

总结一下，IoU 这个值可以理解为系统预测出来的框与原来图片中标记的框的重合程度。IoU 的计算方法很简单，即检测结果（Detection Result）与地面真实值（Ground Truth）的交集与它们的并集和比值，即为检测的准确率。

第 5 章

深度学习框架 PyTorch 入门

PyTorch 是一个基于 Torch 的 Python 开源机器学习库，用于自然语言处理等应用程序。它主要由 Facebook 的人工智能小组开发，不仅能够实现强大的 GPU 加速，同时还支持动态神经网络，这一点是现在很多主流框架（如 TensorFlow）都不支持的。除 Facebook 外，Twitter、Salesforce 等机构都采用了 PyTorch。

深度学习框架的出现降低了入门的门槛，不需要从复杂的神经网络开始编代码，可以根据需要选择已有的模型，通过训练得到模型参数，也可以在已有模型的基础上增加自己的 layer，或者在顶端选择自己需要的分类器和优化算法（比如常用的梯度下降法）。当然，也正因如此，没有什么框架是完美的，就像一套积木里可能没有你需要的那一种积木，所以不同的框架适用的领域不完全一致。总的来说，深度学习框架提供了一系列的深度学习组件（对于通用的算法，里面会有实现），当需要使用新的算法的时候需要用户自己定义，然后调用深度学习框架的函数接口使用用户自定义的新算法。

5.1 Tensor

5.1.1 Tensor 简介

PyTorch 中所有的操作都是基于 Tensor（张量）的，因此理解张量的含义并能够自由创建张量是十分必要的。

张量是 PyTorch 中最基本的操作对象。我们可以用数学中的概念来辅助理解一下张量，如图 5-1 所示。

标量（Scalar）只具有数值大小，而没有方向，部分有正负之分，如 1、2、3、-10。

矢量（Vector）具有大小和方向，如(3,4)。

矩阵（Matrix）是一个按照长方阵列排列的复数或实数集合，如[[1,2],[3,4]]。

标量、矢量、矩阵都属于张量，标量是零维张量，向量是一维张量，矩阵是二维张量。张量还可以是三维的、四维的等。

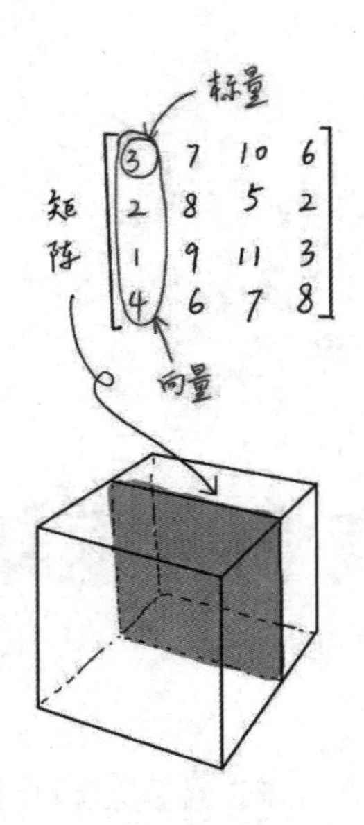

图 5-1

PyTorch 的张量与 NumPy 中的 ndarray 类似，但是在 PyTorch 中，张量可以使用 GPU 进行计算以提高运算性能。

5.1.2　使用特定数据创建张量

为了更好地理解张量中的矩阵，下面先介绍如何将现有的 NumPy 矩阵转换成张量中的矩阵。张量就是 PyTorch 中的一种矩阵形式，因此 PyTorch 中集成了将 NumPy 创建的矩阵数据转换成张量的方法 torch.from_numpy()，示例代码如下：

```
import torch
import numpy as np
a = np.array([3.0, 4.0, 5.0])
b = torch.from_numpy(a)
print(b)
```

输出结果如下：

```
tensor([3., 4., 5.], dtype=torch.float64)
```

还可以直接输入数据创建，方法是 torch.tensor()，输入数据并指定数据的类型（int/float/double），示例代码如下：

```
import torch
#直接输入数据创建
a = torch.tensor([[3, 4, 5],
                 [6, 7, 8]])
print(a)
print(a.type())
#输入数据并指定数据类型创建
b = torch.FloatTensor([[3, 4, 5],
```

```
                    [6, 7, 8]])
print(b)
print(b.type())
```

输出结果如下：

```
tensor([[3, 4, 5],
       [6, 7, 8]])
torch.LongTensor
tensor([[3., 4., 5.],
       [6., 7., 8.]])
torch.FloatTensor
```

在一些实际应用中，可能会遇到全 0 矩阵、全 1 矩阵的情况，这时张量的创建采用 torch.full 方法创建，torch.full()方法接收参数为 shape,x，输出一个 shape 大小的元素全为 x 的张量，相关代码如下：

```
import torch
a = torch.full((2,3),1)
print(a)
print(a.type())
```

输出结果如下：

```
tensor([[1, 1, 1],
       [1, 1, 1]])
torch.LongTensor
```

有些时候，可能会使用一些连续的数据，类似于等差序列。这时可以使用 torch.arange()方法，它接收三个参数，前两个是边界值，后一个是步长（Step），输出边界值范围内步长的等差序列组成的它张量。

```
import torch
#torch.arange()方法创建
a = torch.arange(0,10,2)
print(a)
print(a.type())
```

输出结果如下：

```
tensor([0, 2, 4, 6, 8])
torch.LongTensor
```

5.1.3　使用随机数创建张量

torch.rand()是一个函数，用于创建指定大小的随机张量，其中的元素值服从均匀分布在[0,1)之间。torch.randint()是另一个函数，用于创建指定大小和范围的随机整数张量。你可以指定生成整数的最小值、最大值和张量的形状。torch.rand_like()是一个方法，用于创建与给定张量具有相同形状的随机张量。它采用一个已存在的张量作为输入，并返回一个具有相同形状的新随机张量。torch.rand_like()函数用于创建与给定张量具有相同形状的随机张量，但要求输入张量的数据类型为浮点型（Float 或 Double）。

代码如下：

```
import torch
# 创建一个形状为(2,3)的随机张量
a = torch.rand(2,3)
print(a)
##torch.randint()方法创建指定大小和范围的随机整数张量
b = torch.randint(1,10,(2,3))
print(b)
x = torch.tensor([[1.0, 2.0], [4.0, 5.0]])
# 创建一个与 y 形状相同的随机张量 x
c = torch.rand_like(x)
print(c)
```

输出结果如下：

```
tensor([[0.1737, 0.5414, 0.5664],
        [0.3472, 0.2046, 0.3174]])
tensor([[1, 1, 4],
        [5, 5, 3]])
tensor([[0.3182, 0.8398],
        [0.5181, 0.3620]])
```

在实战中，考虑到网络的学习特性，很多张量并不会随意对变量进行初始化，满足正态分布的随机初始化，因为其良好的数据分布而在随机数据创建中更为常用。正态分布是概率统计学中的一种基本分布。正态分布具有对称性、钟形曲线的特点，正态分布的曲线正中间有一个顶峰，左右两侧对称，呈钟形。这个顶峰代表了数据的平均值，也就是算术平均数。而曲线两侧高度逐渐降低，代表了数据的集中程度。这里建议读者在搭建神经网络初始化变量时（尤其是涉及需要学习的变量），不要随意使用那些数据范围和分布规律杂乱的初始化方法，这会给网络后期的学习造成很大问题。

方法 torch.randn()输出一个数据满足标准正态分布(0,1)的张量。而 torch.normal()分别为所创建数据的均值、标准差和形状，输出一个满足上述参数的广义的正态分布张量。

代码如下：

```
import torch
#torch.randn()方法创建
a = torch.randn(2,3)
print(a)
print(a.type())
#torch.normal()方法创建
b = torch.normal(1,10,(2,3))
print(b)
print(b.type())
```

输出结果如下：

```
tensor([[-0.8764, -0.8830,  1.2919],
        [ 0.2491, -0.0898, -0.8607]])
torch.FloatTensor
tensor([[ -2.5363, -16.0984,  -8.1467],
        [ 13.0593,   7.6034,   8.8649]])
```

```
torch.FloatTensor
```

5.1.4　张量基本操作

在深度学习中难免会有对张量进行加、减、乘、除、求幂、求绝对值等运算，代码如下：

```
import torch as t
a=t.Tensor([[1,2],[3,4]])
b=t.Tensor([[5,6],[7,8]])
print("a 加 b==",t.add(a,b))
print("a 减 b==",t.sub(a,b))
print("a 乘 b==",t.mul(a,b))
print("a 除 b==",t.div(a,b))
print("a 的 2 次幂==",t.pow(a,2))
print("b 的绝对值==",t.abs(b))
```

输出结果如下：

```
a 加 b== tensor([[ 6.,  8.],
        [10., 12.]])
a 减 b== tensor([[-4., -4.],
        [-4., -4.]])
a 乘 b== tensor([[ 5., 12.],
        [21., 32.]])
a 除 b== tensor([[0.2000, 0.3333],
        [0.4286, 0.5000]])
a 的 2 次幂== tensor([[ 1.,  4.],
        [ 9., 16.]])
b 的绝对值== tensor([[5., 6.],
        [7., 8.]])
```

下面进行张量矩阵运算，在给定的代码中，有两个 2×2 的张量 a 和 b：

```
#张量矩阵运算
import torch as t
a = t.tensor([[1, 2], [3, 4]])
b = t.tensor([[5, 6], [7, 8]])
#使用 torch.matmul()函数对这两个张量进行矩阵乘法运算
c = t.matmul(a, b)
#使用 torch.mvl()函数对这两个张量执行逐元素的乘法操作
d = t.mul(a, b)
print(c)
print(d)
```

因此，最终的结果矩阵 c 和 d 为：

```
tensor([[19, 22],
        [43, 50]])
tensor([[ 5, 12],
        [21, 32]])
```

矩阵 c 是 matmul()函数执行矩阵乘法操作，得到的两个矩阵的乘积。根据矩阵乘法的定义，结果矩阵的每个元素都是通过将第一个矩阵的行与第二个矩阵的列进行点积运算而得到的。矩阵 c 的具体计算如下：

- 第一个元素：c[0, 0] = (1 × 5) + (2 × 7) =19。
- 第二个元素：c[0, 1] = (1 × 6) + (2 × 8) = 22。
- 第三个元素：c[1, 0] = (3 × 5) + (4 × 7) = 43。
- 第四个元素：c[1, 1] = (3 × 6) + (4 × 8) = 50。

这就是根据输入的两个矩阵进行矩阵乘法计算得到的结果矩阵 c。

而结果矩阵 d 则是 mul()函数执行逐元素的乘法操作。它会将输入张量中对应位置的元素相乘，并返回一个新的张量，保持输入张量的形状不变。这个函数可以用于标量与张量之间，或者两个形状相同的张量之间的乘法操作。矩阵 d 的具体计算如下：

- 第一个元素：d[0, 0] = (1 * 5) = 5。
- 第二个元素：d[0, 1] = (2 * 6) = 12。
- 第三个元素：d[1, 0] = (3 * 7) = 21。
- 第四个元素：d[1, 1] = (4 * 8) = 32。

mul()函数是逐元素的乘法操作，保持形状不变，得到结果矩阵 d。

matmul()函数执行矩阵乘法，要求第一个张量的列数等于第二个张量的行数。

而张量切片操作，可以使用“变量[start:end]”的格式代码，格式中前一个索引表示切片的起始位置，后一个索引表示切片的结束位置（结束位置不包括该位置的元素，简言之就是左闭右开）。

```
import torch as t
aa = t.randn(4, 3)
# 输出整个张量
print(aa)
# 输出张量最后一个元素（即索引为-1 的元素）
print(aa[-1:])
# 输出张量倒数第二个和最后一个元素（即索引为-2 和-1 的元素）
print(aa[-2:])
# 输出张量前两个元素（即从索引 0 开始到索引 1 的元素）
print(aa[:2])
# 输出张量除最后一个元素外的所有元素（即从索引 0 开始到索引-2 的元素）
print(aa[:-1])
```

5.2 使用 GPU 加速

在深度学习训练中，GPU 加速是非常重要的一个操作。GPU 的并行计算能力使得其比 CPU 在大规模矩阵运算上更具优势。PyTorch 提供了简单易用的 API，让我们很容易在 CPU 和 GPU 之间切换计算。

首先，我们需要检查系统中是否存在可用的 GPU。在 PyTorch 中，可以使用 torch.cuda.is_available()来检查：

```
import torch
# 检查是否有可用的 GPU
if torch.cuda.is_available():
    print("There is a GPU available.")
else:
    print("There is no GPU available.")
```

如果存在可用的 GPU，可以使用.to()方法将张量移动到 GPU 上：

```
# 判断是否支持 CUDA
device = torch.device("cuda" if torch.cuda.is_available() else "cpu")
# 创建一个张量
x = torch.rand(3, 3)
x_dev = x.to(device)
```

将张量转移到 GPU 上，也可以用 x_dev = x.cuda()，而将张量转移到 CPU 上可以使用 x_cpu = x.cpu()。

在进行模型训练时，通常会将模型和数据都移动到 GPU 上以加快计算速度：

```
# 创建一个简单的模型
model = torch.nn.Linear(10, 1)
# 创建一些数据
data = torch.randn(100, 10)
# 移动模型和数据到 GPU
if torch.cuda.is_available():
    model = model.to('cuda')
    data = data.to('cuda')
```

使用 GPU 加速可以显著提高深度学习模型的训练速度。我们将模型转移到 GPU 上时，模型的所有参数和缓冲区都会转移到 GPU 上，我们需要确保输入的张量也在 GPU 上，否则代码会报错。

以上就是使用 GPU 进行计算的基本方法。通过合理地使用 GPU，可以大大提高模型的训练和推理速度。

5.3　自动求导

在训练神经网络时，最常用的算法是反向传播算法。在该算法中，参数（模型权重）根据损失函数相对于给定参数的梯度进行调整。损失函数计算神经网络产生的期望输出和实际输出之间的差值，目标是使损失函数的结果尽可能接近零。该算法通过网络反向遍历来调整权重和偏差，以重新训练模型。这就是为什么它被称为反向传播。

在深度学习中，我们经常需要进行梯度下降优化。这就需要计算梯度，也就是函数的导数。PyTorch 有一个内置的微分引擎 torch.autograd，它支持任何计算图的梯度自动计算。在 PyTorch 中，我们可以使用自动求导机制（Autograd）来自动计算梯度。

在 PyTorch 中，可以设置 tensor.requires_grad=True 来追踪其上的所有操作。完成计算后，可以调用.backward()方法，PyTorch 会自动计算和存储梯度。这个梯度可以通过.grad 属性进行访问。

下面是一个简单的示例：

```
########### autograd_demo1.py###########
import torch
# 创建一个张量并设置 requires_grad=True 来追踪其计算历史
x = torch.ones(2, 2, requires_grad=True)
# 对这个张量做一次运算
y = x + 2
# y 是计算的结果，所以它有 grad_fn 属性
print(y.grad_fn)
# 对 y 进行更多的操作
z = y * y * 3
out = z.mean()
print(z, out)
# 使用.backward()进行反向传播，计算梯度
out.backward()
# 输出梯度 d(out)/dx
print(x.grad)
```

输出结果如下：

```
<AddBackward0 object at 0x000001DADECBD310>
tensor([[27., 27.],
        [27., 27.]], grad_fn=<MulBackward0>) tensor(27.,
grad_fn=<MeanBackward0>)
tensor([[4.5000, 4.5000],
        [4.5000, 4.5000]])
```

以上示例中，out.backward()等同于 out.backward(torch.tensor(1.))。如果 out 不是一个标量，因为张量是矩阵，那么在调用.backward()时需要传入一个与 out 同形的权重向量进行相乘。

再看一个示例，PyTorch 框架最厉害的一点就是帮助我们把反向传播都计算好了。

```
###########自动求导机制 autograd_demo2.py###########
# 方法 1
x = torch.randn(3, 4, requires_grad=True)
print(x)

# 方法 2
x = torch.randn(3, 4)
x.requires_grad = True
print(x)

b = torch.randn(3, 4, requires_grad=True)
t = x + b
y = t.sum()
print(y)
y.backward()
print(b.grad)
print(x.requires_grad, b.requires_grad, t.requires_grad)
##########################
```

输出结果如下：

```
tensor([[ 0.4349,  0.2558,  0.3905, -0.5027],
        [ 0.1203, -0.5407,  1.7557,  1.0950],
        [ 0.1544, -0.6824,  0.5328,  0.0942]], requires_grad=True)
tensor([[ 0.1770, -0.3440, -0.8736,  0.0576],
        [ 1.4291,  2.4462,  1.4062, -0.2839],
        [-0.1818, -1.8851,  0.1335, -1.5417]], requires_grad=True)
tensor(-0.1061, grad_fn=<SumBackward0>)
tensor([[1., 1., 1., 1.],
        [1., 1., 1., 1.],
        [1., 1., 1., 1.]])
True True True
```

以上就是 PyTorch 中自动求导的基本使用方法。自动求导是 PyTorch 的重要特性之一，它为深度学习模型的训练提供了极大的便利。

5.4　PyTorch 神经网络

5.4.1　构建神经网络

训练一个神经网络通常需要提供大量的数据，我们称之为数据集。数据集一般被分为三类，即训练集（Training Set）、验证集（Validation Set）和测试集（Test Set）。

一个 Epoch 就等于使用训练集中的全部样本训练一次的过程。所谓训练一次，指的是进行一次正向传播（Forward Pass）和反向传播（Backward Pass），如图 5-2 所示。

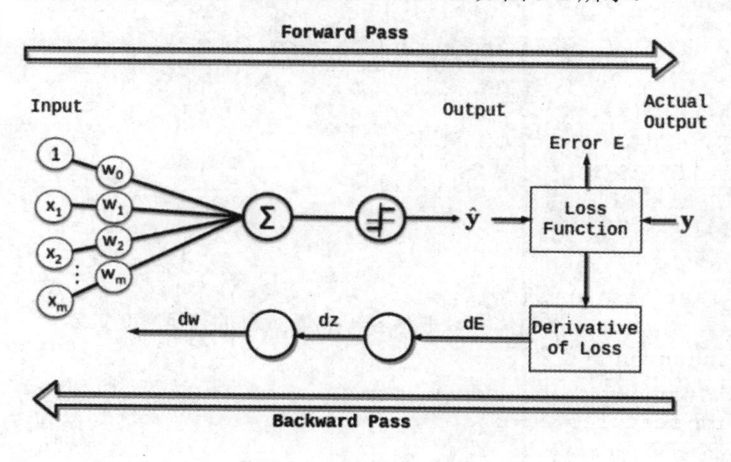

图 5-2

当一个 Epoch 的样本（也就是训练集）数量太过庞大的时候，进行一次训练可能会消耗过多的时间，并且每次训练都使用训练集的全部数据是不必要的。因此，我们需要把整个训练集分成多个小块，也就是分成多个 Batch 来进行训练。一个 Epoch 由一个或多个 Batch 构成，Batch 为训练集的一部分，每次训练的过程只使用一部分数据，即一个 Batch。我们称训练一个 Batch 的过程为一个

Iteration。

PyTorch 提供了 torch.nn 库，它是用于构建神经网络的工具库。torch.nn 库依赖于 autograd 库来定义和计算梯度。nn.Module 包含神经网络的层以及返回输出的 forward(input)方法。

以下是一个简单的神经网络的构建示例：

```
#######pytorch-nn-demo1.py###############
import torch
import torch.nn as nn
import torch.nn.functional as F

class Net(nn.Module):
    def __init__(self):
        super(Net, self).__init__()

        # 输入图像 channel：1，输出 channel：6，5×5 卷积核
        self.conv1 = nn.Conv2d(1, 6, 5)
        self.conv2 = nn.Conv2d(6, 16, 5)

        # 全连接层
        self.fc1 = nn.Linear(16 * 5 * 5, 120)
        self.fc2 = nn.Linear(120, 84)
        self.fc3 = nn.Linear(84, 10)

    def forward(self, x):
        # 使用 2×2 窗口进行最大池化
        x = F.max_pool2d(F.relu(self.conv1(x)), (2, 2))
        # 如果窗口是方的，只需要指定一个维度
        x = F.max_pool2d(F.relu(self.conv2(x)), 2)

        x = x.view(-1, self.num_flat_features(x))

        x = F.relu(self.fc1(x))
        x = F.relu(self.fc2(x))
        x = self.fc3(x)

        return x

    def num_flat_features(self, x):
        size = x.size()[1:]  # 获取除 batch 维度外的其他维度
        num_features = 1
        for s in size:
            num_features *= s
        return num_features

net = Net()
print(net)
```

结果输出如下：

```
Net(
```

```
  (conv1): Conv2d(1, 6, kernel_size=(5, 5), stride=(1, 1))
  (conv2): Conv2d(6, 16, kernel_size=(5, 5), stride=(1, 1))
  (fc1): Linear(in_features=400, out_features=120, bias=True)
  (fc2): Linear(in_features=120, out_features=84, bias=True)
  (fc3): Linear(in_features=84, out_features=10, bias=True)
)
```

以上就是一个简单的神经网络的构建方法。首先定义了一个 Net 类，这个类继承自 nn.Module。然后在__init__方法中定义了网络的结构，在 forward 方法中定义了数据的流向。在网络的构建过程中，我们可以使用任何张量操作。需要注意的是，backward 函数（用于计算梯度）会被 autograd 自动创建和实现。你只需要在 nn.Module 的子类中定义 forward 函数。PyTorch 的一个重要功能就是 autograd，它是为方便用户使用，而专门开发的一套自动求导引擎，能够根据输入和前向传播过程自动构建计算图，并执行反向传播。

5.4.2　数据的加载和处理

在深度学习项目中，除模型设计外，数据的加载和处理也是非常重要的一部分。PyTorch 提供了 torch.utils.data.DataLoader 类，可以帮助我们方便地进行数据的加载和处理。

DataLoader 类提供了对数据集的并行加载，可以有效地加载大量数据，并提供了多种数据采样方式。常用的参数说明如下。

- dataset：加载的数据集（Dataset对象）。
- batch_size：batch大小。
- shuffle：是否每个Epoch都打乱数据。
- num_workers：使用多进程加载的进程数，0表示不使用多进程。

以下是一个简单的使用示例：

```
from torch.utils.data import DataLoader
from torchvision import datasets, transforms

# 数据转换
transform = transforms.Compose([
    transforms.ToTensor(),
    transforms.Normalize((0.5, 0.5, 0.5), (0.5, 0.5, 0.5))
])

# 下载并加载训练集
trainset = datasets.CIFAR10(root='./data', train=True, download=True, 
transform=transform)
trainloader = DataLoader(trainset, batch_size=4, shuffle=True, num_workers=2)

# 下载并加载测试集
testset = datasets.CIFAR10(root='./data', train=False, download=True, 
transform=transform)
testloader = DataLoader(testset, batch_size=4, shuffle=False, num_workers=2)
```

5.4.3　模型的保存和加载

在深度学习模型的训练过程中，我们经常需要保存模型的参数以便将来重新加载。这对于中断的训练过程的恢复，或者用于模型的分享和部署都是非常有用的。PyTorch 提供了简单的 API 来保存和加载模型。最常见的方法是使用 torch.save 来保存模型的参数，然后通过 torch.load 来加载模型的参数。

以下是一个简单的示例：

```
# 保存
torch.save(model.state_dict(), PATH)
# 加载
model = TheModelClass(*args, **kwargs)
model.load_state_dict(torch.load(PATH))
model.eval()
```

在保存模型参数时，通常使用.state_dict()方法来获取模型的参数。.state_dict()是一个从参数名字映射到参数值的字典对象。

在加载模型参数时，首先需要实例化一个和原模型结构相同的模型，然后使用.load_state_dict()方法加载参数。

注意，load_state_dict()函数接收一个字典对象，而不是保存对象的路径。这意味着在传入 load_state_dict()函数之前，必须反序列化所保存的 state_dict。

在加载模型后，通常调用.eval()方法将 dropout 和 batch normalization 层设置为评估模式。否则它们会在评估模式下保持训练模式。

除保存模型的参数外，我们也可以保存整个模型。但是保存整个模型会将模型的结构和参数一起保存。这意味着在加载模型时，我们不再需要手动创建模型实例。但是，这种方式需要更多的磁盘空间，并且可能在某些情况下导致代码混乱，所以并不总是推荐。

5.5　PyTorch 入门实战：CIFAR-10 图像分类

本节将通过一个实战案例来详细介绍如何使用 PyTorch 进行深度学习模型的开发。我们将使用 CIFAR-10 图像数据集来训练一个卷积神经网络。

神经网络训练的一般步骤如图 5-3 所示。

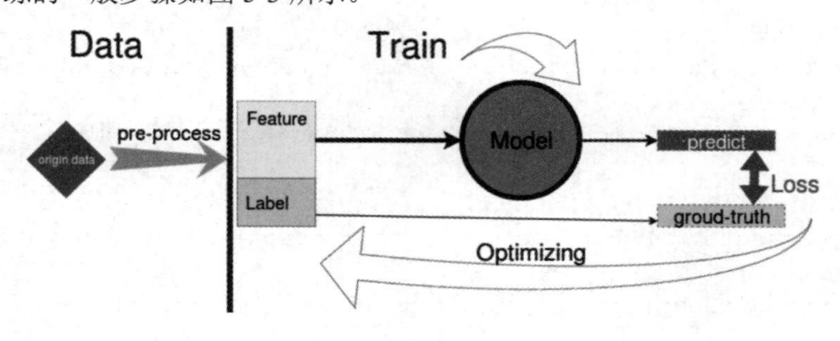

图 5-3

（1）加载数据集，并做预处理。

（2）预处理后的数据分为 Feature 和 Label 两部分，Feature 送到模型里面，Label 被当作 ground-truth。

（3）Model 接收 Feature 作为 Input，并通过一系列运算，向外输出 predict。

（4）建立一个损失函数 Loss，Loss 的函数值是为了表示 predict 与 ground-truth 之间的差距。

（5）建立 Optimizer 优化器，优化的目标就是 Loss 函数，让它的取值尽可能最小，Loss 越小代表 Model 预测的准确率越高。

（6）Optimizer 优化过程中，Model 根据规则改变自身参数的权重，这是一个反复循环和持续的过程，直到 Loss 值趋于稳定，不能再取得更小的值。

数据集的加载可以自行编写代码，但如果是基于学习目的的话，那么把精力放在编写这个步骤的代码上面会让人十分无聊，好在 PyTorch 提供了非常方便的包 torchvision。torchvison 提供了 dataloader 来加载常见的 MNIST、CIFAR-10、ImageNet 等数据集，也提供了 transform 对图像进行变换、正则化和可视化。

在本项目中，我们的目的是用 PyTorch 创建基于 CIFAR-10 数据集的图像分类器。CIFAR-10 图像数据集共有 60 000 幅彩色图像，这些图像是 32×32 的，分为 10 个类，分别是 airplane、automobile、bird、cat 等，每类 6 000 幅图，如图 5-4 所示。这里面有 50 000 幅训练图像，10 000 幅测试图像。

图 5-4

首先，加载数据并进行预处理。我们将使用 torchvision 包来下载 CIFAR-10 数据集，并使用 transforms 模块对数据进行预处理。主要用来进行数据增强，为了防止训练出现过拟合，通常在小型数据集上，通过随机翻转图片、随机调整图片的亮度来增加训练时数据集的容量。但是，测试的时候，并不需要对数据进行增强。运行代码后，会自动下载数据集。

接下来，定义卷积神经网络模型。在这个网络模型中，我们使用 nn.Module 来定义网络模型，然后在__init__方法中定义网络的层，最后在 forward 方法中定义网络的前向传播过程。在 PyTorch 中可以通过继承 nn.Module 来自定义神经网络，在 init()中设定结构，在 forward()中设定前向传播的流程。因为PyTorch可以自动计算梯度，所以不需要特别定义反向传播。

定义好神经网络模型后，还需要定义损失函数（Loss）和优化器（Optimizer）。在这里采用cross-entropy-loss函数作为损失函数，采用 Adam 作为优化器，当然SGD也可以。

一切准备就绪后，开始训练网络，这里训练 10 次（可以增加训练次数，提高准确率）。在训练过程中，首先通过网络进行前向传播得到输出，然后计算输出与真实标签的损失，接着通过后向传播计算梯度，最后使用优化器更新模型参数。训练完成后，我们需要在测试集上测试网络的性能。这可以让我们了解模型在未见过的数据上的表现如何，以评估其泛化能力。

完整代码如下：

```
############cifar-10-pytorch.py####################
import torch
import torch.nn as nn
import torch.nn.functional as F
from torch.autograd import Variable
import torch
import torchvision
import torchvision.transforms as transforms
import torch.optim as optim

# torchvision输出的是PILImage，值的范围是[0, 1]
# 我们将其转换为张量数据，并归一化为[-1, 1]
transform = transforms.Compose([transforms.ToTensor(),
                                transforms.Normalize(mean=(0.5, 0.5, 0.5),
                                                     std=(0.5, 0.5, 0.5)),
                                ])

# 训练集，将相对目录./data下的cifar-10-batches-py文件夹中的全部数据
# （50 000幅图片作为训练数据）加载到内存中
# 若download为True，则自动从网上下载数据并解压
trainset = torchvision.datasets.CIFAR10(root='./data', train=True,
                                        download=True, transform=transform)

# 将训练集的50 000幅图片划分成12 500份，每份4幅图，用于mini-batch输入
# shffule=True在表示不同批次的数据遍历时，打乱顺序。num_workers=2表示使用两个子进程来加载
数据
trainloader = torch.utils.data.DataLoader(trainset, batch_size=4,
                                          shuffle=False, num_workers=2)

classes = ('plane', 'car', 'bird', 'cat',
       'deer', 'dog', 'frog', 'horse', 'ship', 'truck')
# 下面的代码只是为了给小伙伴们展示一个图片例子，让大家有个直观感受
# functions to show an image
import matplotlib.pyplot as plt
import numpy as np

# matplotlib inline
def imshow(img):
    img = img / 2 + 0.5  # unnormalize
```

```
    npimg = img.numpy()
    plt.imshow(np.transpose(npimg, (1, 2, 0)))
    plt.show()
class Net(nn.Module):
    # 定义Net的初始化函数，这个函数定义了该神经网络的基本结构
    def __init__(self):
        super(Net, self).__init__()
        # 复制并使用Net的父类的初始化方法，即先运行nn.Module的初始化函数
        self.conv1 = nn.Conv2d(3, 6, 5)
        # 定义conv1函数是图像卷积函数：输入为3幅特征图
        # 输出为 6幅特征图，卷积核为5×5的正方形
        self.conv2 = nn.Conv2d(6, 16, 5)
        # 定义conv2函数的是图像卷积函数：输入为6幅特征图，输出为16幅特征图
        # 卷积核为5×5的正方形
        self.fc1 = nn.Linear(16 * 5 * 5, 120)
        # 定义fc1（fullconnect）全连接函数1为线性函数：y = Wx + b
        # 并将16×5×5个节点连接到120个节点上
        self.fc2 = nn.Linear(120, 84)
        # 定义fc2（fullconnect）全连接函数2为线性函数：y = Wx + b
        # 并将120个节点连接到84个节点上
        self.fc3 = nn.Linear(84, 10)
        # 定义fc3（fullconnect）全连接函数3为线性函数：y = Wx + b
        # 并将84个节点连接到10个节点上

    # 定义该神经网络的向前传播函数，该函数必须定义
    # 一旦定义成功，向后传播函数也会自动生成（autograd）
    def forward(self, x):
        x = F.max_pool2d(F.relu(self.conv1(x)), (2, 2))
        # 输入x经过卷积conv1之后，经过激活函数ReLU
        # 使用2×2的窗口进行最大池化，然后更新到x
        x = F.max_pool2d(F.relu(self.conv2(x)), 2)
        # 输入x经过卷积conv2之后，经过激活函数ReLU
        # 使用2×2的窗口进行最大池化，然后更新到x
        x = x.view(-1, self.num_flat_features(x))
        # view函数将张量x变形成一维的向量形式
        # 总特征数并不改变，为接下来的全连接作准备
        x = F.relu(self.fc1(x))
        # 输入x经过全连接1，再经过ReLU激活函数，然后更新x
        x = F.relu(self.fc2(x))
        # 输入x经过全连接2，再经过ReLU激活函数，然后更新x
        x = self.fc3(x)
        # 输入x经过全连接3，然后更新x
        return x

    # 使用num_flat_features函数计算张量x的总特征量
    # 把每个数字都看作一个特征，即特征总量
    # 比如x是4×2×2的张量，那么它的特征总量就是16
    def num_flat_features(self, x):
        size = x.size()[1:]
        # 这里为什么要使用[1:]，是因为PyTorch只接受批输入
```

```
        # 也就是说一次性输入好几幅图片，那么输入数据张量的维度自然上升到了四维
        # 【1:】让我们把注意力放在后三维上面
        # x.size() 会 return [nSamples, nChannels, Height, Width]。
        # 只需要展开后三项成为一个一维的张量
        num_features = 1
        for s in size:
            num_features *= s
        return num_features
net = Net()
criterion = nn.CrossEntropyLoss()  # 交叉熵损失函数
optimizer = optim.SGD(net.parameters(), lr=0.001, momentum=0.9)
# 使用 SGD（随机梯度下降）优化，学习率为 0.001，动量为 0.9
if __name__ == '__main__':
    for epoch in range(10):
        running_loss = 0.0
        # enumerate(sequence, [start=0])，i 是序号，data 是数据
        for i, data in enumerate(trainloader, 0):
            inputs, labels = data
            # data 的结构是：[4×3×32×32 的张量，长度为 4 的张量]
            inputs, labels = Variable(inputs), Variable(labels)
            # 把 input 数据从 tensor 转为 variable

            optimizer.zero_grad()
            # 将参数的 grad 值初始化为 0
            # forward + backward + optimize
            outputs = net(inputs)
            loss = criterion(outputs, labels)
            # 将 output 和 labels 使用交叉熵计算损失
            loss.backward()  # 反向传播
            optimizer.step()  # 用 SGD 更新参数

            # 每 2000 批数据打印一次平均 loss 值
            running_loss += loss.item()
            # loss 本身为 Variable 类型
            # 要使用 data 获取其张量，因为其为标量，所以取 0 或使用 loss.item()
            if i % 2000 == 1999:  # 每 2000 批打印一次
                print('[%d, %5d] loss: %.3f' % (epoch + 1, i + 1, running_loss / 2000))
                running_loss = 0.0

    print('Finished Training')
    # 测试集，将相对目录./data 下的 cifar-10-batches-py 文件夹中的全部数据
    # （10 000 幅图片作为测试数据）加载到内存中
    # 若 download 为 True，则自动从网上下载数据并解压
    testset = torchvision.datasets.CIFAR10(root='./data', train=False,
                                           download=True, transform=transform)

    # 将测试集的 10 000 幅图片划分成 2500 份，每份 4 幅图片，用于 mini-batch 输入
    testloader = torch.utils.data.DataLoader(testset, batch_size=4,
                                             shuffle=False, num_workers=2)
    correct = 0
```

```
    total = 0
    with torch.no_grad():
        for data in testloader:
            images, labels = data
            outputs = net(Variable(images))
            # print outputs.data
            # print(outputs.data)
            # print(labels)
            value, predicted = torch.max(outputs.data,
                                            1)
            # outputs.data 是一个 4x10 张量
            # 将每一行的最大的那一列的值和序号各自组成一个一维张量返回
            # 第一个是值的张量，第二个是序号的张量
            # label.size(0) 是一个数
            total += labels.size(0)
            correct += (predicted == labels).sum()
            # 两个一维张量逐行对比，相同的行记为 1，不同的行记为 0
            # 再利用 sum()求总和，得到相同的个数

    print('Accuracy of the network on the 10000 test images: %d %%' % (100 * correct
/ total))

    class_correct = list(0. for i in range(10))
    class_total = list(0. for i in range(10))
    with torch.no_grad():
        for data in testloader:
            images, labels = data
            outputs = net(images)
            _, predicted = torch.max(outputs, 1)
            c = (predicted == labels).squeeze()
            for i in range(4):
                label = labels[i]
                class_correct[label] += c[i].item()
                class_total[label] += 1
    for i in range(10):
        print('Accuracy of %5s : %2d %%' % (classes[i], 100 * class_correct[i] /
class_total[i]))
```

运行结果如下：

```
Files already downloaded and verified
Files already downloaded and verified
Files already downloaded and verified
[1,  2000] loss: 2.165
[1,  4000] loss: 1.834
[1,  6000] loss: 1.667
[1,  8000] loss: 1.566
[1, 10000] loss: 1.532
[1, 12000] loss: 1.462
Files already downloaded and verified
```

```
Files already downloaded and verified
[2,  2000] loss: 1.403
[2,  4000] loss: 1.380
[2,  6000] loss: 1.325
[2,  8000] loss: 1.281
[2, 10000] loss: 1.304
[2, 12000] loss: 1.262
Files already downloaded and verified
Files already downloaded and verified
[3,  2000] loss: 1.230
[3,  4000] loss: 1.221
[3,  6000] loss: 1.181
[3,  8000] loss: 1.147
[3, 10000] loss: 1.175
[3, 12000] loss: 1.147
Files already downloaded and verified
Files already downloaded and verified
[4,  2000] loss: 1.120
[4,  4000] loss: 1.110
[4,  6000] loss: 1.079
[4,  8000] loss: 1.064
[4, 10000] loss: 1.090
[4, 12000] loss: 1.068
Files already downloaded and verified
Files already downloaded and verified
[5,  2000] loss: 1.039
[5,  4000] loss: 1.030
[5,  6000] loss: 1.009
[5,  8000] loss: 0.990
[5, 10000] loss: 1.021
[5, 12000] loss: 1.007
Files already downloaded and verified
Files already downloaded and verified
[6,  2000] loss: 0.975
[6,  4000] loss: 0.971
[6,  6000] loss: 0.947
[6,  8000] loss: 0.937
[6, 10000] loss: 0.963
[6, 12000] loss: 0.953
Files already downloaded and verified
Files already downloaded and verified
[7,  2000] loss: 0.930
[7,  4000] loss: 0.923
[7,  6000] loss: 0.902
[7,  8000] loss: 0.891
[7, 10000] loss: 0.928
[7, 12000] loss: 0.911
Files already downloaded and verified
Files already downloaded and verified
[8,  2000] loss: 0.881
```

```
[8,  4000] loss: 0.890
[8,  6000] loss: 0.864
[8,  8000] loss: 0.868
[8, 10000] loss: 0.896
[8, 12000] loss: 0.875
Files already downloaded and verified
Files already downloaded and verified
[9,  2000] loss: 0.846
[9,  4000] loss: 0.870
[9,  6000] loss: 0.836
[9,  8000] loss: 0.834
[9, 10000] loss: 0.851
[9, 12000] loss: 0.847
Files already downloaded and verified
Files already downloaded and verified
[10,  2000] loss: 0.816
[10,  4000] loss: 0.835
[10,  6000] loss: 0.797
[10,  8000] loss: 0.805
[10, 10000] loss: 0.841
[10, 12000] loss: 0.809
Finished Training
Files already downloaded and verified
Files already downloaded and verified
Files already downloaded and verified
Accuracy of the network on the 10000 test images: 61 %
Files already downloaded and verified
Files already downloaded and verified
Accuracy of plane : 58 %
Accuracy of   car : 72 %
Accuracy of  bird : 41 %
Accuracy of   cat : 51 %
Accuracy of  deer : 55 %
Accuracy of   dog : 44 %
Accuracy of  frog : 66 %
Accuracy of horse : 72 %
Accuracy of  ship : 80 %
Accuracy of truck : 69 %
```

在这段代码中，我们在整个测试集上测试网络，并打印出网络在测试集上的准确率。通过这种详细且实践性的方式介绍了 PyTorch 的使用，包括张量操作、自动求导机制、神经网络创建、数据处理、模型训练和测试。我们利用 PyTorch 从头到尾完成了一个完整的神经网络训练流程，并在 CIFAR-10 数据集上测试了网络的性能。在这个过程中，我们深入了解了 PyTorch 提供的强大功能。

第6章

迁移学习花朵识别项目实战

跟传统的监督式机器学习算法相比，深度神经网络目前最大的劣势是贵，尤其是当我们尝试处理现实生活中诸如图像识别、声音辨识等实际问题的时候。一旦你的模型中包含一些隐藏层，增添多一层隐藏层将会花费巨大的计算资源。庆幸的是，有一种叫作迁移学习的方式，使我们在他人训练过的模型基础上进行很小的改动便可投入使用。本章将会讲述如何使用迁移学习的常用方法来加速解决问题的过程。

6.1 迁移学习简介

所谓迁移学习，一般是指要将从源领域（Source Domain）学习到的东西应用到目标领域（Target Domain），源领域的数据和目标领域的数据遵循不同的分布。迁移学习能够将适用于大数据的模型迁移到小数据上，实现个性化迁移。关于迁移学习，不妨拿老师与学生之间的关系做类比。一位老师通常在他所教授的领域有着多年丰富的经验，在这些积累的基础上，老师能够在课堂上教授给学生该领域最简明扼要的内容。这个过程可以看作老手与新手之间的“信息迁移”，这个过程对神经网络也适用。我们知道，神经网络需要用数据来训练，它从数据中获得信息，进而把它们转换成相应的权重。这些权重能够被提取出来，迁移到其他的神经网络中，我们“迁移”了这些学来的特征，就不需要从零开始训练一个神经网络了 。

因此，想要将深度学习应用于小型图像数据集，一种常用且非常高效的方法是使用预训练网络（Pretrained Network）。预训练网络是一个保存好的网络，之前已在大型数据集上训练好。如果这个原始数据集足够大且足够通用，那么就可以把预训练网络应用到问题上。比如采用在 ImageNet 上预训练好的网络，然后通过微调整个网络来适应新任务。

迁移学习能解决哪些问题？比如新开一个网店，卖一种新的糕点，没有任何数据，就无法建立模型对用户进行推荐。但用户买一个东西可能会反映他还会买另一个东西，如果知道用户在另一个领域，比如卖饮料，已经有了很多数据，利用这些数据建一个模型，结合用户买饮料的习惯和买糕点的习惯的关联，就可以把饮料的推荐模型成功地迁移到糕点的领域，这样，在数据不多的情况下，可以成功为用户推荐一些他可能喜欢的糕点。

这个例子就说明，有两个领域，一个领域已经有很多数据，能成功地建一个模型，而另一个领域数据不多，但是和前面那个领域是关联的，就可以把那个模型迁移过来。模型迁移利用上千万的图像训练一个图像识别系统，当我们遇到一个新的图像领域时，就不用再去找几千万幅图像来训练了，可以将原来的图像识别系统迁移到新的领域，所以在新的领域只用几万幅图片同样能够获取相同的效果。通过使用之前在大数据集上经过训练的预训练模型，我们可以直接使用相应的结构和权重，将它们应用到正在面对的问题上。这被称作“迁移学习”，即将预训练的模型“迁移”到正在应对的特定问题中。

6.2 什么是预训练模型

如果你要做一个计算机视觉的应用，相比于从头训练权重，或者说从随机初始化权重开始，如果你下载别人已经训练好网络结构的权重，通常能够进展得相当快，可以用这个作为预训练模型，然后转换到你感兴趣的任务上。有时候这些训练过程需要花费好几周，并且需要很多 GPU，其他人已经做过了，并且经历了非常痛苦的寻最优过程，这就意味着你可以使用花费了别人好几周甚至几个月做出来的开源的权重参数，把它当作一个很好的初始化用在你自己的神经网络上，用迁移学习把公共的数据集知识迁移到你自己的问题上。

简单来说，预训练模型（Pre-Trained Model）是前人为了解决类似问题创造出来的模型。你在解决问题的时候，不用从零开始训练一个新模型，可以从在类似问题中训练过的模型入手。

比如，如果你想做一辆自动驾驶汽车，可以花数年时间从零开始构建一个性能优良的图像识别算法，也可以从 Google 在 ImageNet 数据集上训练得到的 Inception Model（一种预训练模型）起步来识别图像。

一个预训练模型可能对于你的应用中并不是 100%的准确对口，但是它可以为你节省大量时间。于是，我们转而采用预训练模型，这样就不需要重新训练整个结构，只需要针对其中的几层进行训练即可。

举个芯片图像分类的例子：在芯片图像的分类上，对采集的芯片图像进行三分类，分别为芯片焊盘、芯片焊球以及连接丝图像。这是一个三分类问题，现在没有大量的图片，训练集很小，该怎么办呢？这里建议从网上下载一些神经网络开源的实现，不仅要把代码下载下来，还要把权重下载下来。有许多训练好的网络都可以下载。

ImageNet 数据集已经被广泛用作训练集，因为它规模足够大（包括 120 万幅图片），有助于训练普适模型。ImageNet 的训练目标是将所有的图片正确地划分到 1000 个分类条目下。这 1000 个分类基本上都来源于我们的日常生活，比如猫狗的种类、各种家庭用品、日常通勤工具等。

采用在 ImageNet 数据集上预先训练好的 VGG-16 模型，VGG-16 网络架构模型是由 13 个卷积层、5 个最大池化层以及 3 个全连接层构成的。它有 1000 个不同的类别，因此这个网络会有一个 Softmax 层，它可以输出 1000 个可能的类别之一。在 VGG-16 结构的基础上，可以去掉最后三个全连接层，创建你自己的自定义层，只需要训练最后三层的权重，前面这些层的权重都可以冻结。

比如要识别芯片图像，如芯片底盘、芯片引脚丝、焊接球这三类，可以采用 VGG-16 模型，加载预训练权值，然后随机初始化三层全连接层的权值，学习数据集图像与芯片图像之间的特征空间迁移；最后的一个全连接层由 ImageNet 的 1 000 个输出类调整为芯片底盘、焊接球和芯片引脚丝 3 个输出类。通过使用其他人预训练的权重，很可能得到很好的性能，即使只有一个小的数据集。同时可以大大减少训练时间。

在迁移学习中，这些预训练的网络对于 ImageNet 数据集外的图片也表现出了很好的泛化性能。通过使用之前在大数据集上经过训练的预训练模型，我们可以直接使用相应的结构和权重，将它们应用到我们正在面对的问题上，如图 6-1 所示。因为预训练模型已经训练得很好，我们就不会在短时间内修改过多的权重，在迁移学习中用到它的时候，往往只是进行微调（Fine Tuning）。

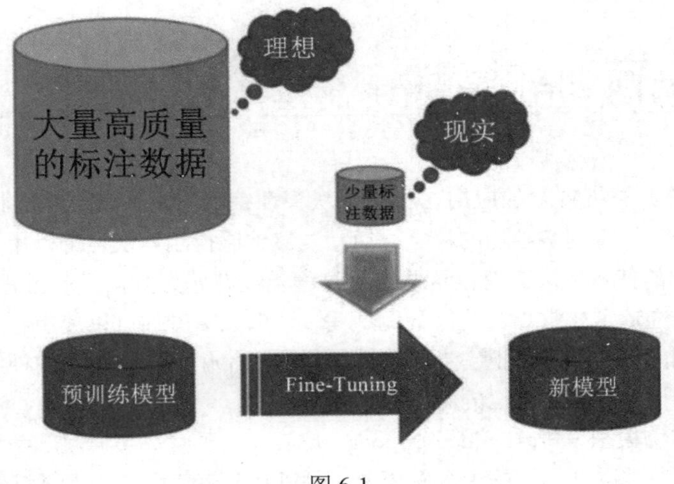

图 6-1

但也要记住一点，在选择预训练模型的时候需要非常仔细，如果你的问题与预训练模型训练情景下有很大出入，那么模型所得到的预测结果将会非常不准确。举例来说，如果把一个原本用于语音识别的模型用来进行用户识别，那么结果肯定是不理想的。

6.3　如何使用预训练模型

要采用预训练模型的结构，一种方法是先将所有的权重随机化，然后依据自己的数据集进行训练。另一种方法是使用预训练模型的方法对它进行部分训练。具体的做法是，将模型起始的一些层的权重保持不变，重新训练后面的层，得到新的权重，在这个过程中，我们可以多次尝试，从而能够依据结果找到最佳搭配。

如何使用预训练模型？这是由数据集大小和新旧数据集（预训练的数据集和我们要解决的数据集）之间数据的相似度来决定的。

场景一：数据集小，数据相似度高

在这种情况下，因为数据与预训练模型的训练数据相似度很高，因此我们不需要重新训练模型，只需要将输出层改制成符合问题情境的结构就好。比如我们使用在 ImageNet 上训练的模型来辨认一组新照片中的猫狗。在这里，需要被辨认的图片与 ImageNet 库中的图片类似，但是输出结果中只需要两项，即猫或者狗。在这个例子中，我们需要做的就是把 Dense Layer 和最终 Softmax Layer 的输出从 1000 个类别改为两个类别。

场景二：数据集小，数据相似度不高

在这种情况下，我们可以冻结预训练模型中的前 k 个层中的权重，然后重新训练后面的 n-k 个层，当然最后一层也需要根据相应的输出格式来进行修改。因为数据的相似度不高，重新训练的过程就变得非常关键。而新数据集大小的不足可以通过冻结预训练模型的前 k 层进行弥补。

场景三：数据集大，数据相似度不高

在这种情况下，因为我们有一个很大的数据集，所以神经网络的训练过程将会比较有效率。然而，因为实际数据与预训练模型的训练数据之间存在很大差异，采用预训练模型不太高效。因此，最好的方法是将预处理模型中的权重全都初始化后，在新数据集的基础上从头开始训练。

场景四：数据集大，数据相似度高

这就是最理想的情况，采用预训练模型会变得非常高效。最好的方式是保持模型原有的结构和初始权重不变，随后在新数据集的基础上重新训练。

6.4　使用迁移学习技术实现花朵识别

在刚刚接触该项目时，尝试搭建简单的多层卷积网络，效果并不是很理想。因此，在多方权衡后，笔者尝试了 ResNet 网络，发现效果较好，因此，笔者学习并尝试手动搭建该网络解决该问题，最终实现结果较好。本项目在研究花朵识别分类的过程中，借助 ResNet-18 模型进行迁移学习，经迭代 10 次后分类准确率达到 95%。

我们来看看 ResNet 模型的背景和原理。在深度学习中，随着网络的加深，能获取的信息越来越多，而且特征也越来越丰富。但是事实上随着网络的加深，优化效果反而越来越差，测试数据和训练数据的准确率反而降低了。这是由于网络的加深会造成梯度爆炸和梯度消失的问题。

针对这种现象，已有的解决方法是对输入数据和中间层的数据进行归一化操作，这种方法可以保证网络在反向传播中采用随机梯度下降（Stochastic Gradient Descent，SGD），从而让网络达到收敛的效果。但是，这个方法仅对几十层的网络有用，当网络再加深时，这种方法的效果就不是很好了。而 ResNet 网络的出现，可以让更深层的网络得到更好的训练效果。

ResNet的作者何恺明也因此摘得CVPR2016最佳论文奖，当然何博士的成就远不止于此，感兴趣的读者可以搜一下他后来的辉煌战绩。那么 ResNet 为什么会有如此优异的表现呢？其实 ResNet 解决了深度卷积神经网络模型难训练的问题，如图 6-2 所示，2015 年的 ResNet 模型多达 152 层，第一眼看这幅图的话，肯定会觉得 ResNet 是靠深度取胜的。事实上也是这样，但是 ResNet 还有残差学习（Residual Learning），这才使得网络的深度发挥出作用。

layer name	output size	18-layer	34-layer	50-layer	101-layer	152-layer
conv1	112×112	7×7, 64, stride 2				
conv2_x	56×56	3×3 max pool, stride 2				
		[3×3, 64 3×3, 64] ×2	[3×3, 64 3×3, 64] ×3	[1×1, 64 3×3, 64 1×1, 256] ×3	[1×1, 64 3×3, 64 1×1, 256] ×3	[1×1, 64 3×3, 64 1×1, 256] ×3
conv3_x	28×28	[3×3, 128 3×3, 128] ×2	[3×3, 128 3×3, 128] ×4	[1×1, 128 3×3, 128 1×1, 512] ×4	[1×1, 128 3×3, 128 1×1, 512] ×4	[1×1, 128 3×3, 128 1×1, 512] ×8
conv4_x	14×14	[3×3, 256 3×3, 256] ×2	[3×3, 256 3×3, 256] ×6	[1×1, 256 3×3, 256 1×1, 1024] ×6	[1×1, 256 3×3, 256 1×1, 1024] ×23	[1×1, 256 3×3, 256 1×1, 1024] ×36
conv5_x	7×7	[3×3, 512 3×3, 512] ×2	[3×3, 512 3×3, 512] ×3	[1×1, 512 3×3, 512 1×1, 2048] ×3	[1×1, 512 3×3, 512 1×1, 2048] ×3	[1×1, 512 3×3, 512 1×1, 2048] ×3
	1×1	average pool, 1000-d fc, softmax				
FLOPs		1.8×10^9	3.6×10^9	3.8×10^9	7.6×10^9	11.3×10^9

图 6-2

在这个框架中，就笔者的理解，其中主要的创新点在于残差的引入思想。在 ResNet 提出之前，所有的神经网络都是通过卷积层和池化层的叠加组成的。所以，ResNet对后面计算机视觉的发展的影响是巨大的。它的具体实现比较简单，引入了残差块的概念，如图 6-3 所示，实际上这个网络就是残差块的堆叠，就像搭积木一样。

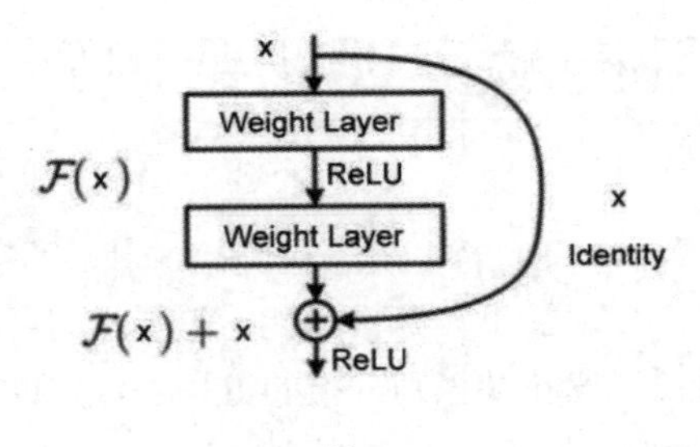

图 6-3

想象一幅经过神经网络处理后的低分辨率图像。为了提高图像的质量，我们引入了一个创新的思想：将原始高分辨率图像与低分辨率图像之间的差异提取出来，形成一幅残差图像。这个残差图像代表低分辨率图像与目标高分辨率图像之间的差异或缺失的细节。然后，我们将这个残差图像与低分辨率图像相加，得到一幅结合了低分辨率信息和残差细节的新图像。这幅新图像作为下一个神经网络层的输入，使网络能够同时利用原始低分辨率信息和残差细节信息进行更精确的学习。通过这种方式，我们的神经网络能够逐步从低分辨率图像中提取信息，并通过残差图像的相加操作将遗漏的细节加回来。这使得网络能够更有效地进行图像恢复或其他任务，提高了模型的性能和准确性。这就是残差结构的思想。其实这个思想也并非 ResNet 创新的，在过去的其他领域中早已有这种思想，ResNet将这一思想引入了计算机视觉领域，并在深度神经网络的训练中取得了重要突破。这种创新在一定程度上解决了深层神经网络训练中的梯度消失和梯度爆炸问题，使得网络能够更深、更准确地学习特征和表示。

这里我们加载PyTorch中已经训练好的ResNet模型，需要一定时间来下载训练好的模型权重。由于预训练的模型与我们的任务需要不一样，所以需要将最后一层的全连接层的输出维度修改为任务要求中的二分类，但是训练时需要冻结其他层的参数，防止训练过程中对其进行改动，然后训练微调最后一层即可。

项目完整代码如下：

```
#######################flower_demo.py#############
import torchvision
from torch import nn
import os
import pickle
import torch
import torch.optim as optim
from torchvision import transforms, datasets
import torchvision.models as models
from tqdm import tqdm
from PIL import Image

epochs = 10
lr = 0.03
batch_size = 32
image_path = './flowerdata/data'
save_path = './chk/flower_model.pkl'

device = torch.device('cuda:0' if torch.cuda.is_available() else 'cpu')

# 1.数据转换
data_transform = {
    # 训练中的数据增强和归一化
    'train': transforms.Compose([
        transforms.RandomResizedCrop(224),  # 随机裁剪
        transforms.RandomHorizontalFlip(),  # 左右翻转
        transforms.ToTensor(),
        transforms.Normalize([0.485, 0.456, 0.406], [0.229, 0.224, 0.225])  # 均值
方差归一化
    ]),
    # 验证集不增强，仅进行归一化
    'val': transforms.Compose([
        transforms.Resize(256),
        transforms.CenterCrop(224),
        transforms.ToTensor(),
        transforms.Normalize([0.485, 0.456, 0.406], [0.229, 0.224, 0.225])
    ]),
}

# 2.形成训练组
train_dataset = datasets.ImageFolder(root=os.path.join(image_path, 'train'),
                              transform=data_transform['train'])
val_dataset = datasets.ImageFolder(root=os.path.join(image_path, 'val'),
                            transform=data_transform['val'])

# 3.形成迭代器
```

```
train_loader = torch.utils.data.DataLoader(train_dataset,
                                           batch_size,
                                           True)
val_loader = torch.utils.data.DataLoader(val_dataset,
                                         batch_size,
                                         True)

print('using {} images for training.'.format(len(train_dataset)))
print('using {} images for validation.'.format(len(val_dataset)))

# 4.建立分类标签与索引的关系
cloth_list = train_dataset.class_to_idx
class_dict = {}
for key, val in cloth_list.items():
    class_dict[val] = key
with open('class_dict.pk', 'wb') as f:
    pickle.dump(class_dict, f)

# 5.加载 ResNet 模型
# 加载预训练好的 ResNet 模型
model =torchvision.models.resnet152(
    weights=torchvision.models.ResNet152_Weights.IMAGENET1K_V1)

# 冻结模型参数
for param in model.parameters():
    param.requires_grad = False

# 修改最后一层的全连接层
model.fc = nn.Linear(model.fc.in_features, 2)

# 将模型加载到 cpu 中
model = model.to('cpu')

criterion = nn.CrossEntropyLoss()  # 损失函数
optimizer = torch.optim.Adam(model.parameters(), lr=0.01)  # 优化器

# 6.模型训练
best_acc = 0  # 最优精确率
best_model = None  # 最优模型参数

for epoch in range(epochs):
    model.train()
    running_loss = 0     # 损失
    epoch_acc = 0        # 每个 epoch 的准确率
    epoch_acc_count = 0  # 每个 epoch 训练的样本数
    train_count = 0      # 用于计算总的样本数，方便求准确率
    train_bar = tqdm(train_loader)
    for data in train_bar:
        images, labels = data
        optimizer.zero_grad()
```

```
            output = model(images.to(device))
            loss = criterion(output, labels.to(device))
            loss.backward()
            optimizer.step()

            running_loss += loss.item()
            train_bar.desc = "train epoch[{}/{}] loss:{:.3f}".format(epoch + 1,
                                                                      epochs,
                                                                      loss)
            # 计算每个 epoch 正确的个数
            epoch_acc_count += (output.argmax(axis=1) == labels.view(-1)).sum()
            train_count += len(images)

        # 每个 epoch 对应的准确率
        epoch_acc = epoch_acc_count / train_count

        # 打印信息
        print("【EPOCH: 】%s" % str(epoch + 1))
        print("训练损失为%s" % str(running_loss))
        print("训练精度为%s" % (str(epoch_acc.item() * 100)[:5]) + '%')

        if epoch_acc > best_acc:
            best_acc = epoch_acc
            best_model = model.state_dict()

        # 在训练结束保存最优的模型参数
        if epoch == epochs - 1:
            # 保存模型
            torch.save(best_model, save_path)

print('Finished Training')

# 加载索引与标签映射字典
with open('class_dict.pk', 'rb') as f:
    class_dict = pickle.load(f)

# 数据变换
data_transform = transforms.Compose(
    [transforms.Resize(256),
     transforms.CenterCrop(224),
     transforms.ToTensor(),
     transforms.Normalize([0.485, 0.456, 0.406], [0.229, 0.224, 0.225])])

# 图片路径
img_path = r'./flowerdata/test/test01.jpg'

# 打开图像
img = Image.open(img_path)

# 对图像进行变换
```

```
img = data_transform(img)

# 将图像升维，增加batch_size维度
img = torch.unsqueeze(img, dim=0)

# 获取预测结果
pred = class_dict[model(img).argmax(axis=1).item()]
print('【预测结果分类】: %s' % pred)
```

运行结果如下：

```
    using 400 images for training.
    using 100 images for validation.
    train epoch[1/10] loss:1.031: 100%|██████████████| 13/13 [01:23<00:00,
6.40s/it]
      0%|          | 0/13 [00:00<?, ?it/s]【EPOCH: 】1
    训练损失为23.62411968410015
    训练精度为63.49%
    train epoch[2/10] loss:0.618: 100%|██████████████| 13/13 [01:23<00:00,
6.45s/it]
   【EPOCH: 】2
    训练损失为7.088026508688927
    训练精度为85.00%
    train epoch[3/10] loss:0.371: 100%|██████████████| 13/13 [01:31<00:00,
7.03s/it]
      0%|          | 0/13 [00:00<?, ?it/s]【EPOCH: 】3
    训练损失为4.6239707404747605
    训练精度为91.50%
    train epoch[4/10] loss:0.069: 100%|██████████████| 13/13 [01:31<00:00,
7.04s/it]
      0%|          | 0/13 [00:00<?, ?it/s]【EPOCH: 】4
    训练损失为3.048736123368144
    训练精度为93.25%
    train epoch[5/10] loss:0.008: 100%|██████████████| 13/13 [01:33<00:00,
7.22s/it]
   【EPOCH: 】5
    训练损失为1.198005894664675
    训练精度为97.25%
    train epoch[6/10] loss:0.874: 100%|██████████████| 13/13 [01:30<00:00,
6.99s/it]
   【EPOCH: 】6
    训练损失为2.6537840182427317
    训练精度为94.24%
    train epoch[7/10] loss:0.649: 100%|██████████████| 13/13 [01:43<00:00,
7.98s/it]
      0%|          | 0/13 [00:00<?, ?it/s]【EPOCH: 】7
    训练损失为2.5693644480779767
    训练精度为93.25%
    train epoch[8/10] loss:0.171: 100%|██████████████| 13/13 [01:41<00:00,
7.79s/it]
   【EPOCH: 】8
```

```
训练损失为 2.0961628681980073
训练精度为 95.24%
train epoch[9/10] loss:0.005: 100%|██████████████| 13/13 [01:38<00:00,
7.60s/it]
  0%|          | 0/13 [00:00<?, ?it/s]【EPOCH: 】9
训练损失为 1.7035326568875462
训练精度为 95.24%
train epoch[10/10] loss:0.000: 100%|██████████████| 13/13 [01:41<00:00,
7.83s/it]
【EPOCH: 】10
训练损失为 2.417157782416325
训练精度为 94.74%
Finished Training
【预测结果分类】: roses
```

可以看到，模型编译和训练过程共执行了 10 个训练周期，准确率还是比较高的。原本数据量小会造成神经网络过拟合，现在通过一个标准的 ResNet152 网络模型进行了预训练，并且使用了预先计算好的权值，只需要训练最后几层参数，就可以得到比较高的准确率。在数据相似度高的场景下，采用预训练模型会变得非常高效，保持模型原有的结构和初始权重不变，随后在新数据集的基础上重新训练。这就是迁移学习的魅力，使用已经训练好的模型，哪怕只有少量数据，依然可以打造出一个性能优越的模型。

6.5 迁移学习总结

迁移学习就是一层层网络中每个节点的权重从一个训练好的网络迁移到一个全新的网络中，而不是从头开始，为每个特定的任务训练一个神经网络，这就是所谓的“站在巨人的肩膀上”。使用迁移学习的好处有降低资源、降低训练时间和减少对大量训练数据的要求等。

使用深度学习处理实际生活中遇到的问题，碰到需要消耗大量资源（比如显卡、训练时间）的情况，通过迁移学习可以改变这一切，显著降低深度学习所需的硬件资源。举图像识别中一个常见的例子，训练一个神经网络来识别不同品种的猫。若从头开始训练，则需要百万级的带标注数据，以及海量的显卡资源。而若使用迁移学习，则可以使用 ResNet、Inception 或 VGG-16 这样成熟的物品分类网络，只训练最后的 Softmax 层，只需要少量图片，使用普通的 CPU 就能完成，而且模型的准确性还不差。

第7章 垃圾分类识别项目实战

近年来，随着我国居民生活水平的显著提高，我国的日常垃圾产生量急剧增加，城市垃圾也以每年 8%~12%的增幅快速增长，垃圾的成分也发生了较大的变化。垃圾分类回收被普遍认为是解决困境，提高资源利用效率的关键环节。本项目将采用 PyTorch 深度学习方法搭建一个垃圾分类识别的训练和测试系统，以实现智能化垃圾分类。

7.1 垃圾分类识别项目背景

随着国家经济的发展，人们的生活水平不断提高，日常生活的垃圾产量日益增长，导致环境状况日益恶化。与此同时，社会的环保意识日益增强。

2020 年 5 月 1 日起，北京开始实行垃圾分类。北京的垃圾分类标准与上海略有差别，如图 7-1 所示，生活垃圾分为厨余垃圾、可回收物、有害垃圾和其他垃圾四大类，分别对应 4 种不同颜色的垃圾桶，即绿色、蓝色、红色和灰色。继上海之后，北京也迈入了“垃圾强制分类时代”。

图 7-1

虽然我国不断推出垃圾分类政策和与之相关的垃圾分类措施，以保证社会与自然的和谐发展，但由于人民群众长期缺乏垃圾分类知识，导致垃圾分类工作成效不明显，没有充分发挥其影响力。因此，提高居民参与垃圾分类的准确程度是本项目需要解决的问题。

7.2 垃圾分类背后的技术

人工智能用于垃圾分类，业界早有过相关的讨论，主要有三种方案：第一种方案，把垃圾的相关信息制成表格化数据，然后用传统的机器学习方法实现分类；第二种方案，把所有的垃圾分类信息做成知识图谱，每一次查询就好像翻字典一样查阅信息；第三种方案，借助人工智能深度学习方法来对垃圾进行识别和分类。例如，每次给一幅垃圾的图片，让模型识别出这属于哪一种类别，属于干垃圾、湿垃圾、有害垃圾还是可回收垃圾。

说实话，基于图片的垃圾识别要难不少。比如，卫生纸可以弄成各种形状，如团成一团、撕成一条一条。让算法通过图片识别这些东西，显然有些难为算法。如图 7-2 所示，我们对图片中的物品进行分类，目前一般都是采用多级分类模型或检索搭建的超大分类网络，比如 1 万多类物体识别，甚至 10 万多类物体识别。

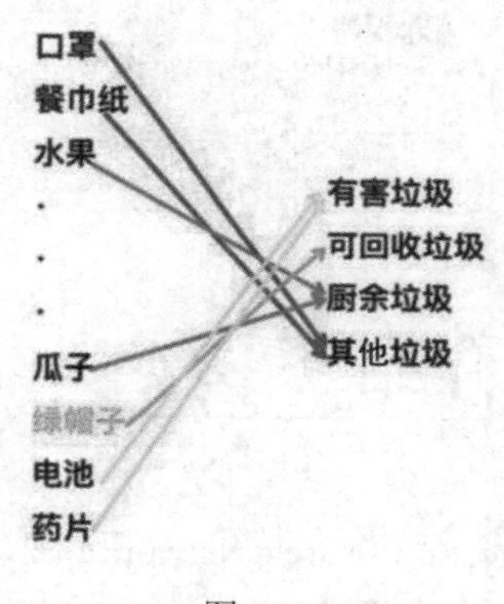

图 7-2

然后根据类别标签进行映射，映射到最终的垃圾类别。这里底层技术实现其实还是图像的多分类识别。但是垃圾分类不同于通用的图像识别，通用图像识别的“鱼”可能是一条在水中自由自在嬉戏的金鱼，而垃圾分类识别的“鱼”则很可能是一个躺在餐盘里仅剩躯干骨的鱼骨头。

7.3 垃圾图片数据集介绍

找一个合适的垃圾分类图片数据集也是一门技术活。数据集获取的途径大概有三种：第一种是将需求提交给数据标注团队，花钱标注数据；第二种是爬取各大网站的图片数据，然后使用自己的接口清洗或者人工标注；第三种是翻论文，找公开数据集，到 AI 比赛网站或者 AI 开放平台碰碰运气，看看是否有公开垃圾图片数据集。

这里提供一个公开网站的垃圾图片数据集下载链接：https://www.kaggle.com/datasets/mostafaabla/garbage-classification。这个数据集有 15 150 幅图片，来自 12 种不同类别的家庭垃圾：纸张、纸板、生物、金属、塑料、绿色玻璃、棕色玻璃、白色玻璃、衣服、鞋子、电池和垃圾，其中白色玻璃杯如图 7-3 所示。垃圾回收是保护我们环境的一个关键方面。为了使回收过程可能/更容易，垃圾必须被分类到具有类似回收过程的组别。大多数可用的数据集将垃圾分为几个类别（2~3 个类别），如果有能力将家庭垃圾分为更多的类别，就能大大增加回收垃圾的比例。

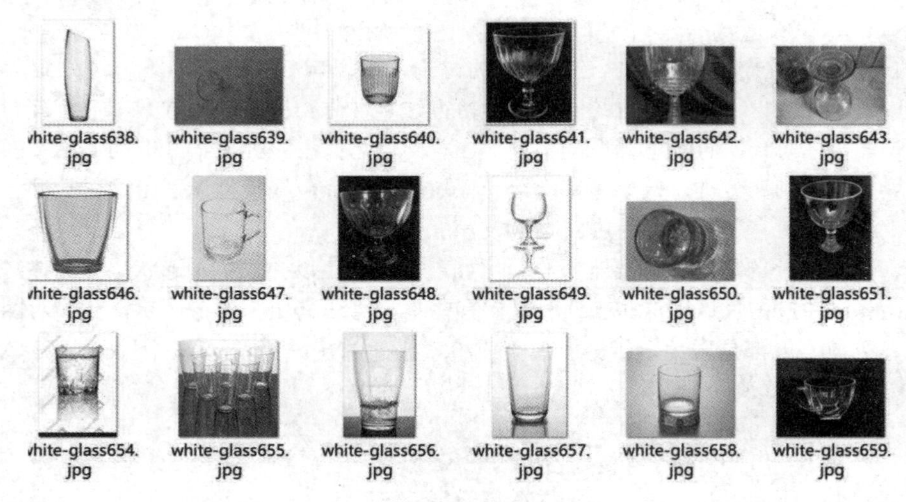

图 7-3

7.4　MnasNet 模型介绍

MnasNet（Mobile Neural Architecture Search Network）是一种通过搜索得到的高效卷积神经网络，最早由 Google 提出。MnasNet 的主要特点是在保证模型的高性能的同时，尽量降低计算复杂度和参数数量，适用于移动设备等资源有限的场景。

卷积神经网络一直对于移动设备是个挑战，移动端模型一般要求模型小而快，同时对精度也有要求。尽管卷积神经网络模型在移动端做了各种改进提升，但是当考虑到许多架构的可能性时，很难准确性和计算资源的利用率。

谷歌发表在 CVPR2019 的一篇论文中提出了一个自动的移动神经网络架构搜索方法(MNAS)，它明确地把模型延迟纳入考虑，得到一个在精度和延迟之间达到平衡的模型。

与之前的方法预估延迟不同的是，这种方法直接采用真实环境中手机上的模型预测延时。实验结果表明，这种方法始终优于当时最先进的移动端的卷积神经网络跨多个视觉任务的模型。在 ImageNet 分类任务上，MnasNet 实现了 75.2%的 top-1 精度，延迟为 78ms，比 MobileNetV2 快了 1.8 倍，精度提升了 0.5%；比 NASNet 快了 2.3 倍，精度提升了 1.2%。

MnasNet 网络是介于 MobileNetV2 和 MobileNetV3 之间的一个网络，这个网络是采用强化学习搜索出来的一个神经网络，其具体模式如图 7-4 所示。

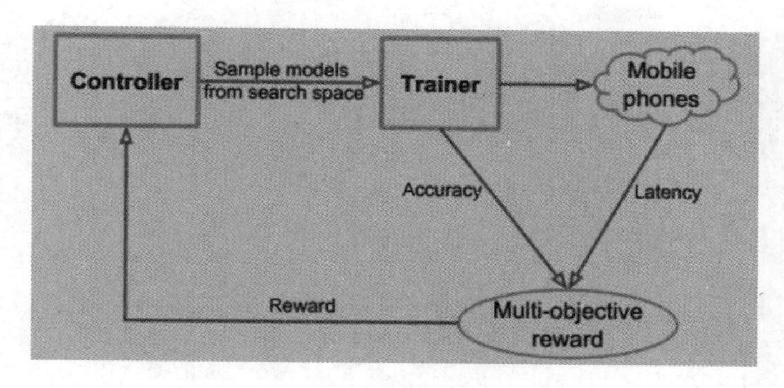

图 7-4

MnasNet 的核心思想是利用神经结构搜索（Neural Architecture Search，NAS）技术来找到最优的模型结构。神经结构搜索的目标是在给定任务和硬件平台的约束下，自动搜索出性能最佳的神经网络结构。MnasNet 采用的搜索空间主要包括卷积层、深度可分离卷积层以及倒残差结构等。由于自动化神经架构搜索技术的存在，MnasNet 模型可以在保证准确率的前提下，显著减少模型的参数量和计算量，从而在移动设备上得到更好的应用。

7.5 垃圾分类识别项目代码分析

这个项目是基于 PyTorch 框架完成的，在深度学习中，从头开始训练一个模型非常耗时耗力，因此我们经常在一些常用的数据集（如 OpenImage、ImageNet、VOC、COCO）上采用已经预训练好的模型，将其做一些微调来提升模型的效果。

本项目主要以 MnasNet 模型+垃圾图片分类数据集，使用 PyTorch 在 CPU/GPU 平台上进行微调（Fine-Tune）。借助人工智能算法的优势，开展基于深度神经网络的图像分类实验。借助 MnasNet 模型进行迁移学习，经 100 次迭代后分类准确率达到 90.54%。

这里我们加载 PyTorch 中已经训练好的 MnasNet 模型，需要一定时间下载训练好的模型权重。由于预训练的模型与我们的任务需要不一样，因此需要修改最后一层的全连接层，将输出维度修改为我们的任务要求中的 12 分类。但是注意需要冻结其他层的参数，防止在训练过程中对其进行改动，然后训练微调最后一层即可。

由于我们的任务为多分类问题，因此损失函数需要使用交叉熵损失函数（Cross Entropy），但是这里没有采用框架自带的损失函数，而是自己实现了一个损失函数。虽然大多数情况下，框架自带的损失函数就能够满足我们的需求，但是对于一些特定任务是无法满足的，需要我们自定义。这里是以类的方式定义损失函数，需要继承 nn.Module 类，定义好参数以及所需要的变量后，重现 forward 方法即可。在 forward 方法中编写计算损失的函数，然后 PyTorch 会自动计算反向传播需要的梯度，不需要我们自己进行计算。

项目完整代码如下：

```
######garbage_demo.py###########################
import torchvision
from torch import nn
```

```
import numpy as np
import os
import json
import pickle

import torch
import torch.optim as optim
import torch.nn.functional as F
from torchvision import transforms, datasets
import torchvision.models as models
from tqdm import tqdm
from PIL import Image

import matplotlib.pyplot as plt

epochs = 10
lr = 0.03
batch_size = 32
image_path = './garbage_data/data'
save_path = './garbage_chk/best_model.pkl'

device = torch.device('cuda:0' if torch.cuda.is_available() else 'cpu')

# 1.数据转换
data_transform = {
    # 训练中的数据增强和归一化
    'train': transforms.Compose([
        transforms.RandomResizedCrop(224),  # 随机裁剪
        transforms.RandomHorizontalFlip(),  # 左右翻转
        transforms.ToTensor(),
        transforms.Normalize([0.485, 0.456, 0.406], [0.229, 0.224, 0.225])  # 均值
方差归一化
    ])
}

# 2.形成训练集
train_dataset = datasets.ImageFolder(root=os.path.join(image_path),
                                     transform=data_transform['train'])

# 3.形成迭代器
train_loader = torch.utils.data.DataLoader(train_dataset,
                                           batch_size,
                                           True)

print('using {} images for training.'.format(len(train_dataset)))

# 4.建立分类标签与索引的关系
cloth_list = train_dataset.class_to_idx
class_dict = {}
for key, val in cloth_list.items():
```

```
    class_dict[val] = key
with open('class_dict.pk', 'wb') as f:
    pickle.dump(class_dict, f)


# 自定义损失函数，需要在 forward 中定义过程
class MyLoss(nn.Module):
    def __init__(self):
        super(MyLoss, self).__init__()

    # 参数为传入的预测值和真实值，返回所有样本的损失值，自己只需定义计算过程，反向传播 PyTroch
会自动记录，最好用 PyTorch 进行计算
    def forward(self, pred, label):
        # pred: [32, 4] label: [32, 1] 第一维度是样本数

        exp = torch.exp(pred)
        tmp1 = exp.gather(1, label.unsqueeze(-1)).squeeze()
        tmp2 = exp.sum(1)
        softmax = tmp1 / tmp2
        log = -torch.log(softmax)
        return log.mean()



#5.加载预训练好的 MnasNet 模型
model = torchvision.models.mnasnet1_0(
    weights=torchvision.models.MNASNet1_0_Weights.IMAGENET1K_V1)
# 冻结模型参数
for param in model.parameters():
    param.requires_grad = False

# 修改最后一层的全连接层
model.classifier[1] = nn.Linear(model.classifier[1].in_features, 12)

# 将模型加载到 cpu 中
model = model.to('cpu')

# 使用自定义的损失函数
criterion = MyLoss()
optimizer = torch.optim.Adam(model.parameters(), lr=0.01)  # 优化器

# 6.模型训练
best_acc = 0                     # 最优精确率
best_model = None                # 最优模型参数

for epoch in range(epochs):
    model.train()
    running_loss = 0             # 损失
    epoch_acc = 0                # 每个 epoch 的准确率
    epoch_acc_count = 0          # 每个 epoch 训练的样本数
```

```
    train_count = 0            # 用于计算总的样本数，方便求准确率
    train_bar = tqdm(train_loader)
    for data in train_bar:
        images, labels = data
        optimizer.zero_grad()
        output = model(images.to(device))
        loss = criterion(output, labels.to(device))
        loss.backward()
        optimizer.step()

        running_loss += loss.item()
        train_bar.desc = "train epoch[{}/{}] loss:{:.3f}".format(epoch + 1,
                                                                  epochs,
                                                                  loss)
        # 计算每个 epoch 正确的个数
        epoch_acc_count += (output.argmax(axis=1) == labels.view(-1)).sum()
        train_count += len(images)

    # 每个 epoch 对应的准确率
    epoch_acc = epoch_acc_count / train_count

    # 打印信息
    print("【EPOCH: 】%s" % str(epoch + 1))
    print("训练损失为%s" % str(running_loss))
    print("训练精度为%s" % (str(epoch_acc.item() * 100)[:5]) + '%')

    if epoch_acc > best_acc:
        best_acc = epoch_acc
        best_model = model.state_dict()

    # 在训练结束保存最优的模型参数
    if epoch == epochs - 1:
        # 保存模型
        torch.save(best_model, save_path)

print('Finished Training')

# 加载索引与标签映射字典
with open('class_dict.pk', 'rb') as f:
    class_dict = pickle.load(f)

# 数据变换
data_transform = transforms.Compose(
    [transforms.Resize(256),
     transforms.CenterCrop(224),
     transforms.ToTensor()])

# 图片路径
img_path = r'./garbage_data/test/shoes1750.jpg'
```

```
# 打开图像
img = Image.open(img_path)

# 对图像进行变换
img = data_transform(img)

plt.imshow(img.permute(1, 2, 0))
plt.show()

# 将图像升维，增加 batch_size 维度
img = torch.unsqueeze(img, dim=0)

# 获取预测结果
pred = class_dict[model(img).argmax(axis=1).item()]
print('【预测结果分类】：%s' % pred)
```

代码运行后，训练过程及结果如下：

```
    using 1303 images for training.
    train epoch[1/10] loss:0.950: 100%|██████████████| 41/41 [01:07<00:00,
1.65s/it]
   【EPOCH: 】1
    训练损失为 44.39533090591431
    训练精度为 67.76%
    train epoch[2/10] loss:1.085: 100%|██████████████| 41/41 [01:01<00:00,
1.50s/it]
   【EPOCH: 】2
    训练损失为 22.756678014993668
    训练精度为 83.57%
    train epoch[3/10] loss:0.571: 100%|██████████████| 41/41 [00:42<00:00,
1.04s/it]
   【EPOCH: 】3
    训练损失为 16.288605459034443
    训练精度为 87.79%
    train epoch[4/10] loss:0.296: 100%|██████████████| 41/41 [00:42<00:00,
1.05s/it]
      0%|          | 0/41 [00:00<?, ?it/s]【EPOCH: 】4
    训练损失为 17.276372525840998
    训练精度为 86.56%
    train epoch[5/10] loss:0.430: 100%|██████████████| 41/41 [00:49<00:00,
1.22s/it]
   【EPOCH: 】5
    训练损失为 17.156823828816414
    训练精度为 87.10%
    train epoch[6/10] loss:0.382: 100%|██████████████| 41/41 [00:49<00:00,
1.20s/it]
      0%|          | 0/41 [00:00<?, ?it/s]【EPOCH: 】6
    训练损失为 14.989820271730423
    训练精度为 88.25%
    train epoch[7/10] loss:0.223: 100%|██████████████| 41/41 [00:49<00:00,
1.21s/it]
```

```
  0%|          | 0/41 [00:00<?, ?it/s]【EPOCH: 】7
训练损失为15.075742773711681
训练精度为88.48%
train epoch[8/10] loss:0.178: 100%|██████████████| 41/41 [00:53<00:00,
1.30s/it]
  0%|          | 0/41 [00:00<?, ?it/s]【EPOCH: 】8
训练损失为15.82019029557705
训练精度为88.48%
train epoch[9/10] loss:0.153: 100%|██████████████| 41/41 [00:56<00:00,
1.37s/it]
  0%|          | 0/41 [00:00<?, ?it/s]【EPOCH: 】9
训练损失为14.582565821707249
训练精度为89.33%
train epoch[10/10] loss:1.223: 100%|██████████████| 41/41 [00:52<00:00,
1.28s/it]
【EPOCH: 】10
训练损失为13.60891666635871
训练精度为90.86%
Finished Training
```

如图 7-5 所示，预测结果分类是 shoes。

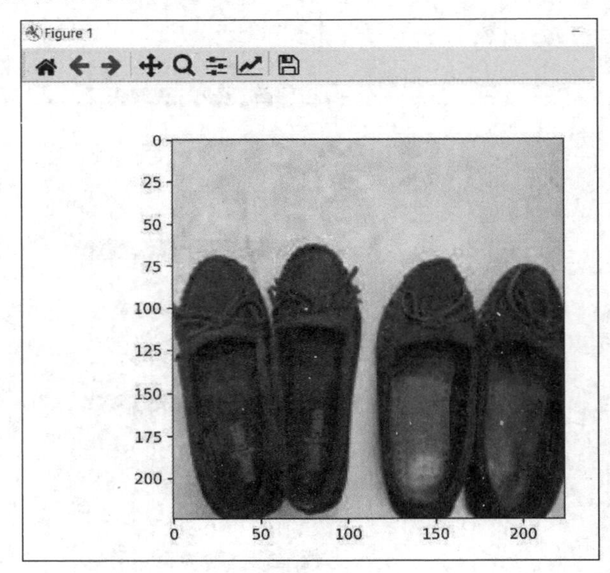

图 7-5

第 8 章

短期电力负荷预测项目实战

负荷预测的主要工作是根据电力网中电力负荷的变化规律和趋势来预测未来电网的负荷。负荷预测的结果对于电网的运行、调度、生产有着实际的指导意义。人工智能神经网络是目前最先进的负荷预测方法，本项目将采用 PyTorch 深度学习方法搭建一个短期电力负荷预测系统。

8.1 电力负荷预测项目背景

负荷是指供电地区或电网在某一瞬间所承担的用电功率，根据用户结构的不同，可将电力负荷划分为工业负荷、商用负荷、城市民用负荷、农村负荷以及其他负荷等。负荷预测是指充分考虑各种自然因素、社会影响、系统运行等条件，利用各种数学方法或智能化模型预测用户未来一定时间内的负荷数值。

电力是维持用户日常生活的基础能源，容易受到天气、建筑的物理特性、用户行为、人口密度等多种因素的影响。为维持电网稳定，各种负荷预测方法层出不穷，但由于算法泛化能力、模型复杂度等自身特点不同，使其对于负荷预测的适用性存在差异。短期电力负荷预测是电力系统运行和规划的基础，准确的负荷预测可以保证电力系统安全稳定运行，降低发电成本，提高经济效益。随着电力行业的发展、分布式能源的增多，短期负荷预测工作显得愈发重要。考虑到电力负荷数据的非线性、异方差、非平稳等特点，短期负荷预测难度也显著增加，因此，具有强大非线性学习能力的人工智能深度学习算法可以为短期电力负荷研究提供良好的技术手段。人工神经网络具备自学习能力和泛化能力等优点，已被广泛应用在短期电力负荷预测中，并取得了较为理想的效果。精准的电力负荷预测有助于保持电力供需平衡，提高电网的经济效益。

8.2 电力负荷预测的意义

电力系统负荷预测在电力系统安排生产规划和实际运行以及社会的稳定和经济发展方面都发挥着不可估量的作用：

（1）电力系统中经济调度的依据。对于电力系统来说，第一，要为用户提供优质可靠的电能，同时还要满足负荷变化的要求。第二，必要的成本是要考虑的，由于电能不能储存的特点，因此必须在保证系统安全运行的情况下最大化地减少发电设备的容量。准确的负荷预测可以让电力企业确定机组按照最优化、最经济的组合投入运行。

（2）电力系统安全分析的根据。电力系统引发的事故所造成的经济损失及其对社会影响都是巨大的，必须尽可能避免。精确的预测为发现临界状态提供了依据，它可以提醒调度员进行一些必要的操作来避免电力系统的安全事故，从而保证系统的安全运行。

（3）社会的稳定及发展。随着社会的发展，越来越离不开电。电能也成为社会秩序稳定和经济发展的一个不可缺少的因素。用户负荷的变化影响着电力系统的稳定运行和电力的经济运行。然而精确的负荷预测不仅可以满足社会用电的要求，也可以满足电力系统稳定运行和经济运行的要求。

从上面可以知道电力系统中的电能是不可以储存的，发电、输电和供电都是同步进行的。发电量过多从能源方面来说会造成不必要的浪费，对电力企业来说是不经济的。然而发电量过少，会影响社会稳定发展和人民的日常生活。由此可以发现，电力系统负荷的预测无论是对电力系统方面还是社会方面都是非常重要的，对于电力系统的发展和社会的稳定都有着不可估量的作用。

负荷预测的主要工作是根据电力网中电力负荷的变化规律和趋势来预测未来电网的负荷。负荷预测的结果对于电网的运行、调度、生产有着实际的指导意义。

8.3 电力负荷数据的获取

在储能项目收资阶段，相比较光伏项目，电力负荷数据的必要性要高很多。储能作为“中枢”，既要充分尊重用户的能源使用需求，又要尽量确保资产方的投资收益。然而，在实际工作中，收集到足量可用的负荷数据一直是需要花费精力的难题。本节将从负荷数据需求展开，介绍4种获取方法。我们知道电力负荷是指使用电能的用电设备消耗的电功率。对于交流电来说，负荷数据是指通过智能电表测量、采集和计算得到的有功功率数据，单位是kW。一块智能电表会有几十个采集点位，注意电力负荷数据一定指的是有功功率数据。

如果是要投资储能项目，要求就精细得多。目前，要决策是否投资负荷侧储能项目，首先需要搞清楚分时套利能赚多少钱，也就是要搞清楚电价和电量，而且需要保证这两者在时间维度是相称的，这里就有个时间颗粒度的概念。

电量是负荷的积分，负荷数据的时间颗粒度技术上取决于电表的采集频率，可以很高。考虑到采集成本和储能分时套利的业务用途，真正决定颗粒度的其实是电价。随着电力市场的发展，电价开始变得实时波动。

相较目录电价，波动的有两个方面：（1）价格时段；（2）价格本身。其中价格时段从目录电价时代的小时颗粒度逐步细化到分钟级别，加上电网关口电表采集并上传到负控平台的时间颗粒度一般是 15 分钟级别。

如今，在储能项目收资阶段，最难确认的信息数据有两个：一个是电价信息，另一个就是负荷数据。关于负荷数据，我们需要的是 15 分钟级别颗粒度的有功功率数据。因此，综合考虑以上因素，对于储能来说，15 分钟级别颗粒度的负荷数据就是可用的。

获取可用的电力负荷数据的 4 种方法各有优劣，分别说明如下。

1. 通过电网电表获取数据

由于数据保密、亿万级的服务成本等原因，目前国内绝大部分地区的工商业用户是无法轻易获得自己 15 分钟级别的负荷数据的。虽然过去几年，电网公司在信息化服务这块加大了投入，但是做到每一户都能很便捷地登录“网上国网 App”下载 15 分钟级别的负荷数据还有一段距离。一般来说，工商业用户可以联系供电公司的客户经理，让他帮忙导出数据。但是，由于现实中的种种原因，这个工作不太好完成，可能最后也完不成。这个数据是否能拿到都是个问题，就更别谈按照想要的格式或者其他要求去拿了。

2. 通过用户负荷侧管理平台数据导出

最近几年，随着能源数字化的发展，很多工商业用户都不同程度地接入了负荷侧管理平台。其中，有些平台是售电公司的，有些是光伏投资方的，有些是节能改造方的，有些是用户企业自己的数字化项目上的。一般来说，这些平台在建设的时候都会单独加装智能电表，采集用户的负荷数据。

毕竟加装的电表没有电网表的地位，哪怕精度等级比电网表更高，还是差公信力。

但是用作储能项目测算，不用作计量结算，是没问题的。有了管理平台，特别是基于浏览器的云端平台，只要有网、有计算机、有浏览器，完全做到想什么时候看就什么时候看，想什么时候导出就什么时候导出。负荷侧管理平台基本上都带有数据下载功能，可以一键生成通用的结构化数据，下载保存为 Excel 电子表格格式。

3. 采用非侵入式红外探头采集电网关口表数据

如果拿不到电网数据，用户侧又没有上负荷侧管理平台，就可以考虑采取这种方式获取分钟级别的负荷数据。由于红外探头采集的就是电网表数据，因此可信度跟电网表一样高。

相比安装导轨型智能电表，红外探头采集设备的安装非常傻瓜，只需要对准电网表红外通信口往玻璃上一贴，然后将通信设备通电，就完成了安装。如果设备和云端平台无缝研发，连通信调试都免了，通电后扫二维码就可以完成设备上线。数据接入后，需要等待十天半个月的时间形成第一笔可用数据，无法做到“即插即用”。这种方式属于数据采集服务，用户可以向服务商要求按照规定的格式和形式获得数据。

4. 参考行业典型负荷数据

如果现阶段对负荷数据要求不那么高，但还是需要数据，也可以考虑用行业典型负荷数据作为参考。行业典型负荷数据是根据多家同行的负荷数据进行处理形成的参考数据，虽然能够在一定程度上体现各个行业的特点，但毕竟代表不了个性的特征。这种数据一般只提供归一化的日负荷特性数据（显示特性形状），用户可以通过结合电费账单的受电容量、分时用电量等信息，调整出符合用电总量的负荷数据值。

以上4种方法各有千秋，总结一下，如果用户侧有自己的平台，让用户导出即可，或者如果能拿到电网数据也行（因为不用花时间等采集）；如果能加装红外探头采集用户的真实数据，这是比较快的方法；如果在系统开发早期，也是可以用行业典型数据结合电费账单信息来使用。

8.4 一维卷积 1D-CNN

卷积是一种数学运算方式，经常用到的卷积方式包括一维卷积和二维卷积。这里的维度指样本数据的维度。某种程度上，一维卷积可以理解为移动平均。如图8-1所示，输入信号序列，经过滤波器（也称卷积核）[-1,0,1]，得到卷积结果。一般而言，滤波器的长度要远小于输入数据的长度，图中连接边上的数字即滤波器的权重。将滤波器与输入序列逐元素相乘以得到输出序列中的一个元素。

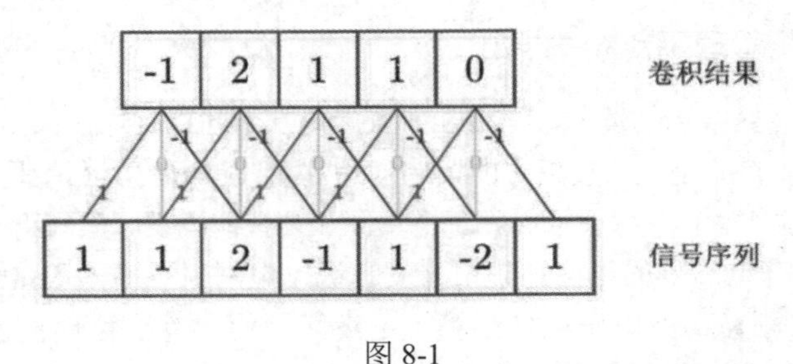

图8-1

1D-CNN是指一维卷积神经网络（1D Convolutional Neural Network），它是卷积神经网络的一种变体。1D-CNN主要用于处理一维序列数据，比如音频、文本等。与传统的全连接神经网络相比，1D-CNN可以更好地处理序列数据中的局部关系，因此在语音识别、自然语言处理、时间序列预测等任务中表现较好。

1D-CNN使用卷积层来提取序列数据中的特征。卷积层通过滑动一个固定大小的窗口在输入数据上进行卷积操作，提取窗口内的特征，然后将这些特征映射到下一层。与二维卷积神经网络（2D-CNN)类似，1D-CNN还可以使用池化层来减少特征映射的维度和计算量。一维卷积神经网络和二维卷积神经网络的不同在于卷积核的移动维度不同，而不是卷积核的维度。一维卷积神经网络的卷积核只会沿着时间步顺序进行卷积，故称为一维卷积神经网络，而二维卷积神经网络的卷积核会沿着图像的横轴和纵轴进行卷积，故称为二维卷积。

1D-CNN通常由多个卷积层和池化层交替组成，最后使用全连接层将提取的特征映射到输出。在训练过程中，1D-CNN使用反向传播算法来更新模型参数，以最小化损失函数。

1D-CNN主要由以下几部分组成。

- 输入层：接收一维序列数据作为模型的输入。
- 卷积层：使用一系列可训练的卷积核在输入数据上滑动并提取特征。卷积操作能够有效地提取局部信息，从而捕捉输入序列的局部模式。

- 激活函数：对卷积层的输出进行非线性变换，增强模型的表达能力。
- 池化层：通过对卷积层输出进行降维，减少计算量，同时提高模型的鲁棒性和泛化能力。
- 全连接层：将池化层的输出映射到模型的输出，通常用于分类、回归等任务。

在使用1D-CNN时，我们通常需要设置一些超参数，比如卷积核的大小、卷积层的个数、池化操作的方式、激活函数的选择等。这些超参数的选择会影响模型的性能和效率，需要通过实验进行调整。

1D-CNN 在处理时间序列数据方面表现良好，它能够自动提取数据中的重要特征，从而减少人工特征提取的工作量，同时具有较好的泛化性能。

对于一维卷积来说，序列顺序的特征提取是通过长的卷积核和池化层对序列的缩放实现的。一个比较长的卷积核可以直接提取其所能覆盖部分序列的顺序特征，当一维卷积网络使用池化层将序列缩短之后，第二层卷积每一个卷积核所能覆盖的序列长度会更长，这样就相当于捕捉到了序列更长的顺序特征。

对于 PyTorch 中的 Conv1D()，它的输入形式为 nn.Conv1d(batch, features, length)。

- batch：每次训练的批量数据大小。
- features：对于文本类型数据，就是每个文本的嵌入表示，也就是embedding_dim，对于时序数据，就是每个时间步对应的特征维度。
- length：对于文本就是序列长度，对于时序数据就是时间步的长度。

8.5　项目代码分析

本项目使用了一种基于一维卷积神经网络的方法对短期电力负荷进行预测，该方法将历史负荷数据作为输入，将输入向量构造为时间序列形式作为 Conv1D 网络的输入，建模学习特征内部动态变化规律，最后完成短期负荷预测。

本项目使用的数据集为某地区 2009—2015 年的用电负荷，时间片为每分钟，如图 8-2 所示。

	A	B	C	D	E	F	G	H	I	J	K	L	M	N
1	3210.842	3104.507	3037.706	2960.176	2889.227	2827.698	2772.514	2720.471	2666.587	2632.012	2595.506	2566.971	2531.124	2491.622
2	2163.988	2074.738	1999.625	1950.288	1889.142	1846.49	1800.414	1778.308	1746.278	1716.473	1702.273	1687.283	1667.648	1654.368
3	3109.127	3015.901	2938.306	2869.376	2815.772	2777.296	2725.378	2704.334	2665.856	2644.081	2627.558	2606.964	2587.877	2563.019
4	3307.753	3209.726	3125.514	3075.185	3028.709	2995.458	2956.236	2926.631	2893.666	2870.434	2843.707	2817.393	2789.377	2766.399
5	3295.416	3278.379	3232.314	3160.731	3124.226	3092.294	3064.081	3034.584	3007.335	2984.578	2962.252	2948.192	2922.828	2895.198
6	3780.427	3678.762	3583.492	3541.041	3473.686	3422.262	3368.35	3343.126	3304.072	3274.831	3250.066	3217.924	3193.514	3167.595
7	3746.874	3677.802	3608.526	3562.012	3504.419	3453.95	3412.273	3389.514	3350.03	3334.942	3295.007	3263.62	3241.226	3220.011
8	3786.991	3662.891	3593.442	3542.976	3484.109	3453.874	3414.919	3385.651	3342.555	3323.983	3294.34	3272.118	3246.498	3227.379
9	3766.356	3674.661	3590.993	3535.826	3485.191	3459.609	3419.992	3381.825	3346.408	3334.419	3310.429	3277.585	3258.522	3236.864
10	3771.246	3662.527	3595.076	3541.567	3449.614	3433.774	3391.757	3364.603	3315.173	3293.913	3175.73	3159.294	3135.656	3115.272
11	3583.963	3473.128	3395.721	3345.096	3275.39	3243.183	3204.422	3169.797	3125.954	3091.669	3071.791	3054.172	3031.37	2988.235
12	3232.269	3147.261	3094.936	3024.073	2981.409	2939.848	2906.012	2871.708	2850.289	2831.905	2799.995	2779.988	2749.919	2739.922
13	3676.66	3571.541	3506.575	3454.912	3388.404	3334.214	3297.2	3261.176	3228.219	3215.229	3188.184	3163.478	3138.074	3119.547
14	3671.294	3551.873	3496.574	3428.064	3360.519	3339.489	3306.879	3275.261	3218.084	3209.667	3173.815	3155.878	3140.413	3114.564
15	3632.574	3530.757	3451.078	3399.847	3328.437	3287.573	3247.68	3220.776	3176.215	3162.948	3141.723	3122.971	3081.592	3058.916
16	3516.938	3413.859	3335.011	3272.665	3211.134	3169.859	3137.071	3107.645	3073.367	3048.578	3007.188	2982.937	2965.06	2950.113
17	3375.098	3281.533	3201.177	3148.237	3093.38	3054.631	3007.737	2973.526	2932.916	2909.505	2881.263	2856.351	2840.162	2803.112

图 8-2

项目完整代码如下：

```
##########power_load_forecast.py###############
import matplotlib.pyplot as plt
import numpy as np
import pandas as pd
import torch
import torch.nn as nn
from sklearn.preprocessing import StandardScaler
from torch.utils.data import TensorDataset
from tqdm import tqdm

time_step = 1         # 时间步长，就是利用多少时间窗口
batch_size = 32       # 批次大小
input_dim = 1         # 每个步长对应的特征数量，使用每天 4 个特征，即最高、最低、开盘、落盘
hidden_dim = 64       # 隐藏层大小
output_dim = 1        # 由于是回归任务，因此最终输出层大小为 1
num_layers = 3        # BiGRU 的层数
epochs = 10
best_loss = 0
model_name = 'BiGRU'
save_path = './{}.pth'.format(model_name)

# 1.加载电力数据
df = pd.read_excel('./power_load_data.xlsx', header=None)
df = pd.DataFrame(df.values.reshape(-1, 1))[: 10000]

# 2.将数据进行标准化
scaler = StandardScaler()
scaler_model = StandardScaler()
data = scaler_model.fit_transform(np.array(df))
scaler.fit_transform(np.array(df.iloc[:, -1]).reshape(-1, 1))


# 形成训练数据，例如 12345 变成 12-3，23-4，34-5
def split_data(data, timestep):
    dataX = []  # 保存 X
    dataY = []  # 保存 Y

    # 将整个窗口的数据保存到 X 中，将未来一天保存到 Y 中
    for index in range(len(data) - timestep):
        dataX.append(data[index: index + timestep])
        dataY.append(data[index + timestep][0])

    dataX = np.array(dataX)
    dataY = np.array(dataY)

    # 获取训练集大小
    train_size = int(np.round(0.8 * dataX.shape[0]))

    # 划分训练集、测试集
    x_train = dataX[: train_size, :].reshape(-1, timestep, 1)
```

```
    y_train = dataY[: train_size]

    x_test = dataX[train_size:, :].reshape(-1, timestep, 1)
    y_test = dataY[train_size:]

    return [x_train, y_train, x_test, y_test]


# 3.获取训练数据   x_train: 1700,96,1
x_train, y_train, x_test, y_test = split_data(data, time_step)

# 4.将数据转为tensor
x_train_tensor = torch.from_numpy(x_train).to(torch.float32)
y_train_tensor = torch.from_numpy(y_train).to(torch.float32)
x_test_tensor = torch.from_numpy(x_test).to(torch.float32)
y_test_tensor = torch.from_numpy(y_test).to(torch.float32)

# 5.形成训练数据集
train_data = TensorDataset(x_train_tensor, y_train_tensor)
test_data = TensorDataset(x_test_tensor, y_test_tensor)

# 6.将数据加载成迭代器
train_loader = torch.utils.data.DataLoader(train_data,
                                   batch_size,
                                   True)

test_loader = torch.utils.data.DataLoader(test_data,
                                   batch_size,
                                   False)


# 定义一维卷积模块
class CNN(nn.Module):
    def __init__(self, output_dim, input_dim):
        super(CNN, self).__init__()
        self.conv1 = nn.Conv1d(input_dim, 50, 1)
        self.maxpool1 = nn.AdaptiveAvgPool1d(output_size=100)
        self.conv2 = nn.Conv1d(50, 100, 1)
        self.maxpool2 = nn.AdaptiveAvgPool1d(output_size=50)
        self.fc = nn.Linear(50 * 100, output_dim)

    def forward(self, x):
        # 输入形状：32，180 批次，序列长度
        #       x = x.transpose(1, 2) # 32，16，180 批次，词嵌入长度，序列长度

        x = self.conv1(x)         # 32, 50, 178
        x = self.maxpool1(x)      # 32, 50, 100
        x = self.conv2(x)         # 32, 100, 176
        x = self.maxpool2(x)      # 32, 100, 50
```

```
        x = x.reshape(-1, x.shape[1] * x.shape[2])  # 32, 100*50
        x = self.fc(x)  # 32, 2

        return x


model = CNN(output_dim=output_dim, input_dim=input_dim)
loss_function = nn.MSELoss()              # 定义损失函数
optimizer = torch.optim.Adam(model.parameters(), lr=0.01)  # 定义优化器

# 7.模型训练
for epoch in range(epochs):
    model.train()
    running_loss = 0
    train_bar = tqdm(train_loader)        # 形成进度条
    for data in train_bar:
        x_train, y_train = data           # 解包迭代器中的 X 和 Y
        optimizer.zero_grad()
        y_train_pred = model(x_train)
        loss = loss_function(y_train_pred, y_train.reshape(-1, 1))
        loss.backward()
        optimizer.step()

        running_loss += loss.item()
        train_bar.desc = "train epoch[{}/{}] loss:{:.3f}".format(epoch + 1,
                                                                  epochs,
                                                                  loss)

    # 模型验证
    model.eval()
    test_loss = 0
    with torch.no_grad():
        test_bar = tqdm(test_loader)
        for data in test_bar:
            x_test, y_test = data
            y_test_pred = model(x_test)
            test_loss = loss_function(y_test_pred, y_test.reshape(-1, 1))

    if test_loss < best_loss:
        best_loss = test_loss
        torch.save(model.state_dict(), save_path)

print('Finished Training')

# 8.绘制结果
plt.figure(figsize=(12, 8))
plt.plot(scaler.inverse_transform((model(x_train_tensor).detach().numpy()).resh
ape(-1, 1)), "b")
plt.plot(scaler.inverse_transform(y_train_tensor.detach().numpy().reshape(-1,
1)), "r")
```

```
plt.legend()
plt.show()

y_test_pred = model(x_test_tensor)
plt.figure(figsize=(12, 8))
plt.plot(scaler.inverse_transform(y_test_pred.detach().numpy()), "b")
plt.plot(scaler.inverse_transform(y_test_tensor.detach().numpy().reshape(-1, 1)),
"r")
plt.legend()
plt.show()
```

代码运行后，训练过程及结果如下：

```
    train epoch[1/10] loss:0.010: 100%|██████████████| 250/250 [00:02<00:00,
109.00it/s]
    100%|██████████████| 63/63 [00:00<00:00, 269.16it/s]
    train epoch[2/10] loss:0.007: 100%|██████████████| 250/250 [00:02<00:00,
89.48it/s]
    100%|██████████████| 63/63 [00:00<00:00, 238.86it/s]
    train epoch[3/10] loss:0.020: 100%|██████████████| 250/250 [00:02<00:00,
104.28it/s]
    100%|██████████████| 63/63 [00:00<00:00, 267.69it/s]
    train epoch[4/10] loss:0.020: 100%|██████████████| 250/250 [00:02<00:00,
94.33it/s]
    100%|██████████████| 63/63 [00:00<00:00, 186.32it/s]
    train epoch[5/10] loss:0.017: 100%|██████████████| 250/250 [00:03<00:00,
82.66it/s]
    100%|██████████████| 63/63 [00:00<00:00, 234.68it/s]
    train epoch[6/10] loss:0.034: 100%|██████████████| 250/250 [00:02<00:00,
103.22it/s]
    100%|██████████████| 63/63 [00:00<00:00, 229.67it/s]
    train epoch[7/10] loss:0.006: 100%|██████████████| 250/250 [00:02<00:00,
110.10it/s]
    100%|██████████████| 63/63 [00:00<00:00, 277.18it/s]
    train epoch[8/10] loss:0.012: 100%|██████████████| 250/250 [00:02<00:00,
113.73it/s]
    100%|██████████████| 63/63 [00:00<00:00, 264.51it/s]
    train epoch[9/10] loss:0.026: 100%|██████████████| 250/250 [00:02<00:00,
95.90it/s]
    100%|██████████████| 63/63 [00:00<00:00, 234.53it/s]
    train epoch[10/10] loss:0.011: 100%|██████████████| 250/250 [00:02<00:00,
103.88it/s]
    100%|██████████████| 63/63 [00:00<00:00, 223.28it/s]
    Finished Training
```

可视化结果如图 8-3 和图 8-4 所示。

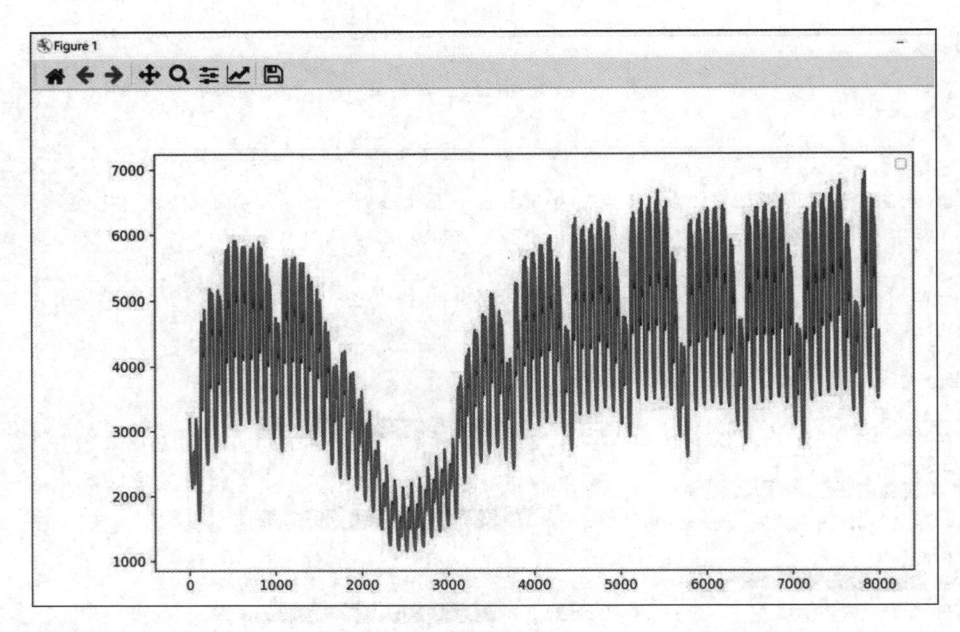
Figure 1
7000
6000
5000
4000
3000
2000
1000
0
1000
2000
3000
4000
5000
6000
7000
8000

图 8-3

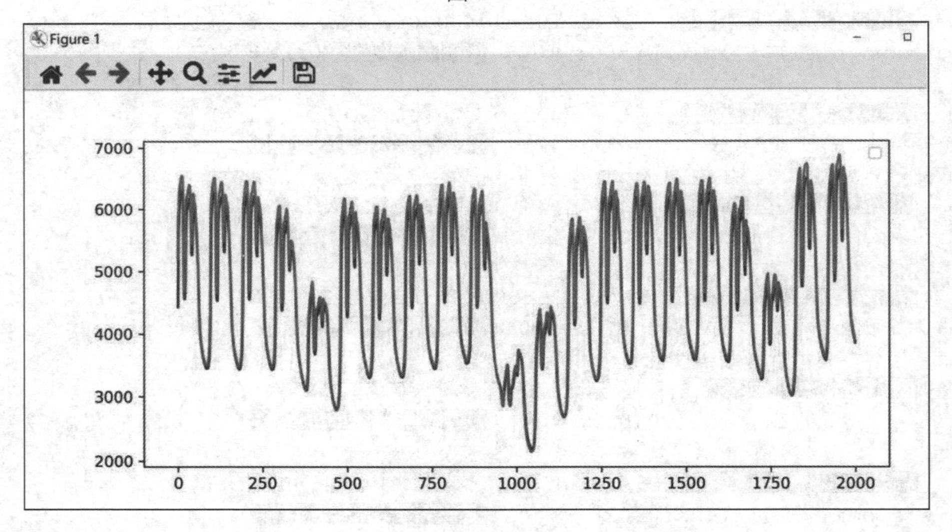
Figure 1
7000
6000
5000
4000
3000
2000
0
250
500
750
1000
1250
1500
1750
2000

图 8-4

第 9 章

空气质量识别分类与预测项目实战

9.1 空气质量识别分类与预测项目背景

我们知道雾霾天气是一种大气污染状态，PM2.5 被认为是造成雾霾天气的“元凶”，PM2.5 日均值越小，空气质量越好。空气质量评价的主要污染物为细颗粒物（PM2.5）、可吸入颗粒物（PM10）、二氧化硫（SO_2）、二氧化氮（NO_2）、臭氧（O_3）、一氧化碳（CO）6 项。2012 年上半年出台规定，将用空气质量指数（AQI）替代原有的空气污染指数（API）。AQI 共分 6 级，从一级优、二级良、三级轻度污染、四级中度污染，直至五级重度污染、六级严重污染。当 PM2.5 日均浓度达到 150 微克/立方米时，AQI 达到 200；当 PM2.5 日均浓度达到 250 微克/立方米时，AQI 达到 300；当 PM2.5 日均浓度达到 500 微克/立方米时，AQI 达到 500。如图 9-1 所示，空气质量按照空气质量指数大小分为6级，对应空气质量的 6 个类别，指数越大、级别越高，说明污染的情况越严重，对人体的健康危害也就越大。

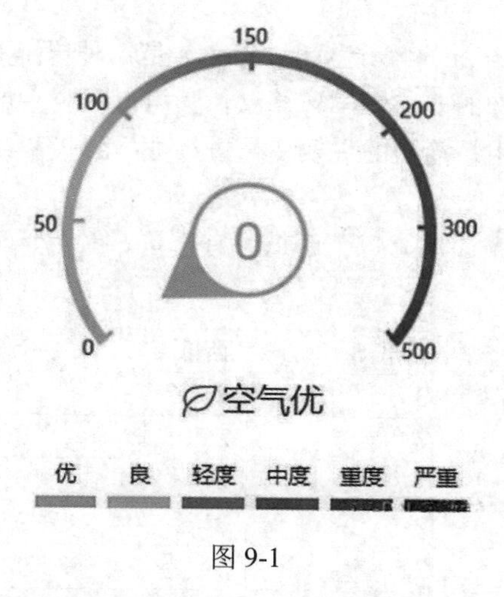

图 9-1

现在我们收集了多个城市的天气指标数据，数据样例如图 9-2 所示。

PM2.5	PM10	So2	No2	Co	O3	fcm
75	181	65	58	1.78	34	3
225	373	136	124	4.79	17	5
200	346	111	97	4.42	22	5
197	310	118	98	2.95	16	5
180	323	123	115	3.43	16	5
156	268	108	83	2.76	13	4
206	316	114	91	3.04	17	5
95	161	76	64	2.43	30	3
115	198	96	70	2.15	35	4
250	373	140	100	4.11	31	5
355	539	176	134	5.62	28	6
196	302	111	86	3.28	36	5
218	324	167	95	3.72	29	5
218	322	153	110	3.85	26	5
408	596	170	139	6.21	21	6
517	751	179	159	6.41	20	6
321	448	132	113	3.87	17	6
386	602	146	139	5.67	20	6
303	499	124	122	4.71	22	6

图 9-2

数据中字段 fcm 分类表示数据的类别：

- 数字1表示空气质量为优。
- 数字2表示空气质量为良。
- 数字3表示空气质量为轻度污染。
- 数字4表示空气质量为中度污染、雾霾。
- 数字5表示空气质量为重度污染、雾霾。
- 数字6表示空气质量为严重污染、雾霾。

9.2　主成分分析

主成分分析（Principle Component Analysis，PCA）是一种传统的统计学方法，被机器学习领域引入后，通常被认为是一种特殊的非监督学习算法，其可以对复杂或多变量的数据进行预处理，以减少次要变量，便于进一步使用精简后的主要变量进行数学建模和统计学模型的训练，所以主成分分析又被称为主变量分析。

举个例子，朱小明买了 5 个西瓜，每个西瓜都有重量、颜色、形状、纹路、气味 5 种属性，如图 9-3 所示。

序号	西瓜 A	西瓜 B	西瓜 C	西瓜 D	西瓜 E
重量	1	3	2	8	8
颜色	1	2	2	8	9
形状	6	7	6	6	7
纹路	3	2	3	9	9
气味	1	2	1	1	1

图 9-3

这里的离散属性我们已经做了某种数字化处理，比如颜色数值越小越接近浅黄色，颜色数值越大越接近深绿色，形状数值越接近 1 代表越接近球形等。

朱小明回到家，观察了西瓜的 5 种属性，他觉得对于这 5 个西瓜来说，形状和重量对比，形状是完全没有必要关注的，可以直接丢弃不看，因为差异才是信息。比如对于西瓜的重量属性和形状属性，把西瓜的重量属性 x 和形状属性 y 拿出来画图，如图 9-4 所示，这看上去是两种不同的性质。

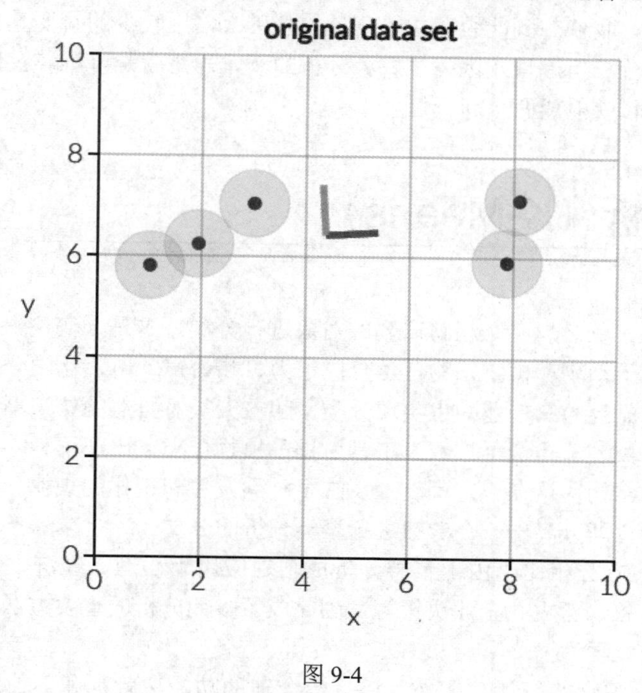

图 9-4

从数据分布上估计，如图 9-5 所示，相比 x 属性来说，y 属性的方差（Variance）不大，即所有的西瓜这个属性都不怎么变化。因此，比较所有的西瓜时其实不用考虑 y 这一属性（反正所有西瓜的 y 属性数值都差不多相同，所以就不用关注了）。

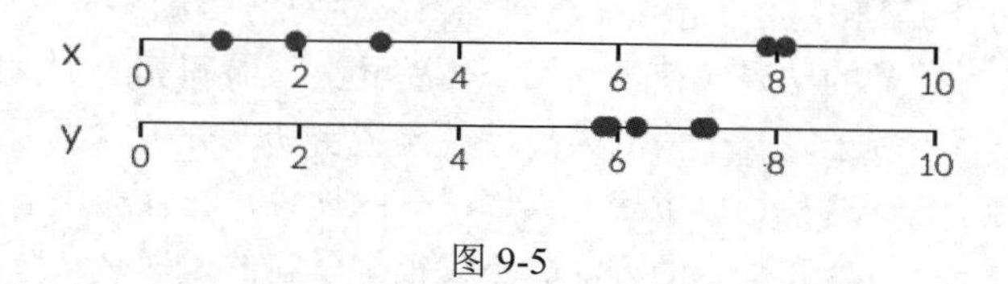

图 9-5

在数据科学和统计应用中，通常需要对含有多个变量的数据进行观测，收集后进行分析，然后寻找规律，从而建模分析或者预测。多变量的大数据集固然不错，但是也在一定程度上增加了数据采集的工作量，以及分析问题和建立模型的复杂性。

因此，需要找到一种合理的方法来减少需要分析的指标（即所谓的降维），以及尽量减少降维带来的信息损失，达到对所收集的数据进行全面分析的目的。由于各变量之间存在一定的相关关系，因此可以考虑将关系紧密的变量变成尽可能少的新变量，使这些新变量是两两不相关的，那么就可以用较少的综合指标分别代表存在于各个变量中的各类信息。

前面举的西瓜的例子过于简单，显然形状和气味的属性差异太小，可以直接舍弃。但更一般的情形是，某一些变量的线性组合才会差异很小，如果要降低维度，消减多余的属性，我们必须要找到这种组合（在实际生活中，很多变量中可能存在两种变量线性相关，造成信息冗余，实际上我们可以舍弃其中一种变量，在这里就表现为当存在某两种属性的数值其线性组合接近0时，可以舍弃其中一个变量）。

天气数据中的变量有6个，这增加了分析问题的难度与复杂性，而且数据中多个变量之间具有一定的相关关系。因此，我们想到能否在相关分析的基础上，用较少的新变量代替原来较多的旧变量，这里就采用了主成分分析原理，因为主成分分析的基本思想就是降维。我们可以用主成分分析原理将6个变量通过变化映射成两个新变量。

9.3　聚类分析（K-Means）

聚类(Cluster)分析，顾名思义是指将研究的对象进行分类，这是人们认识世界最基本的方法。生物学家通过分类区分了动物和植物，物理学分成了力、热、声、电，化学分成了有机和无机。古老的分类学，人们主要靠经验和专业知识实现分类，随着人类对自然的认识不断加深，仅靠经验和专业知识已不能准确分类，于是最早把数学工具引进了植物分类，出现了种、属、科、目、纲、门和界的自大而小的阶梯结构，这在一定程度上反映了种系发生和进化的规律。后来随着多元分析的引进，从植物分类学中逐渐分离出一个专门进行聚类分析的分支。

与多元分析的其他方法相比，由于聚类分析成功地应用于心理、经济、社会、管理、医学、地质、生态、地震、气象、考古、企业决策等，因此成了多元分析的重要方法，统计包中都有丰富的软件对数据进行聚类处理。

另外，聚类分析除独立的统计功能外，还有一个辅助功能，就是和其他统计方法配合，对数据进行预处理。例如，当总体不清楚时，可对原始数据进行聚类，根据聚类后相似的数据各自建立回归分析，分析的效果会更好。同时，如果聚类不是根据个案，而是对变量先进行聚类，聚类的结果可以在每一类推出一个最有代表性的变量，从而减少进入回归方程的变量数。

总而言之，聚类分析是研究按一定特征对研究对象进行分类的多元统计方法，它并不关心特征及变量间的因果关系。分类的结果应使类别间个体差异大，而同类的个体差异相对要小。例如，同学间会自然地形成一些小圈子，圈子内的人际关系比较密切，分析其原因，可能是爱好、家庭背景、性格、学习成绩相近等，这种物以类聚、人以群分的现象，在社会生活中是普遍存在的。分类法也是人类认识自然的一种古老和基本的方法。不仅很多学科的发展是从分类开始的，而且分类对学科起到了关键作用。

本项目中采用K-Means迭代求解的聚类分析算法，主要步骤是：预将数据分为K组，系统随机选取K个对象作为初始的聚类中心，然后计算每个对象与各个种子聚类中心之间的距离，把每个对象分配给距离它最近的聚类中心。聚类中心以及分配给它们的对象就代表一个聚类。每分配一个样本，聚类的聚类中心会根据聚类中现有的对象重新计算。这个过程将不断重复直到满足某个终止条件。聚类算法直接调用Python中的机器学习库sklearn.cluster中的K-Means算法。当数据没有类别标注的时候，我们可以采用无监督学习聚类分析从而标注每条数据的簇类。

9.4 项目代码分析

本项目使用基于 PyTorch 的卷积神经网络实现空气质量的识别分类与预测。

全部代码如下：

```
###########weather.py#######################
import torch
import torch.nn as nn
import torch.utils.data as Data
import numpy as np
import datetime
import csv
import time
import matplotlib.pyplot as plt
import pandas as pd
from sklearn.cluster import KMeans
from sklearn.decomposition import PCA
import os

os.environ['KMP_DUPLICATE_LIB_OK'] = 'TRUE'
data =pd.read_csv("weather.csv",encoding='gb18030')
print(data)

pca = PCA(n_components=2)
new_pca = pd.DataFrame(pca.fit_transform(data))
X = new_pca.values
print(new_pca)

kms = KMeans(n_clusters=6,n_init='auto') # 6 表示聚类的个数
#获取类别标签
Y= kms.fit_predict(data)
data['class'] = Y
data.to_csv("weather_new.csv",index=False) #保存文件

#绘制聚类发布图
d = new_pca[Y == 0]
plt.plot(d[0], d[1], 'r.')
d = new_pca[Y == 1]
plt.plot(d[0], d[1], 'g.')
d = new_pca[Y == 2]
plt.plot(d[0], d[1], 'b.')
d = new_pca[Y == 3]
plt.plot(d[0], d[1], 'y.')
d = new_pca[Y == 4]
plt.plot(d[0], d[1],'c.')
d = new_pca[Y == 5]
plt.plot(d[0], d[1],'k.')
plt.show()
```

```
class MyNet(nn.Module):
    def __init__(self):
        super(MyNet, self).__init__()
        self.con1 = nn.Sequential(
            nn.Conv1d(in_channels=1, out_channels=64, kernel_size=3, stride=1, 
padding=1),
            nn.MaxPool1d(kernel_size=1),
            nn.ReLU(),
        )
        self.con2 = nn.Sequential(
            nn.Conv1d(in_channels=64, out_channels=128, kernel_size=3, stride=1, 
padding=1),
            nn.MaxPool1d(kernel_size=1),
            nn.ReLU(),
        )
        self.fc = nn.Sequential(
            # 线性分类器
            nn.Linear(128 * 6 * 1, 128),
            nn.ReLU(),
            nn.Linear(128, 6),
            # nn.Softmax(dim=1),
        )
        self.mls = nn.MSELoss()
        self.opt = torch.optim.Adam(params=self.parameters(), lr=1e-3)
        self.start = datetime.datetime.now()

    def forward(self, inputs):
        out = self.con1(inputs)
        out = self.con2(out)
        out = out.view(out.size(0), -1)  # 展开成一维
        out = self.fc(out)
        return out

    def train(self, x, y):
        out = self.forward(x)
        loss = self.mls(out, y)
        self.opt.zero_grad()
        loss.backward()
        self.opt.step()

        return loss

    def test(self, x):
        out = self.forward(x)
        return out

    def get_data(self):
        with open('weather_new.csv', 'r') as f:
            results = csv.reader(f)
```

```
            results = [row for row in results]
            results = results[1:1500]
        inputs = []
        labels = []
        for result in results:
            # one-hot 独热编码
            one_hot = [0 for i in range(6)]
            index = int(result[6]) - 1
            one_hot[index] = 1
            labels.append(one_hot)
            input = result[:6]
            input = [float(x) for x in input]

            inputs.append(input)

        time.sleep(10)
        inputs = np.array(inputs)
        labels = np.array(labels)
        inputs = torch.from_numpy(inputs).float()
        inputs = torch.unsqueeze(inputs, 1)

        labels = torch.from_numpy(labels).float()
        return inputs, labels

    def get_test_data(self):
        with open('weather_new.csv', 'r') as f:
            results = csv.reader(f)
            results = [row for row in results]
            results = results[1500: 1817]
        inputs = []
        labels = []
        for result in results:
            label = [result[6]]
            input = result[:6]
            input = [float(x) for x in input]
            label = [float(y) for y in label]
            inputs.append(input)
            labels.append(label)
        inputs = np.array(inputs)

        inputs = torch.from_numpy(inputs).float()
        inputs = torch.unsqueeze(inputs, 1)
        labels = np.array(labels)
        labels = torch.from_numpy(labels).float()
        return inputs, labels

if __name__ == '__main__':
    EPOCH = 100
    BATCH_SIZE = 50
```

```
net = MyNet()
x_data, y_data = net.get_data()
torch_dataset = Data.TensorDataset(x_data, y_data)
loader = Data.DataLoader(
    dataset=torch_dataset,
    batch_size=BATCH_SIZE,
    shuffle=True,
    num_workers=2,
)
for epoch in range(EPOCH):
    for step, (batch_x, batch_y) in enumerate(loader):
        # print(step)
        # print(step,'batch_x={};  batch_y={}'.format(batch_x, batch_y))
        a = net.train(batch_x, batch_y)
        print('step:',step,a)
# 保存模型
torch.save(net, 'net.pkl')

# 加载模型
net = torch.load('net.pkl')
x_data, y_data = net.get_test_data()
torch_dataset = Data.TensorDataset(x_data, y_data)
loader = Data.DataLoader(
    dataset=torch_dataset,
    batch_size=100,
    shuffle=False,
    num_workers=1,
)
num_success = 0
num_sum = 317
for step, (batch_x, batch_y) in enumerate(loader):
    # print(step)
    output = net.test(batch_x)
    # output = output.detach().numpy()
    y = batch_y.detach().numpy()
    for index, i in enumerate(output):
        i = i.detach().numpy()
        i = i.tolist()
        j = i.index(max(i))
        print('输出为{}标签为{}'.format(j+1, y[index][0]))
        loss = j+1-y[index][0]
        if loss == 0.0:
            num_success += 1
print('正确率为{}'.format(num_success/num_sum))
```

输出结果如下：

```
...
输出为 3 标签为 3.0
输出为 4 标签为 4.0
输出为 5 标签为 5.0
```

```
输出为 1 标签为 1.0
输出为 3 标签为 3.0
输出为 3 标签为 3.0
输出为 3 标签为 3.0
输出为 4 标签为 4.0
正确率为 0.9495268138801262
```

聚类图中将数据用不同颜色分为 6 类，从图 9-6 中可以直观看到数据位置相近的分为一类。

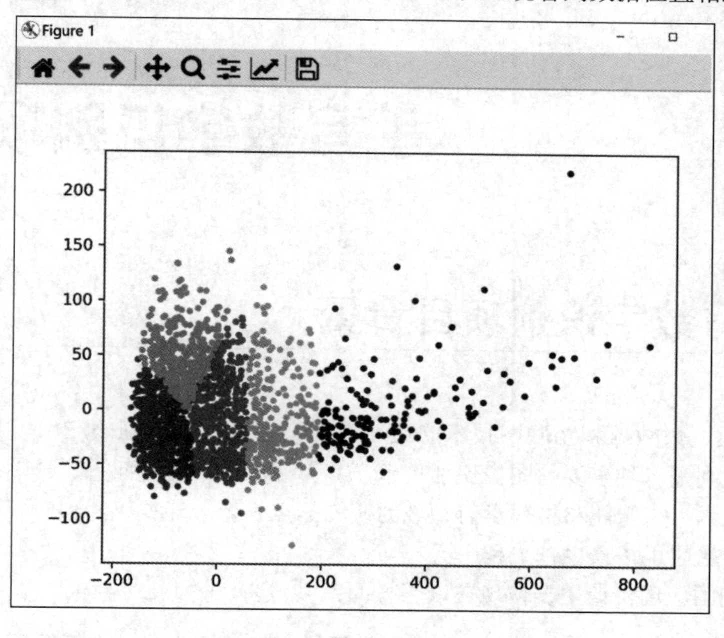

图 9-6

第 10 章

手写数字识别项目实战

10.1　手写数字识别项目背景

随着人工智能、大数据和物联网技术的迅速发展，手写数字识别的应用场景和需求也将不断扩大。手写数字识别是一种重要的图像识别技术，其主要应用于智能问答、自然语言处理、图像识别等领域，并已成为人工智能和机器学习领域的研究热点。随着计算机和移动互联网技术的不断发展，手写数字识别的应用场景也越来越广泛。

手写数字识别的应用价值主要体现在以下方面：

（1）数字验证码识别：数字验证码是一种常用的人机验证方式，在互联网登录、注册、支付等业务中广泛应用。手写数字识别技术可以自动识别数字验证码，提高用户体验和识别效率，增强安全性。

（2）自然语言处理和智能问答：手写数字识别技术可用于解析手写数字的文本信息，从而实现智能问答和自然语言处理中的数字信息抽取和识别。

（3）财务管理和移动支付：随着移动支付和电子银行的发展，手写数字识别技术可以快速和准确地识别用户输入的数字金额，并进行财务记账、支付和结算等业务处理。

针对手写数字识别，本项目旨在提出并实现一种高效、准确的手写数字识别算法。首先，基于 PyTorch 的深度学习技术借助卷积神经网络等方法，从传统方法和深度学习方法中选择合适的模型。其次，对手写数字进行训练和识别，优化手写数字识别的效率和准确率，并进行性能指标评估。最终将其落实到实际场景中，促进深度学习技术在现实生活中的应用。

10.2　手写数字数据集

本项目使用的数据集为 MNIST，是一个包含手写数字图片的数据集，共有 60 000 幅训练图片和 10 000 幅测试图片。该数据集是计算机视觉研究领域广泛使用的经典数据集之一，可以用于训练和测试机器学习算法的性能。

MNIST 数据集来自美国国家标准与技术研究所（National Institute of Standards and Technology，NIST）。该数据集中包含的训练集来自 250 个不同人手写的数字，其中 50% 是高中学生，50% 来自人口普查局（the Census Bureau）的工作人员。

MNIST 数据集的每幅图片都是 28×28（784）像素的灰度图像，像素值为 0~255 的整数。如果将每个像素视为一个特征，则每幅图片都有 784 个特征。标签是 0~9 的整数，表示图片中的手写数字。本项目的数据集目录格式如图 10-1 所示。

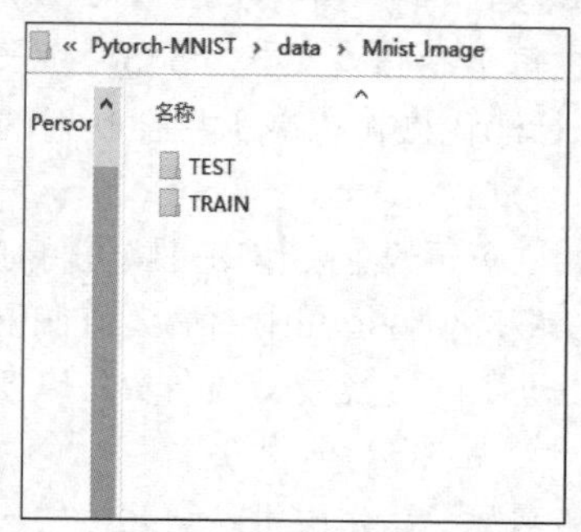

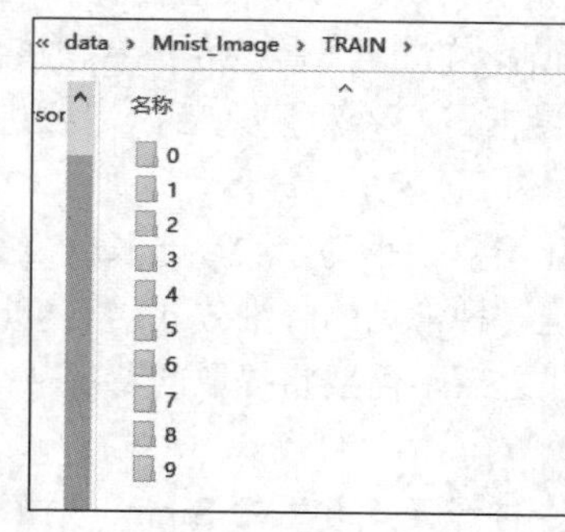

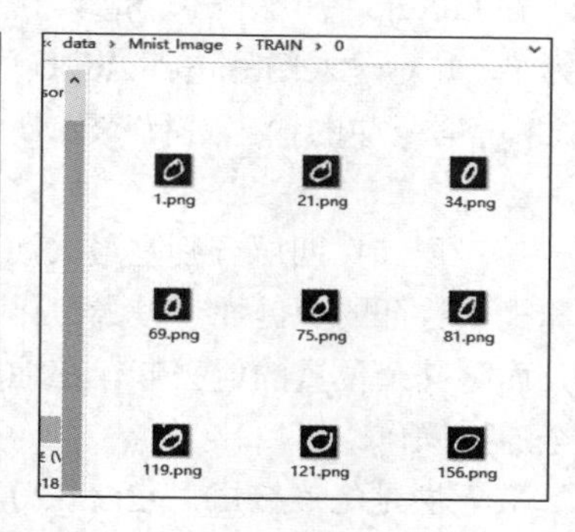

图 10-1　数据集存储目录结构图

在使用 MNIST 数据集之前，需要对数据进行一些预处理。首先，需要将像素值进行归一化，即像素值除以 255，使得每个像素的值都在 0 和 1 之间。其次，需要将数据集分为训练集和测试集，通常使用 5:1 的比例。最后，为了避免模型过拟合，通常还需要对数据进行数据增强处理，如旋转、翻转和缩放。

10.3　LeNet5 模型构建

本项目使用的 LeNet5 是一个经典的卷积神经网络模型，由 Yann LeCun 在 1998 年提出，这是深度学习领域中的里程碑式工作之一。

LeNet5 最初是针对手写数字识别任务而设计的。它是一个由基本卷积、池化和全连接层组成的卷积神经网络模型。与传统的神经网络模型不同，LeNet5 利用卷积和池化等操作在保留原始图像信息的同时，大大减少了模型中需要学习的参数数量，从而增强了模型的效率和鲁棒性。LeNet5 的网络结构相对较小，可以在相对较少的训练数据上进行有效训练，因此适用于大多数计算机视觉领域的低级别分类和识别任务。

LeNet5 网络结构包含 7 层，其中包括两个卷积层、两个池化层和三个全连接层。LeNet5 的网络结构示意如图 10-2 所示。

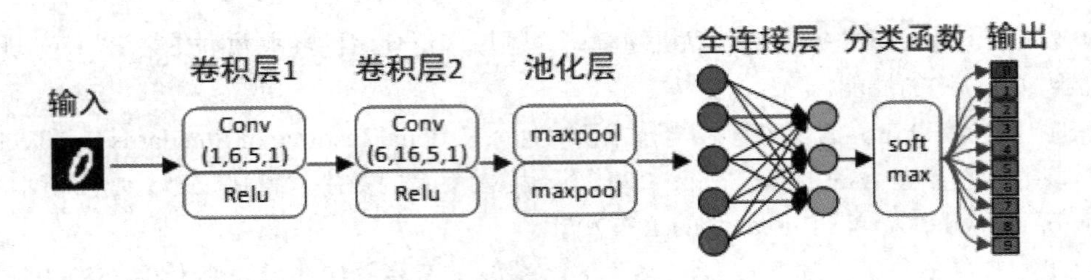

图 10-2

在 LeNet5 中，第一层和第二层是卷积层。第一层包含 6 个卷积核，每个卷积核大小为 5×5，步长为 1，并对输入图片进行 ReLU 激活。第二层包含 16 个卷积核，每个卷积核大小为 5×5，步长为 1，并对第一层的输出进行 ReLU 激活。在卷积层之后，需要进行池化操作以减少特征映射的大小。

第三层和第四层分别是最大池化层，大小为 2×2，步长为 2。这两层的主要作用是降低特征维度和提取特征的稳健性。最大池化是一种常见的降维方式，它可以将每个特征图中的最大值保留下来，而将其余位置的值丢弃。在池化之后，需要将提取的特征从二维矩阵转换成一维向量，以便进行全连接操作。

第五层是全连接层，包含 120 个神经元，并采用 Sigmoid 激活函数。第六层也是全连接层，包含 84 个神经元，并采用 Sigmoid 激活函数。最后一层是全连接层，包含 10 个神经元，对应 10 个输出类别，不采用激活函数。

本项目的模型构建采用 PyTorch 框架，模型代码如图 10-3 所示。

```
class LeNet5(nn.Module):
    def __init__(self):  # 初始化函数
        super(LeNet5,self).__init__()# 多基层一般使用super
        self.conv1 = nn.Conv2d(1, 6, 5)# 定义第一个卷积层，1是通道数灰度图片，6是卷积核个数，5是卷积核大小
        self.pool1 = nn.MaxPool2d(2, 2)# 池化核大小2*2，步距也为2，池化层，只改变高和宽，深度不改变
        self.conv2 = nn.Conv2d(6, 16, 5)# 输入变为6，因为通过第一个卷积层有6个卷积核，输出深度为6
        self.pool2 = nn.MaxPool2d(2, 2)
        self.fc1 = nn.Linear(16*4*4, 120) # 展开成一维的，第一层120个节点，输入16×4×4个节点
        self.fc2 = nn.Linear(120, 84) # 输入120，设置84个节点
        self.fc3 = nn.Linear(84, 10) # 输出根据训练集修改
        self.drop = nn.Dropout(0.09)

    def forward(self,x):
        x = self.pool1(F.relu(self.conv1(x))) # input(1,28,28),output1(6,24,24) output2(6,12,12)
        x = self.pool2(F.relu(self.con (parameter) x: Any ,12),output1(16,8,8) output2(16,4,4)
        x = x.view(-1, 16*4*4) # -1第
        x = self.drop(F.relu(self.fc1(x))) # 全连接层1及其激活函数
        x = self.drop(F.relu(self.fc2(x))) # 全连接层3得到输出
        x = self.drop(self.fc3(x))
        return x
```

图 10-3

10.4 模型训练和测试

10.4.1 损失函数

本项目选择交叉熵函数作为模型训练损失，是一种衡量两个概率分布之间的差异性的度量方式。假设有两个概率分布 P 和 Q，其中 P 是真实的概率分布，Q 是我们模型预测的概率分布。交叉熵的计算方式是将 P 分布的每个元素与 Q 分布的对应元素相乘，并对结果取自然对数，再把所有结果求和并取相反数。交叉熵损失函数的公式如下：

$$L=\frac{1}{N}\sum_{i}L_i=-\frac{1}{N}\sum_{i}\sum_{c=0}^{M}y_{ic}\log\left(p_{ic}\right) \tag{1}$$

其中，M 是类别数量；y_{ic} 是符号函数（0 或 1），如果样本 i 的真实类别等于 c 则取 1，否则取 0；Pic 是观测样本 i 属于类别 c 的预测概率。

交叉熵在分类问题中有很多优点，主要包括以下几点。

（1）对分类错误惩罚更重：在分类问题中，正确分类的概率大，损失函数的值会变小，而分类错误的概率小，损失函数的值会变大。这符合我们在分类问题中希望达到的目标——尽可能减少分类错误的概率。

（2）函数平滑且易于优化：交叉熵损失函数是连续的凸函数，并且梯度相对比较大，这使得它在训练过程中有较好的收敛性。

（3）适用于多分类问题：交叉熵损失函数能够很好地应用于多分类问题，不论类别数目有多少，都可以通过公式计算出损失函数的值。

（4）能够表示概率分布之间的差异性：交叉熵是一种用来衡量两个概率分布之间的差异性的度量方式，因此可以有效地描述训练集和测试集之间的差异，以及模型预测和真实标签之间的差异。

10.4.2 优化器

Adam 优化器是一种自适应梯度下降算法，是梯度下降算法的一种变种。它不仅根据梯度更新参数，还根据历史梯度信息来更新参数，因此具有更好的效果。Adam 由两部分组成，梯度一阶矩和二阶矩的估计。它通过计算梯度的指数加权平均数来计算梯度的一阶矩估计，通过计算梯度平方的指数加权平均数来计算梯度的二阶矩估计。Adam 更新的公式如下：

$$m_t=\text{beta}_1*m_{t-1}+\left(1-\text{beta}_1\right)*g \tag{2}$$

$$v_t=\text{beta}_2*v_{t-1}+\left(1-\text{beta}_2\right)*g^2 \tag{3}$$

$$\text{variable}=\text{variable}-lr_t*m_t/\left(\sqrt{v_t}+\varepsilon\right) \tag{4}$$

公式 2：计算历史梯度的一阶指数平滑值，用于得到带有动量的梯度值。

公式 3：计算历史梯度平方的一阶指数平滑值，用于得到每个权重参数的学习率权重参数。

公式 4：计算变量更新值，由公式 4 可知，变量更新值与历史梯度的一阶指数平滑值成正比，与历史梯度平方的一阶指数平滑值成反比。

Adam 具有动量优化器和 RMSProp 优化器的特性，通过梯度一阶矩的估计实现了动量优化器的效果，通过梯度二阶矩的估计实现了 RMSProp 优化器的效果。其优势包含以下几点：

- 具有自适应性：Adam优化器具有自适应性，能够自动调整每个参数的学习率，并根据历史梯度信息自适应调整学习率。这使得它相较于传统的随机梯度下降等优化器具有更好的效果。
- 收敛速度快：Adam优化器在大多数情况下有更快的收敛速度，这是因为它具有动量优化器和RMSProp优化器的特性，能够更好地利用梯度信息来更新模型参数。
- 鲁棒性强：Adam优化器对超参数的选择要求不是很高，训练效果不容易受到学习率的影响，能够减少调参的时间。

适用于大规模数据集、参数量大的模型：Adam 优化器适用性强，适用于大规模数据集、参数量大的模型，尤其是在深度神经网络中。

10.4.3　超参数设置

在深度学习中，超参数是指那些需要预先设定并不在训练中被改变的参数，如学习率、批大小、迭代次数等。这些参数对模型的性能和训练速度起着重要的作用。在本项目中，设置的超参数如下。

- 学习率：0.001。
- 批大小：32。
- 迭代次数：60。
- 损失函数：交叉熵损失函数。
- 优化器：Adam优化器。

10.4.4　性能评估

模型分类性能指标评估是对模型进行性能评价的重要手段，下面将从准确率手写数字识别模型进行评估。模型准确率是指正确预测的样本数与总样本数的比例，是评价模型性能的重要指标。其公式为：

$$\text{accuracy} = (\text{TP} + \text{TN}) / (\text{TP} + \text{FP} + \text{TN} + \text{FN}) \tag{5}$$

其中，TP 表示真正类，TN 表示真负类，FP 表示假正类，FN 表示假负类。在手写数字识别中，我们将任意一个数字都判断为正类（正确数字为 0~9 中的一个），因此准确率是所有正确预测的样本数除以总的样本数。

本项目在 MNIST 测试集上对训练后的 LeNet5 模型进行了验证评估，其实验结果如图 10-4 所示。从结果可以看到测试集准确率达到 95%。

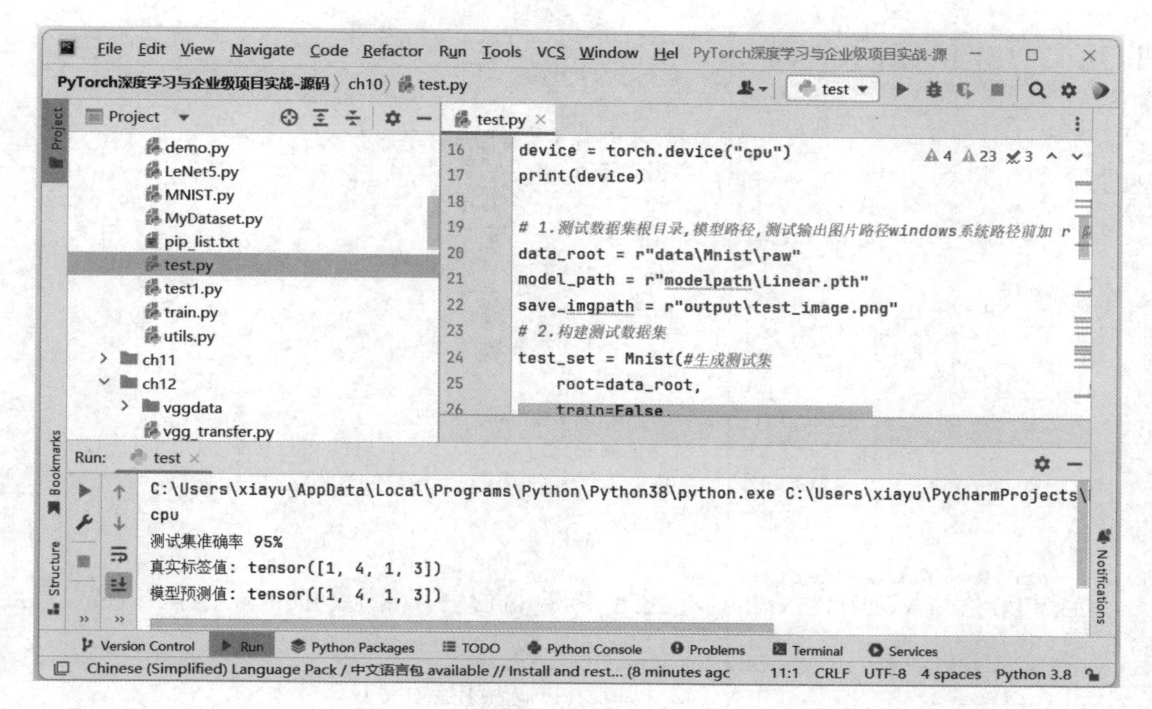

图 10-4

10.5　项目完整代码介绍

本项目基于 PyTorch 框架实现了基于 LeNet-5 模型的手写数字识别项目。在该项目中，我们利用经典的 MNIST 手写数字数据集进行了模型训练和测试。具体而言，我们采用 LeNet-5 模型作为识别模型。该模型包含两个卷积层和三个全连接层，其中卷积层用于特征提取，全连接层用于分类任务。

在模型训练中，我们使用 PyTorch 框架实现了数据输入、前向传播、反向传播和参数更新等步骤。同时，我们采用随机梯度下降算法作为优化器，并结合 Adam 算法进行训练过程中的学习率调整。在模型测试中，我们使用测试集对训练好的 LeNet-5 模型进行测试，并计算模型的准确率评价指标。

```
########### train.py 手写数字识别模型训练代码##############################
import torch
import torchvision.transforms as transforms
import torch.optim as optim#优化器
from torch.utils.data import DataLoader
from lib.datasets.MyDataset import MyDataset
from lib.models.LeNet5 import LeNet5

# 0.如果 GPU 可以使用，则在 GPU 中运算
device = torch.device("cuda:0" if torch.cuda.is_available() else "cpu")#判断能否调
```

```
用 GPU
print(device)

# 1.设定训练数据集根目录，保存的模型路径，训练损失函数图片保存路径
main_dir = r"data\Mnist_Image" #数据集路径
model_path = r"modelpath\Linear.pth"
save_imgpath = r"output\train_loss.png"

# 2.构建训练集
train_set = MyDataset(
    main_dir=main_dir,
    is_train=True,
    transform=transforms.Compose([#Compose 方法是将多种变换组合在一起
        transforms.ToTensor(),#函数接受 PIL Image 或 numpy.ndarray，将其先由 HWC 转置为 CHW 格式
        transforms.Normalize((0.1037,), (0.3081,))#灰度图像，一个通道，数据标准化
    ])
)
train_loader = DataLoader(
    #主要用来将自定义的数据读取接口的输出或者 PyTorch 已有的数据读取接口的输入按照 batch size 
封装成 Tensor
    dataset=train_set,          #输出的数据
    batch_size=32,              #单张 GPU 训练大小，显存不足时调小
    shuffle=True                #将元素随机排序
)

# 3.构建网络模型
net = LeNet5().to(device)   #将网络放进 GPU

# 4.定义损失函数和优化器
loss_function = torch.nn.CrossEntropyLoss()
optimizer = optim.SGD(
    net.parameters(),           #网络参数
    lr=0.001,                   #学习率
    momentum=0.9
    #Momentum 用于加速 SGD（随机梯度下降）在某一方向上的搜索
)

# 5.训练模型并保存训练后的权重
loss_list = []#保存损失函数的值
for epoch in range(10):         #训练 10 次
    running_loss = 0.0          #误差清零
    for batch_idx, data in enumerate(train_loader, start=0):#enumerate 索引函数
        images, labels = data                               # 读取一个 batch 的数据
        images=images.to(device)                            # 将 images 放进 GPU
        labels=labels.to(device)                            # 将 labels 放进 GPU
        optimizer.zero_grad()                               # 梯度清零，初始化
        outputs = net(images)
        # 前向传播
        loss = loss_function(outputs, labels)               # 计算误差，label 标准
        loss.backward()                                     # 反向传播
```

```
        optimizer.step()                                        # 权重更新
        running_loss += loss.item()                             # 误差累计

        # 每 300 个 batch 打印一次损失值
        if batch_idx % 300 == 299:# (0-299) (300-599)
            print('epoch:{} batch_idx:{} loss:{}'
                  .format(epoch+1, batch_idx+1, running_loss/300))
            loss_list.append(running_loss/300)#将新的每个平均误差加到损失函数列表后面
            running_loss = 0.0                                  #误差清零

torch.save(net.state_dict(),r"modelpath\Linear.pth")    #保存训练模型
print('Finished Training.')

# 6.打印损失值变化曲线
import matplotlib.pyplot as plt
plt.plot(loss_list)
plt.title('traning loss')
plt.xlabel('epochs')
plt.ylabel('loss')
plt.savefig(save_imgpath)
plt.show()
```

代码运行后，生成的模型训练损失曲线图如图 10-5 所示。

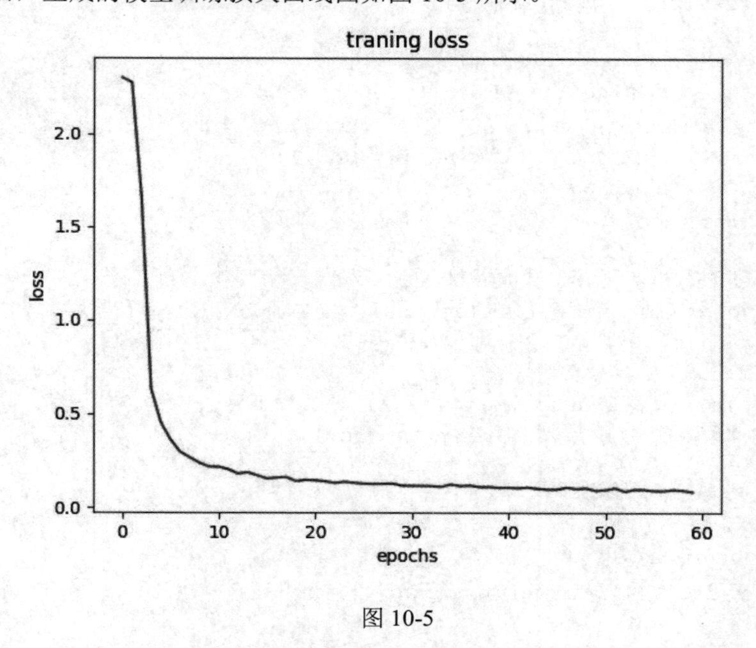

图 10-5

实验结果表明，LeNet-5 模型在手写数字识别任务中表现良好。经过多次实验，我们得到了一个准确率高达 95%的模型。同时，该模型在多个评价指标上也表现出优异的性能，可以较好地解决手写数字识别问题。

```
#####################预测手写数字图片代码 demo.py##############################
import torch
```

```
import torchvision.transforms as transforms
from lib.models.LeNet5 import LeNet5
import matplotlib.pyplot as plt
import numpy as np

# 0.如果 GPU 可以使用，则在 GPU 中运算
device = torch.device("cuda:0" if torch.cuda.is_available() else "cpu")#判断能否调用 GPU

# 1.设置测试图片路径，模型的路径，测试图片可直接采用计算机画板绘制：大小{28×28}，白底黑字即可
img_path = r"my_image\slh_8.png"
model_path = r"modelpath\Linear.pth"

# 2.构建网络并加载权重
net=LeNet5()
net.load_state_dict(torch.load(model_path))#调用训练好的网络
net.to(device)

# 3.加载输入图片
from PIL import Image
I = Image.open(img_path)
L = I.convert('L') #转换为二值图像
L = Image.fromarray(255 - np.array(L)) # 将白底黑字转为黑底白字，与 MNIST 数据集同步

# 4.将 Image 类型数据转为 tensor 类型，并进行归一化处理
transform=transforms.Compose([
       transforms.ToTensor(),
       transforms.Normalize((0.1037,), (0.3081,))
])
im = transform(L)  # [C, H, W]

# 5.扩展输入维度，并进行模型预测，打印预测结果
im = torch.unsqueeze(im, dim=0).to(device)  # [N, C, H, W]
with torch.no_grad():
   outputs = net(im)
   _, predict = torch.max(outputs.data, 1)
   print("输入图片预测数字为：{}".format(predict))

# 6.显示输入图片
if True:
   plt.imshow(L, cmap='gray')
   plt.title("predict:{}".format(predict[0]))
   plt.show()
```

运行代码，最终提示“输入手写数字图片的预测数字为：tensor([8])”，表示预测的数字为 8，相应的图像如图 10-6 所示。

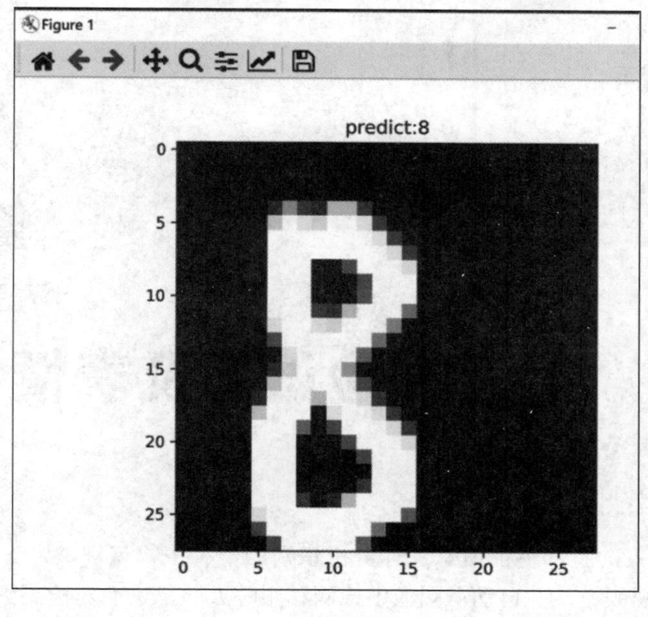

图 10-6

10.6 项目总结

从商业价值角度来看，手写数字识别技术可以在很多场景中应用。例如，在金融行业，可以利用手写数字识别技术来处理存款单、支票以及信用卡账单等金融单据，从而提高处理速度和精度。此外，在物流行业，也可以应用手写数字识别技术来处理货物标签、物流单据等问题，以提高物流的准确定位和追踪能力。

我们认为可以进一步优化 LeNet-5 模型以提高其性能。例如，可以通过调整网络结构、参数等方法来提高准确率、降低误检率、加强对噪声和干扰的鲁棒性。此外，可以应用一些预处理技术（如图像增强、去噪等）进一步优化数据质量和提高识别准确率。

此外，手写数字识别技术还可以扩展到更多领域和场景。例如，在智能家居领域，手写数字技术可以用于识别用户的手写字体来实现人机交互，从而提升用户体验。此外，还可以将手写数字识别技术应用到人脸识别、车牌识别、手势识别等领域，打造更加智能的应用场景。

综上所述，基于 PyTorch 框架的手写数字识别项目有着非常广泛的应用前景和商业价值。未来将进一步完善模型、优化算法，并将手写数字识别技术扩展到更多应用领域和场景中，从而实现更加智慧化和一体化的服务。

第 11 章

人脸识别及表情识别实战

人脸识别是基于人的脸部特征信息进行身份识别的一种生物识别技术。用摄像机或摄像头采集含有人脸的图像或视频流，并自动在图像中检测和跟踪人脸，进而对检测到的人脸进行脸部识别的一系列相关技术，通常也叫作人像识别、面部识别。

11.1 人脸识别

11.1.1 什么是人脸识别

人脸识别其实是一种身份验证技术，它与我们所熟知的指纹识别、声纹识别、虹膜识别等均属于生物信息识别领域，它是以分析与比较人脸视觉特征信息进行身份验证或查找的一项计算机视觉技术手段。

作为生物信息识别之一的人脸识别具有对采集设备要求不高（最简单的方式是只需要能够拍照的设备即可）、采集方式简单等特点。在进行人脸身份认证时，不可避免地会经历诸如图像采集、人脸检测、人脸定位、人脸提取、人脸预处理、人脸特征提取、人脸特征对比等步骤，这些都可以认为是人脸识别的范畴。

当我们谈到人脸识别时，会出现两个常见和重要的概念，即 1:1 和 1:N。简单说来，1:1 是一对一的人脸“核对”，解决的是“这个人是不是你”的问题，我们在动车站“刷脸”进站模式就是 1:1；而 1:N 是从众多对象中找出目标人物，解决的是“这个人是谁”的问题。人脸识别考勤、安检时的身份验证等应用都是 1:1 概念下的人脸识别应用。而 1:N 更多地用于安防行业，比如在人流密集的场所安装人脸识别防控系统，1:N 和 1:1 最大的区别就是，1:N 采集的是动态数据，并且会因为地点、环境、光线等影响识别的准确性和效果。

人脸识别技术的典型应用场景可以总结为如下几个。

（1）身份认证场景：这是人脸识别技术最典型的应用场景之一。门禁系统、手机解锁等都可以归纳为这种类别。这需要系统判断当前被检测的人脸是否已经存在于系统内置的人脸数据库中。

如果系统内没有这个人的信息，则认证失败。

（2）人脸核身场景：是判断证件中的人脸图像与被识别人的人脸是否相同的场景。在进行人脸与证件之间的对比时，往往会引入活体检测技术。就是我们在使用手机银行时会出现的“眨眨眼、摇摇头、点点头、张张嘴”的人脸识别过程，这个过程我们称之为基于动作指令的活体检测。活体检测还可以借由红外线、活体虹膜等方法来实现。不难理解，引入活体检测可以有效地增加判断的准确性，防止攻击者伪造或窃取他人生物特征用于验证，例如使用照片等平面图片对人脸识别系统进行攻击。

（3）人脸检索场景：人脸检索与身份验证类似，二者的区别在于身份验证是对人脸图片“一对一”地对比，而人脸检索是对人脸图片“一对多”地对比。例如，在获取到某人的人脸图片后，可以通过人脸检索方法在人脸数据库中检索出这个人的其他图片，或者查询这个人的姓名等相关信息。一个典型的例子是在重要的交通关卡布置人脸检索探头，将行人的人脸图片在犯罪嫌疑人数据库中进行检索，从而比较高效地识别出犯罪嫌疑人。

（4）社交交互场景：美颜类自拍软件大家或许都很熟悉，这类软件除能够实现常规的磨皮、美白、滤镜等功能外，还具有大眼、瘦脸、添加装饰类贴图等功能。而大眼、瘦脸等功能都需要使用人脸识别技术检测出人眼或面部轮廓，然后根据检测出来的区域对图片进行加工，从而得到我们看到的最终结果。社交类 App 可以通过用户上传的自拍图片来判断该用户的性别、年龄等特征，从而为用户有针对性地推荐一些可能感兴趣的人。

在研究人脸识别时，经常看到 FDDB 和 LFW 这两个缩写简称，但很多人不知道到底是什么，下面具体解释一下。

（1）FDDB 的全称为 Face Detection Data Set and Benchmark，是由马萨诸塞大学计算机系维护的一套公开数据库，为来自全世界的研究者提供一个标准的人脸检测评测平台。它是全世界最具权威的人脸检测评测平台之一，包含 2845 幅图片，共有 5171 个人脸作为测试集。测试集范围包括：不同姿势、不同分辨率、旋转和遮挡等的图片，同时包括灰度图和彩色图，标准的人脸标注区域为椭圆形。值得注意的是，目前 FDDB 所公布的评测集也代表了目前人脸检测的世界最高水平。

（2）LFW 的全称为 Labeled Faces in the Wild，是由马萨诸塞大学于 2007 年建立的，用于评测非约束条件下的人脸识别算法性能，是人脸识别领域使用最广泛的评测集合。该数据集由 13 000 多幅全世界知名人士互联网自然场景不同朝向、表情和光照环境的人脸图片组成，共有 5 000 多人，其中有 1680 人有两幅以上的人脸图片。每幅人脸图片都有其唯一的姓名 ID 和序号加以区分。LFW 测试正确率代表了人脸识别算法在处理不同种族、光线、角度、遮挡等情况下识别人脸的综合能力。

11.1.2 人脸识别过程

人脸识别系统包括人脸捕获（人脸捕获是指在一幅图像或视频流的一帧中检测出人像并将人像从背景中分离出来，并自动将其保存）、人脸识别计算（人脸识别分核实式和搜索式两种比对计算模式）、人脸的建模与检索（可以将登记入库的人像数据进行建模提取人脸的特征，并将其生成人脸模板保存到数据库中。在进行人脸搜索时，将指定的人像进行建模，再将其与数据库中的所有人的模板比对识别，最终根据所比对的相似值列出最相似的人员列表）等。

因此，数据成为提升人脸识别算法性能的关键因素，很多应用更加关注低误报条件下的识别性能，比如人脸支付需要控制错误接受率在 0.00001 之内，因此以后的算法改进也将着重于提升低误报下的识别率。对于安防监控而言，可能需要控制在0.00000001之内(比如几十万人的注册库)，安防领域的人脸识别技术更具有挑战性。

而随着深度学习的演进，基于深度学习的人脸识别将获得突破性的进展。它需要的只是越来越多的数据和样本，数据和样本越多，反复训练的次数越多，越容易捕捉到准确的结果和给你准确的答案。所以，当一套人脸识别系统的设备在全面引入深度学习算法之后，它几乎可以很完美地解决以前长期各种变化的问题。

一个完整的人脸识别过程如图 11-1 所示。

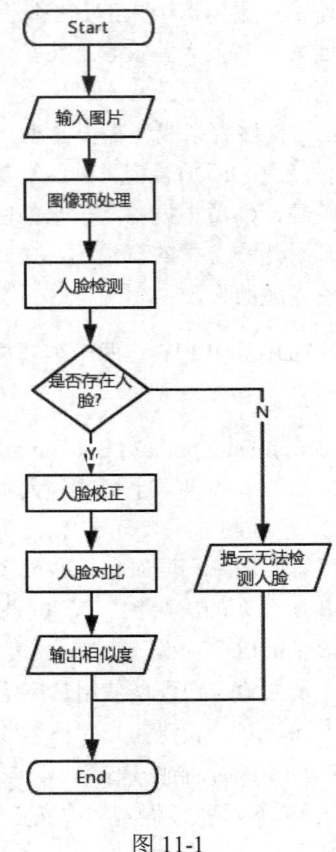

图 11-1

下面我们简要介绍一下其中的一些关键步骤。

1. 图像预处理

在很多计算机视觉项目中，往往需要进行图片的预处理操作。这主要是因为系统获取的原始图像由于受到各种条件的限制和随机干扰，往往不能直接使用，必须在图像处理的早期阶段对它进行灰度校正、噪声过滤等图像预处理。对于人脸图像而言，其预处理过程主要包括人脸图像的光线补偿、灰度变换、二值化、归一化、滤波等，从而使图片更加符合系统要求。

对于现有的大多数人脸识别/认证系统来说，外部环境光照的变化依然严重制约着其性能。这主要是因为光照变化造成的同一个体脸部成像差异甚至有可能比不同个体间的差异更大，而在实际应用系统的设计中，由于识别/认证和注册时间、环境的不同，外部光照的变化几乎不可避免。因此，可以针对光照变化条件下的人脸图像进行归一化处理以消除/减小其对人脸识别/认证系统的影响。

2. 人脸检测

顾名思义，人脸检测就是用来判断一幅图片中是否存在人脸的操作。如果图片中存在人脸，则定位该人脸在图片中的位置；如果图片中不存在人脸，则返回图片中不存在人脸的提示信息。

对于人脸识别应用，人脸检测可以说是一个必不可少的环节。人脸检测效果的好坏将直接影响整个系统的性能优劣。在图像中准确标定出人脸的位置和大小，人脸图像中包含的模式特征十分丰富，如直方图特征、颜色特征、模板特征、结构特征及 Haar 特征等。人脸检测就是把其中有用的信息挑出来，并利用这些信息实现人脸检测。

人脸检测算法输入的是一幅图像，输出的是人脸框坐标序列，具体结果是 0 个人脸框、1 个人脸框或多个人脸框。输出的人脸框可以为正方形、矩形等。人脸检测算法的原理简单来说是一个“扫描”加“判定”的过程，即首先在整个图像范围内扫描，再逐个判定候选区域是否为人脸的过程。因此，人脸检测算法的计算速度跟图像尺寸大小以及图像内容相中。在实际算法中，我们可以通过设置“输入图像尺寸”“最小脸尺寸限制”“人脸数量上限”来加速算法。

在人脸识别应用场景中，如果图片中根本不存在人脸，那么后续的一切操作都将变得没有意义，甚至会造成错误的结果。而如果识别不到图片中存在的人脸，也会导致整个系统执行提前终止。因此，人脸检测在人脸识别应用中具有十分重要的作用，甚至可以认为是不可或缺的一环。

3. 人脸校正

人脸校正又可以称为人脸矫正、人脸扶正、人脸对齐等。我们知道，图片中的人脸图像往往都不是“正脸”，有的是侧脸，有的是带有倾斜角度的人脸。这种在几何形态上似乎不是很规整的面部图像可能会对后续的人脸相关操作造成不利影响。于是，就有人提出了人脸校正。人脸校正是对图片中人脸图像的一种几何变换，目的是减少倾斜角度等几何因素给系统带来的影响。

但是，随着深度学习技术的广泛应用，人脸校正并不是被绝对要求存在于系统中。深度学习模型的预测能力相对于传统的人脸识别方法要强得多，因为它以大数据样本训练取胜。正因如此，有的人脸识别系统中有人脸校正这一步，而有的模型中则没有。

4. 人脸特征点定位

人脸特征点定位是指在检测到图片中人脸的位置之后，在图片中定位能够代表图片中人脸的关键位置的点。常用的人脸特征点是由左右眼、左右嘴角、鼻子这 5 个点组成的 5 点人脸特征点，以及包括人脸及嘴唇等轮廓构成的 68 点人脸特征点等。这些方法都是基于人脸检测的坐标框，按某种事先设定的规则将人脸区域抠取出来，缩放到固定尺寸，然后进行关键点位置的计算。对当前检测到的人脸持续跟踪，并动态实时展现人脸上的核心关键点，可用于五官定位、动态贴纸、视频特效等。

定位到的人脸上的五官关键点坐标如图 11-2 所示，定位到了 68 个人脸特征点，通过对图片中人脸特征点的定位可以进行人脸校正，也可以应用到某些贴图类应用中。

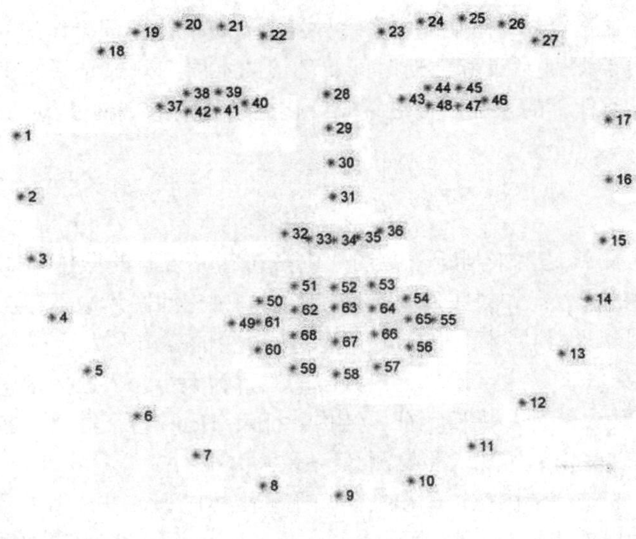

图 11-2

5. 人脸特征提取

人脸特征提取（Face Feature Extraction）也称人脸表征，它是对人脸进行特征建模的过程。人脸特征提取是将一张人脸图像转换为可以表征人脸特点的特征，具体表现形式为一串固定长度的数值。人脸特征提取过程的输入是 “一张人脸图”和“人脸五官关键点坐标”，输出是人脸相应的数值串（特征）。人脸特征提取算法实现的过程为：首先将五官关键点坐标进行旋转、缩放等操作来实现人脸对齐，然后提取特征并计算出数值串。

我们可以认为 RGB 形式的彩色图片是一个具有红、绿、蓝三通道的矩阵，而二值图像和灰度图像本身在存储上就是一个矩阵，这些图片中的像素点是很多的。提取到的特征往往是以特征向量的形式表示的，向量的元素一般不会太多（一般在“千”这个数量级）。

因此，从宏观角度来看，特征提取过程可以看作一个数据抽取与压缩的过程。从数学角度来看，其实是一个降维的过程。对于很多人脸识别应用来说，人脸特征提取是十分关键的步骤。例如在性别判断、年龄识别、人脸对比等场景中，将已提取到的人脸特征为主要的判断依据，提取到的人脸特征质量的优劣将直接影响输出结果正确与否。

6. 人脸对比

人脸对比（Face Compare）算法实现的目的是衡量两个人脸之间的相似度。人脸对比算法的输入是两个人脸特征（两幅人脸图片），输出是两个特征之间的相似度。提取的人脸图像的特征数据与数据库中存储的特征模板进行搜索匹配，通过设定一个阈值，当相似度超过这一阈值时，把匹配得到的结果输出。这一过程又分为两类：一类是确认，是一对一进行图像比较的过程；另一类是辨认，是一对多进行图像匹配对比的过程。比如判定两幅人脸图是否为同一人，它的输入是两个人脸特征，通过人脸比对获得两个人脸特征的相似度，通过与预设的阈值比较来验证这两个人脸特征是否属于同一人。比如搜人，它的输入为一个人脸特征，通过和注册在库中 N 个身份对应的特征进行逐个对比，找出一个与输入特征相似度最高的特征。将这个最高相似度值和预设的阈值相比较，如果大于阈值，则返回该特征对应的身份，否则返回“不在库中”。

11.2　人脸识别项目实战

11.2.1　人脸检测

人脸检测解决的问题是确定一幅图上有没有人脸，而人脸识别解决的问题是这张脸是谁的。可以说人脸检测是人脸识别的前期工作。这里介绍 Dlib 库，它提供了 Python 接口，里面有人脸检测器，有训练好的人脸关键点检测器。

安装 OpenCV，可以通过下载 OpenCV 的.whl 文件，使用 pip install opencv_python-3.4.0-cp36-cp36m-win_amd64.whl 命令来安装。如果 import cv2 报错 ImportError: numpy.core.multiarray failed to import，出现这个问题的解决方法是下载最新版本的 NumPy，解决方法是输入命令 pip install numpy -upgrade，结果如图 11-3 所示表示成功解决。

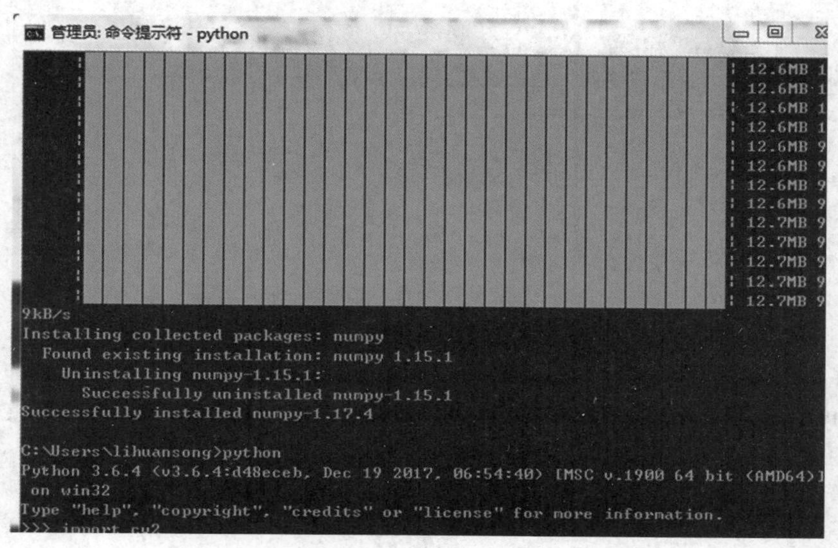

图 11-3

进行实时图像捕获，首先需要学点 OpenCV 的基础知识，起码知道如何从摄像头获取当前拍到的图像。本项目使用 Dlib 库，Dlib 库提供的功能十分丰富，它提供了 Python 接口，里面有人脸检测器，也有训练好的人脸关键点检测器。

程序代码如下：

```
##########实时检测视频中的人脸##################################
import cv2
import dlib
predictor_path = ".\shape_predictor_68_face_landmarks.dat"

#使用 dlib 自带的 frontal_face_detector 作为人脸检测器
detector = dlib.get_frontal_face_detector()
# 使用官方提供的模型构建特征提取器
predictor = dlib.shape_predictor(predictor_path)
```

```
#初始化窗口
win = dlib.image_window()
cap = cv2.VideoCapture(0)   #获取摄像头
while cap.isOpened():       #读取摄像头的图像，函数 isOpened 用于判断摄像头是否开启
    ok,cv_img = cap.read()
    img = cv2.cvtColor(cv_img, cv2.COLOR_RGB2BGR)  #转灰度化，简化图像信息

  # 与人脸检测程序相同，使用 detector 进行人脸检测，dets 为返回的结果
    dets = detector(img, 0)
     shapes =[]
     if cv2.waitKey(1) & 0xFF == ord('q'):
         print("q pressed")
         break
     else:
         # 使用 enumerate 函数遍历序列中的元素以及它们的下标
         # 下标 k 即为人脸序号
         for k, d in enumerate(dets):
             # 使用 predictor 进行人脸关键点识别，shape 为返回的结果
             shape = predictor(img, d)
             #绘制特征点
             for index, pt in enumerate(shape.parts()):
                 pt_pos = (pt.x, pt.y)
                 cv2.circle(img, pt_pos, 1, (0,225, 0),2) #利用 cv2.putText 输出 1-68
                 font = cv2.FONT_HERSHEY_SIMPLEX
                 cv2.putText(img, str(index+1),pt_pos,font,
                             0.3, (0, 0, 255), 1, cv2.LINE_AA)
         win.clear_overlay()
         win.set_image(img)
         if len(shapes)!= 0 :
             for i in range(len(shapes)):
                 win.add_overlay(shapes[i])
         win.add_overlay(dets)

cap.release()
cv2.destroyAllWindows()
```

运行结果如图 11-4 所示。

图 11-4

11.2.2　人脸识别

一套基本的人脸识别系统主要包含三部分：检测器、识别器和分类器。流程架构如图 11-5 所示。

图 11-5

检测器负责检测图片中的人脸，再将检测出来的人脸感兴趣区域（Region of Interests，ROI）导入识别器中，识别器输出结果为一组特征向量。再通过分类器对特征向量进行分类匹配，最终得出人脸结果。

识别器采用 FaceNet，一个有一定历史的源自谷歌的人脸识别系统，如图 11-6 所示。

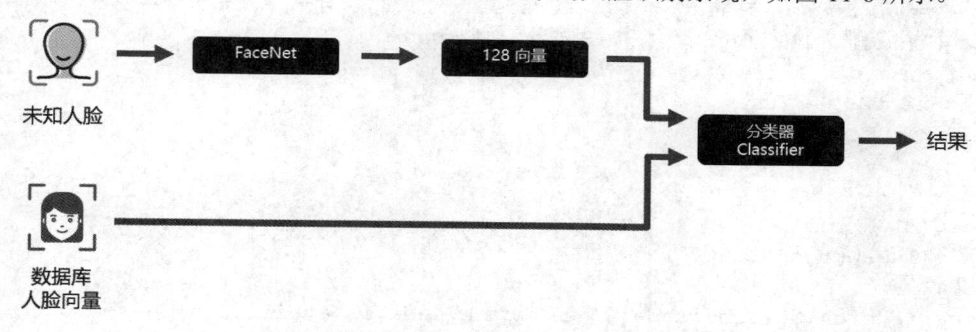

图 11-6

FaceNet 只负责提取 128 维的人脸特征向量，通过对比输入人脸向量与数据库中人脸向量的欧式距离来确定人脸的相似性。通常可以通过实验拟定合适的距离阈值直接判断出人脸类别。谷歌人脸识别算法发表于 CVPR 2015，利用相同人脸在不同角度等姿态的照片下有高内聚性，不同人脸有低耦合性，在 LFW 数据集上准确度达到 99.63%。

通过神经网络将人脸映射到欧式空间的特征向量上，实质上不同图片的人脸特征距离较大，而通过相同个体的人脸距离总是小于不同个体的人脸。测试时只需要计算人脸特征，然后计算距离，使用阈值即可判定两幅人脸照片是否属于相同的个体。人脸识别的关键在于如何通过神经网络生成一个“好”的特征。特征的“好”体现在两点：（1）同一个人的人脸特征要尽可能相似；（2）不同人的人脸之间的特征要尽可能不同。

本项目使用 FaceNet 进行识别，执行 pip install facenet-pytorch 命令即可安装并使用它。项目代码如下：

```
############face_demo.py##############################
import cv2
import torch
from facenet_pytorch import MTCNN, InceptionResnetV1

# 获得人脸特征向量
def load_known_faces(dstImgPath, mtcnn, resnet):
    aligned = []
```

```
    knownImg = cv2.imread(dstImgPath)  # 读取图片
    face = mtcnn(knownImg)  # 使用mtcnn检测人脸，返回人脸数组

    if face is not None:
        aligned.append(face[0])
    aligned = torch.stack(aligned).to(device)
    with torch.no_grad():
        known_faces_emb = resnet(aligned).detach().cpu()
        # 使用ResNet模型获取人脸对应的特征向量
    print("\n人脸对应的特征向量为：\n", known_faces_emb)
    return known_faces_emb, knownImg

# 计算人脸特征向量间的欧氏距离，设置阈值，判断是否为同一张人脸
def match_faces(faces_emb, known_faces_emb, threshold):
    isExistDst = False
    distance = (known_faces_emb[0] - faces_emb[0]).norm().item()
    print("\n两张人脸的欧式距离为：%.2f" % distance)
    if (distance < threshold):
        isExistDst = True
    return isExistDst

if __name__ == '__main__':
    # help(MTCNN)
    # help(InceptionResnetV1)
    # 获取设备
    device = torch.device('cuda:0' if torch.cuda.is_available() else 'cpu')
    # mtcnn模型加载设置网络参数，进行人脸检测
    mtcnn = MTCNN(min_face_size=12, thresholds=[0.2, 0.2, 0.3],
                keep_all=True, device=device)
    # InceptionResnetV1模型加载用于获取人脸特征向量
    resnet = InceptionResnetV1(pretrained='vggface2').eval().to(device)

    MatchThreshold = 0.8  # 人脸特征向量匹配阈值设置

    known_faces_emb, _ = load_known_faces('zc1.jpg', mtcnn, resnet)  # 已知人物图
    faces_emb, img = load_known_faces('zc2.jpg', mtcnn, resnet)  # 待检测人物图
    isExistDst = match_faces(faces_emb, known_faces_emb, MatchThreshold) # 人脸匹配
    print("设置的人脸特征向量匹配阈值为：", MatchThreshold)
    if isExistDst:
        boxes, prob, landmarks = mtcnn.detect(img, landmarks=True)
        print('由于欧氏距离小于匹配阈值，故匹配')
    else:
        print('由于欧氏距离大于匹配阈值，故不匹配')
```

第一次运行时系统需要下载预训练的VGGFace模型，时间会比较久，耐心等待，下载好之后程序便可以运行。# InceptionResnetV1提供了两个预训练模型，分别在VGGFace数据集和CASIA数据集上训练。如果不手动下载预训练模型，可能速度会很慢，可以从作者提供的源代码文件链接中下载，然后放到C:\Users\你的用户名\.cache\torch\checkpoints这个文件夹下面，如图11-7所示。

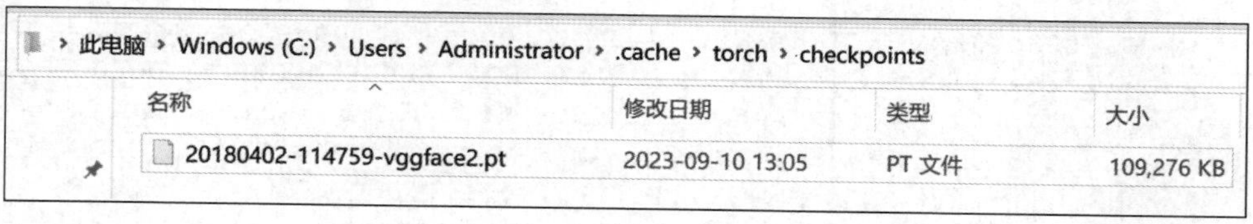

› 此电脑 › Windows (C:) › Users › Administrator › .cache › torch › checkpoints

名称	修改日期	类型	大小
20180402-114759-vggface2.pt	2023-09-10 13:05	PT 文件	109,276 KB

图 11-7

代码运行结果如下：

```
人脸对应的特征向量为:
 tensor([[ 3.4712e-03, -3.3803e-02, -7.4551e-02,  7.5545e-02,  7.5004e-02,
          7.5054e-03, -1.1760e-02,  1.3724e-02,  2.9202e-02,  5.3316e-02,
          1.3890e-02,  8.5973e-02, -8.5628e-03,  4.9886e-02,  2.6489e-02,
         -1.5661e-02, -2.7966e-02,  5.9841e-02,  1.9875e-02,  4.4145e-02,
         -3.8277e-02,  6.3352e-02,  6.5592e-02,  1.3518e-02, -1.7316e-02,
          1.3677e-02,  2.1489e-02, -1.1110e-02,  1.4838e-02, -1.0393e-02,
          7.0776e-02, -3.2754e-02,  2.2540e-02, -1.8506e-02, -1.9477e-02,
         -4.7479e-02, -1.2302e-03, -5.0117e-03,  3.5990e-02, -9.0720e-03,
         -8.1514e-03, -5.0032e-02, -2.3264e-02, -3.3499e-02, -1.7490e-02,
          4.3102e-02, -3.9035e-02,  8.8361e-03, -5.2136e-02, -9.1468e-04,
         -8.5388e-03, -6.3564e-02, -5.1791e-04, -3.2890e-02, -7.9093e-02,
         -5.0719e-02, -1.1110e-02, -4.9189e-02, -2.0680e-03, -2.3497e-03,
         -7.7022e-02,  2.4051e-02, -1.3201e-02,  8.0112e-02, -5.0470e-02,
         -7.0014e-02, -2.2578e-02, -9.8802e-02,  1.2541e-02, -5.2823e-03,
          1.2307e-02, -4.3561e-02,  4.5760e-02,  2.9625e-02, -2.4959e-02,
         -1.5799e-02,  1.4963e-02, -7.9891e-02,  3.4688e-02,  1.5924e-02,
          9.3366e-02,  3.6111e-02, -2.9158e-02,  1.8033e-02,  3.4338e-02,
          3.7300e-02,  2.0125e-02, -1.0753e-03, -8.9421e-02, -9.8763e-02,
         -3.3596e-02,  2.0461e-02,  5.0027e-02,  8.8703e-03,  3.8564e-02,
          1.8740e-02, -4.0503e-02,  1.7464e-02, -4.8448e-04,  4.4506e-02,
         -4.4170e-04,  1.4100e-01,  4.5607e-02,  4.6109e-02,  4.2329e-02,
         -7.9481e-02, -1.1044e-01, -2.4543e-03,  7.3707e-02, -4.9287e-02,
          8.2310e-02,  3.9243e-03, -7.2473e-02, -3.7786e-02,  7.9528e-02,
          1.8944e-02,  2.4414e-02,  1.4515e-02, -3.6526e-02,  9.5348e-03,
          4.8868e-02,  3.5857e-02, -1.6123e-02, -6.1225e-02, -2.2047e-02,
         -6.8096e-02, -5.9098e-03, -2.9152e-02, -2.1959e-02, -7.3231e-04,
          2.9521e-02, -8.0764e-03, -8.6338e-03,  1.3893e-02, -6.6358e-02,
          3.6964e-02, -4.1740e-02, -2.1569e-02,  6.0459e-02,  5.6198e-02,
         -1.0000e-02,  7.9048e-02,  1.8190e-02,  4.3672e-02,  8.1334e-02,
         -1.4208e-02, -6.8403e-02,  5.3036e-02,  1.8395e-02, -8.4915e-02,
         -2.6152e-02,  9.5801e-02,  7.3242e-02,  2.6583e-02,  4.5711e-02,
         -5.9471e-02, -1.8299e-02, -6.8616e-04, -7.9323e-02, -7.8583e-02,
         -3.6152e-02,  1.1124e-01,  8.0861e-02, -1.7114e-03,  3.8282e-02,
          3.5957e-03, -6.7545e-02,  4.5646e-02, -8.6869e-02,  3.4204e-02,
         -4.9498e-02, -3.8200e-02,  3.6278e-02,  6.1690e-02,  3.6768e-02,
          4.0497e-04, -5.4611e-02, -1.7523e-02,  2.1868e-02,  1.0319e-01,
         -1.7310e-02, -2.6656e-02, -1.2165e-02, -2.8046e-02,  3.4157e-02,
         -6.2800e-02,  3.5509e-02, -1.4521e-02,  2.5019e-02, -1.3455e-02,
         -2.9445e-02,  1.3143e-02,  8.3214e-02, -5.0222e-02,  8.8294e-02,
          1.0487e-02, -2.0828e-03, -1.5776e-04,  1.1557e-01,  1.4953e-02,
```

```
 4.2888e-02, -4.3941e-02,  3.3829e-02, -3.1209e-02,  3.6571e-02,
 7.2716e-02,  8.3445e-02,  2.4947e-02,  6.6497e-02,  2.0023e-02,
-5.7615e-02,  4.6123e-02, -9.6370e-02,  1.1916e-02,  5.4752e-02,
 2.4156e-02,  1.0516e-02, -7.6486e-03, -5.4590e-03, -1.0286e-01,
-3.4362e-02,  5.3673e-02,  9.6598e-02,  1.5524e-02,  6.0048e-02,
-3.1932e-02,  1.2479e-02,  1.4820e-02,  3.7208e-02,  4.7004e-03,
-1.2072e-02, -3.8017e-03,  5.7814e-02,  4.3031e-02, -1.0234e-01,
-4.0055e-02, -4.5796e-02,  2.1736e-02,  1.4845e-02, -1.0225e-02,
-3.2427e-02, -3.2377e-02,  3.5645e-02, -1.2190e-02,  1.3893e-02,
 6.4499e-02, -3.5796e-02,  1.4229e-03, -3.2987e-02,  1.0370e-01,
 9.2418e-05, -1.8383e-02,  7.1419e-02,  5.3676e-02,  4.5715e-02,
-4.5501e-02, -2.5915e-02,  1.7897e-02, -4.8481e-03, -2.2899e-02,
-5.4019e-02,  1.6531e-02, -1.7085e-02, -6.7630e-02,  1.0292e-03,
-4.4776e-02,  8.1510e-02, -4.6853e-03,  1.6822e-02, -3.5400e-02,
-5.8967e-03, -3.2569e-02,  4.4981e-02, -1.1273e-04, -1.7494e-02,
 5.1819e-02,  3.2711e-02,  5.1785e-02,  6.0825e-02,  7.0018e-02,
 2.9881e-03,  5.5177e-02, -3.9564e-02, -2.8699e-03,  1.4459e-02,
 1.8928e-02,  3.9220e-02,  6.5493e-03,  1.8913e-02,  2.3281e-02,
 4.0304e-03, -5.3355e-02,  2.9071e-02,  3.0768e-02, -3.4391e-02,
-8.8883e-03, -4.4707e-02, -2.5808e-02, -2.0463e-03, -1.7883e-03,
 2.6834e-02,  2.1719e-02, -5.5138e-02,  1.4883e-02, -5.5297e-02,
-3.4217e-02, -7.2052e-02, -1.8436e-02, -7.1524e-02, -5.4871e-02,
-2.5637e-02,  5.0495e-03,  1.4074e-02,  2.1003e-02, -2.6554e-02,
 6.1106e-02,  4.8323e-02, -3.0888e-02,  8.5392e-02,  2.5423e-02,
 1.9556e-02,  8.9286e-03,  2.1759e-02,  2.6935e-03,  9.2207e-03,
 2.9400e-02,  2.7426e-03,  6.1220e-03,  1.1357e-02, -5.5365e-02,
 5.1218e-02, -2.3966e-02, -9.8014e-03,  8.0428e-03, -1.6347e-02,
-1.5323e-02,  3.7302e-02,  2.0880e-02, -5.1151e-02, -1.3894e-02,
 6.6548e-02, -7.1495e-02,  2.5595e-02,  1.9089e-02,  6.3270e-02,
-3.8050e-02, -4.9755e-02,  1.3743e-02,  1.4883e-02,  3.7567e-02,
 1.2775e-02, -4.9430e-02, -8.9282e-02,  1.1917e-02,  4.7397e-02,
 1.7761e-02, -6.3704e-02, -2.0663e-02, -2.7912e-02, -4.2707e-03,
 8.8550e-02, -1.4987e-02,  3.7087e-02,  2.2866e-02,  3.4060e-02,
-3.4592e-02, -3.7405e-02,  4.2265e-02, -4.4635e-03, -4.4386e-02,
 1.4204e-02, -3.2770e-02,  6.4905e-03, -9.2989e-03,  4.7099e-02,
 2.7463e-02, -6.6242e-02,  8.2403e-02,  4.8436e-02,  1.7216e-02,
-6.0735e-02,  2.3040e-02, -2.2254e-02,  5.1864e-02, -2.0307e-02,
-1.0792e-01, -3.3750e-02,  2.6689e-02, -5.7332e-03, -8.2967e-04,
 4.6697e-02, -1.6334e-02,  2.9543e-02, -2.4496e-02,  2.1921e-02,
 2.3240e-02, -1.4525e-02,  2.2601e-02,  2.2617e-02, -3.7140e-02,
-3.3851e-02, -4.7095e-02,  2.6207e-03,  3.0973e-02,  7.7156e-02,
 3.4665e-02, -3.5616e-02,  2.3516e-02, -1.1597e-02, -3.4695e-02,
 2.9642e-02, -1.4072e-02,  6.6081e-02, -3.6626e-02, -8.2910e-03,
 1.3723e-02,  6.4786e-02,  1.6623e-02, -4.0311e-02, -5.2634e-02,
 4.3602e-02, -9.4985e-02, -4.2924e-02, -1.7968e-02, -8.9135e-02,
 5.7779e-02, -8.6424e-03, -1.0302e-02,  3.1657e-02, -3.5029e-02,
 4.2131e-04,  5.1457e-02,  9.1248e-03,  3.9546e-02,  7.8386e-03,
-3.5465e-02, -8.1556e-02, -1.0003e-01, -6.8449e-02,  3.6476e-02,
-3.2796e-02,  1.6833e-02, -7.9688e-02,  6.1305e-02, -7.5220e-02,
 1.9414e-02, -9.1699e-02, -3.3003e-02,  4.9971e-02, -3.1834e-02,
```

```
        -3.2838e-04, -2.4987e-03, -2.5868e-02,  8.7424e-02,  1.2464e-02,
         5.1778e-02, -5.7321e-02, -3.4015e-02,  3.6176e-02,  6.6906e-02,
         1.1446e-02, -3.2977e-03, -1.6945e-02,  1.4339e-02, -2.1911e-02,
        -1.2849e-02, -1.7293e-02, -4.4014e-02, -4.5847e-03,  8.7002e-02,
        -3.9319e-03, -1.5899e-02, -4.5852e-03, -5.4031e-02, -2.1963e-02,
         5.3231e-02,  3.0550e-02, -4.2703e-02,  4.4543e-02,  5.8105e-02,
         4.4346e-03, -1.7361e-02, -7.0564e-02, -9.4657e-03, -4.9938e-04,
        -4.0879e-02, -5.6463e-02,  6.4034e-02,  4.1187e-02, -5.5260e-02,
         1.2887e-03, -8.1408e-02, -8.0722e-03,  1.5459e-02,  3.4163e-02,
        -2.7703e-02, -1.0575e-02, -1.5972e-02, -1.9349e-02, -4.1658e-02,
         9.2060e-02,  2.2700e-02, -1.7610e-02, -3.7694e-02,  1.9363e-02,
         1.3842e-02,  1.1259e-02,  2.5194e-02, -6.1979e-03, -4.2225e-02,
         6.3576e-02, -1.6959e-02]])
```

人脸对应的特征向量为:

```
tensor([[ 2.8001e-02, -4.6077e-05, -8.6044e-02,  8.5878e-02,  1.2105e-02,
         -1.1743e-02, -2.8434e-02,  2.5946e-02,  1.0828e-02,  6.5367e-02,
          3.6724e-02,  6.4824e-02,  8.2241e-03,  9.5099e-03,  2.2028e-03,
         -2.3738e-02,  2.4834e-02,  7.7580e-02,  3.4812e-02,  4.3633e-02,
         -3.2765e-02,  3.9885e-02,  5.9815e-02,  1.1277e-02, -2.3647e-02,
          3.7536e-02,  5.0182e-02, -5.0968e-03,  2.4181e-02,  1.4791e-02,
          4.3609e-02, -4.8512e-02, -1.1197e-02, -2.4020e-02, -2.0909e-02,
         -5.7400e-02, -9.0896e-03, -4.0099e-03,  4.6863e-02, -1.0574e-02,
         -5.9283e-02, -2.6868e-02, -3.9322e-03, -4.4244e-02, -5.3695e-02,
          2.7417e-02, -3.6391e-02,  2.2492e-02, -3.5143e-02,  1.7806e-02,
         -2.6510e-02, -2.4131e-02, -9.5295e-03, -3.4147e-02, -5.8626e-02,
         -5.3492e-02, -1.6725e-02, -3.8434e-02, -1.7274e-02,  2.8466e-02,
         -6.2296e-02,  4.9834e-02, -9.2619e-03,  1.0047e-01, -1.7747e-02,
         -9.0714e-02, -1.7906e-03, -9.1519e-02,  3.8298e-02, -7.9362e-03,
          1.7983e-02, -1.3934e-02,  1.9208e-02,  3.2441e-02, -5.6252e-02,
         -3.0753e-02, -1.9317e-02, -9.5464e-02,  6.0164e-02, -2.0689e-02,
          7.0994e-02,  9.0183e-03, -8.8793e-03,  2.0696e-02,  4.3443e-03,
          5.1779e-02,  4.6088e-03, -1.0106e-03, -5.2725e-02, -1.0548e-01,
         -4.8897e-02, -1.0818e-03, -9.9422e-03,  1.4751e-02,  3.4162e-02,
          4.8421e-02, -2.1901e-02, -2.5356e-02,  8.7458e-04,  3.5136e-02,
         -3.2679e-02,  7.7972e-02, -2.1496e-05,  4.7958e-02,  2.2844e-02,
         -6.9589e-02, -1.0902e-01, -1.5985e-02,  8.7188e-02, -4.6646e-02,
          8.5832e-02, -9.0789e-03, -4.7404e-02, -2.0494e-02,  6.4542e-02,
          2.5289e-02,  2.4326e-02,  1.5756e-02, -4.7487e-02,  3.0095e-02,
          5.3957e-02,  2.2976e-02, -4.5339e-03, -8.1201e-02, -3.0597e-02,
         -6.6562e-02, -3.5471e-02,  4.2806e-03, -5.4908e-02,  2.2752e-02,
          2.8738e-03, -3.5329e-03, -1.2144e-03, -7.9320e-03, -6.0214e-02,
          4.0719e-02, -8.9511e-02, -2.3487e-02,  8.8598e-02,  7.5303e-02,
         -4.9462e-03,  7.4318e-02,  5.5460e-02,  1.6797e-02,  1.8018e-02,
         -4.0053e-03, -2.8476e-02,  5.7993e-02,  9.9384e-03, -3.0882e-02,
         -3.1575e-03,  9.4481e-02,  1.0394e-01,  5.9584e-02,  4.4566e-02,
         -3.8702e-02, -4.5532e-03, -1.4591e-02, -6.5482e-02, -1.0086e-01,
          4.6935e-04,  1.2199e-01,  5.9991e-02,  1.6303e-02,  5.4855e-02,
          1.7330e-02, -5.1591e-02,  2.5368e-02, -9.6256e-02,  3.8214e-02,
         -4.3455e-02, -2.4861e-02,  3.5985e-02,  6.8475e-02,  1.2026e-02,
         -9.9927e-03, -6.3830e-02,  3.2833e-03,  4.9050e-02,  7.7482e-02,
```

```
-4.6971e-02, -5.6034e-02,  2.6599e-02, -2.2255e-02,  9.3106e-03,
-3.9567e-02,  3.4344e-02,  2.5991e-03,  9.1569e-03, -1.6013e-02,
-3.8360e-02,  4.3487e-02,  6.6085e-02, -6.4094e-02,  6.5429e-02,
 1.5000e-02, -8.1782e-03, -1.1519e-02,  1.2608e-01,  1.5738e-02,
 3.0941e-02, -2.9139e-02,  5.4905e-03, -2.6635e-02,  5.8483e-02,
 6.4671e-02,  5.2725e-02,  9.4255e-03,  1.0127e-03, -2.6401e-02,
-5.4639e-02,  5.2554e-02, -6.1758e-02,  5.3113e-03,  4.4088e-02,
-3.7597e-04,  4.3199e-02,  1.7960e-02, -1.3194e-02, -5.3666e-02,
-6.9236e-03,  1.5228e-02,  9.5189e-02,  1.7121e-03,  6.8666e-02,
-3.1494e-02, -3.2710e-03,  1.2875e-02,  3.4104e-02, -3.8668e-02,
 4.4438e-02,  3.5936e-02,  6.5294e-02,  6.5020e-03, -9.5694e-02,
-3.1024e-02, -3.1105e-02,  2.8933e-02,  1.6933e-02, -4.2038e-02,
-2.2099e-02, -4.0839e-02,  1.6231e-02,  6.4055e-03,  1.2622e-02,
 9.8138e-02, -3.8260e-02,  1.9346e-02, -1.6628e-02,  7.9439e-02,
-5.8328e-02, -3.7586e-02,  1.1977e-01,  1.0376e-01, -1.4088e-02,
-5.4806e-02, -2.4990e-02, -3.7368e-03,  2.6588e-03, -3.4183e-02,
-2.8388e-02, -2.4430e-02,  2.8746e-04, -8.2331e-02, -2.0489e-02,
-5.1880e-02,  5.3990e-02, -1.4081e-02,  3.8996e-03, -2.5366e-02,
 4.9491e-02, -6.7067e-03,  8.1581e-02,  1.2502e-02, -3.7829e-02,
 8.7758e-02,  4.0540e-03,  4.1892e-02,  4.1741e-02,  6.2050e-02,
-1.7033e-02,  1.1103e-02, -4.8190e-02,  9.1191e-03, -1.5349e-02,
 2.0369e-02,  6.2642e-02,  1.5497e-02, -1.5949e-02,  3.3638e-02,
 8.8257e-03, -8.7432e-02, -5.3558e-03,  6.4241e-02, -4.6744e-02,
-3.7447e-02, -6.5905e-02, -1.4245e-02,  1.9195e-02, -1.3502e-02,
 3.8576e-02, -1.1787e-02, -4.9214e-02,  9.7343e-04, -3.1113e-02,
-4.3715e-02, -6.7970e-02,  1.3680e-02, -6.4623e-02, -2.9799e-02,
 2.6732e-03, -2.3677e-02, -1.6467e-02, -1.2414e-03,  1.2750e-02,
 6.1157e-02,  5.3833e-02, -5.2372e-02,  7.1081e-02, -1.0693e-03,
 1.5802e-02,  1.1936e-02,  2.0765e-02,  3.6627e-02, -2.6504e-02,
 6.5030e-02, -4.0269e-03,  2.0489e-02,  3.1264e-02, -2.9688e-02,
 7.1595e-02, -1.6170e-02, -5.0382e-02,  1.2086e-02,  2.2211e-02,
 3.3537e-03,  2.8533e-02,  2.5651e-02, -5.6540e-02,  2.8919e-02,
 8.2882e-02, -7.6872e-02,  6.9056e-03,  3.1206e-03,  6.0089e-02,
-4.2560e-02, -4.1194e-02,  6.5368e-03,  6.3556e-02,  3.4444e-02,
-3.1026e-03, -3.2624e-02, -6.8420e-02,  7.6541e-03,  1.9499e-02,
 9.8220e-03, -3.1817e-02, -9.2633e-03, -2.8895e-02, -3.6124e-03,
 8.4322e-02, -8.4235e-03, -3.9177e-03, -1.0832e-02,  3.7069e-02,
-1.2210e-02,  3.5650e-03,  2.3400e-02, -1.0070e-02, -1.2330e-02,
-2.6249e-02,  1.1307e-02,  2.9681e-02,  1.0270e-02,  5.4042e-02,
 3.2318e-02, -4.4361e-02,  8.5483e-02,  3.6199e-02, -5.7362e-03,
-3.2866e-02,  5.1268e-02, -9.7324e-03,  4.6712e-02,  4.2681e-02,
-1.0453e-01, -2.4820e-02,  3.1826e-02, -2.5282e-02,  1.2976e-02,
 3.3787e-02,  1.1713e-02, -8.3608e-03, -1.2042e-02, -4.8544e-03,
 1.6575e-02, -5.0426e-02,  2.8680e-02,  7.1943e-03, -4.2859e-02,
-1.7035e-02, -5.9024e-02,  1.4097e-02,  9.7493e-02,  6.5659e-02,
 2.6462e-03, -2.1700e-02,  7.4545e-02, -1.7424e-02, -4.3287e-02,
 3.1562e-02, -1.2064e-02,  4.6029e-02,  1.3218e-02, -3.2940e-02,
 7.2298e-03,  7.4362e-02,  3.6358e-02, -3.6902e-02, -2.6793e-02,
 7.4914e-02, -6.0268e-02, -2.9347e-02, -4.2823e-03, -6.4462e-02,
 6.5568e-02,  1.7965e-02,  1.7363e-03,  4.5535e-02,  1.1650e-02,
```

```
 4.7064e-03,  2.4497e-02,  2.7262e-02,  3.6480e-02, -2.0350e-03,
 1.1950e-02, -1.1192e-01, -1.1854e-01, -5.0924e-02,  7.2288e-02,
-3.8969e-02,  4.4379e-02, -5.6238e-02,  6.4599e-02, -4.2769e-02,
 1.8890e-02, -8.2483e-02,  1.4416e-02,  3.6263e-02, -3.8993e-02,
-5.0189e-03,  1.3234e-02,  2.6716e-02,  4.9479e-02,  2.4546e-02,
 3.7020e-02, -5.9830e-02, -1.0016e-02,  2.8100e-02,  5.8243e-02,
 3.1159e-02,  2.1257e-02,  4.0994e-03,  5.2662e-02, -2.8711e-02,
-1.1740e-02,  4.3464e-02, -3.5842e-02, -1.3946e-02,  6.7004e-02,
 2.5971e-02, -3.0337e-02,  4.0123e-02, -2.6934e-02, -2.5729e-02,
 6.9189e-02,  1.7639e-02, -5.9500e-02,  1.1843e-02,  3.1991e-02,
 2.6366e-02, -1.7352e-02, -1.4246e-02,  1.0515e-02, -3.0290e-02,
 3.1455e-03, -8.3119e-02,  1.1637e-01,  1.3950e-02, -3.6570e-02,
 2.8140e-02, -6.3659e-02, -3.9275e-02,  3.3421e-02,  6.9780e-02,
-3.6235e-02,  1.4426e-02,  8.4869e-03, -2.3933e-02, -7.7233e-02,
 1.1017e-01,  2.0508e-02, -9.7736e-03, -1.3255e-02,  1.7960e-02,
-2.6698e-03, -4.5193e-02,  6.5456e-02, -7.4565e-03, -3.5809e-02,
 6.0265e-02,  1.3327e-02]])
```

两张人脸的欧式距离为：0.54。

设置的人脸特征向量匹配阈值为：0.8。

由于欧氏距离小于匹配阈值，故匹配。

11.3　面部表情识别项目实战

人脸表情是人类信息交流的重要方式，它所包含的人体行为信息与人的情感状态、精神状态、健康状态等有着极为密切的关联。因此，通过对人脸表情的识别可以获得很多有价值的信息，从而分析人类的心理活动和精神状态，并为各种机器视觉和人工智能控制系统的应用提供解决方案。所以本项目在研究人脸面部表情识别的过程中，借助人工智能算法的优势开展基于深度神经网络的图像分类实验。

借助 MobileNetV3 模型进行迁移学习，经过足够多次的迭代，分类准确率可以达到 90%。这里使用的 MMAFEDB 数据集包含 128 000 幅 MMA 面部表情图像，MMAFEDB 数据集还包含用于训练、验证和测试的目录。 每个目录包含对应 7 个面部表情类别的 7 个子目录。

MMAFEDB 数据集数据说明如下：

- Angry：愤怒。
- Disgust：厌恶。
- Fear：恐惧。
- Happy：快乐。
- Neutral：中性。
- Sad：悲伤。
- Surprise：惊讶。

MMAFEDB 数据集数据来源如下：

https://www.kaggle.com/mahmoudima/mma-facial-expression?select=MMAFEDB

相对重量级网络而言，轻量级网络的特点是参数少、计算量小、推理时间短，更适用于存储空间和功耗受限的场景，例如移动端嵌入式设备等边缘计算设备。因此，轻量级网络受到了广泛的关注，而 MobileNet 可谓是其中的佼佼者。MobileNetV3 经过了 V1 和 V2 前两代的积累，性能和速度都表现优异，受到学术界和工业界的追捧，无疑是轻量级网络的“扛把子”。

本项目加载预训练的 MobileNetV3 模型，由于预训练的模型与我们的任务需要不一样，因此需要修改最后的全连接层，将输出维度修改为我们的任务要求中的 7 个分类（7 种面部表情）。 但是需要注意冻结其他层的参数，防止训练过程中将其改动，然后训练微调最后一层即可。

由于我们的任务为多分类问题，因此损失函数需要使用交叉熵损失函数（Cross Entropy），但是这里没有采用框架自带的损失函数，而是自己实现了一个损失函数。虽说大多数情况下，框架自带的损失函数就能够满足我们的需求，但是对于一些特定任务是无法满足的，需要我们进行自定义。自定义函数需要继承 nn.Module 子类，然后定义好参数和所需的变量，在 forward 方法中编写计算损失函数的过程，然后 PyTorch 会自动计算反向传播需要的梯度，不需要我们自己进行计算。

```
###########expression_on_face.py#####################
import torchvision
from torch import nn
import numpy as np
import os
import pickle
import torch

from torchvision import transforms, datasets
import torchvision.models as models
from tqdm import tqdm
from PIL import Image
import matplotlib.pyplot as plt

epochs = 10
lr = 0.03
batch_size = 32
image_path = './The_expression_on_his_face/train'
save_path = './chk/expression_model.pkl'

device = torch.device('cuda:0' if torch.cuda.is_available() else 'cpu')

# 1.数据转换
data_transform = {
    # 训练中的数据增强和归一化
    'train': transforms.Compose([
        transforms.RandomResizedCrop(224),  # 随机裁剪
        transforms.RandomHorizontalFlip(),  # 左右翻转
        transforms.ToTensor(),
        transforms.Normalize([0.485, 0.456, 0.406], [0.229, 0.224, 0.225])  # 均值
方差归一化
    ])
```

```
}

# 2.形成训练集
train_dataset = datasets.ImageFolder(root=os.path.join(image_path),
                                     transform=data_transform['train'])

# 3.形成迭代器
train_loader = torch.utils.data.DataLoader(train_dataset,
                                           batch_size,
                                           True)

print('using {} images for training.'.format(len(train_dataset)))

# 4.建立分类标签与索引的关系
cloth_list = train_dataset.class_to_idx
class_dict = {}
for key, val in cloth_list.items():
    class_dict[val] = key
with open('class_dict.pk', 'wb') as f:
    pickle.dump(class_dict, f)

print(class_dict.values())

# 自定义损失函数，需要在 forward 中定义过程
class MyLoss(nn.Module):
    def __init__(self):
        super(MyLoss, self).__init__()

    # 参数为传入的预测值和真实值，返回所有样本的损失值
    # 自己只需定义计算过程，反向传播 PyTroch 会自动记录
    def forward(self, pred, label):
        # pred: [32, 4] label: [32, 1] 第一维度是样本数

        exp = torch.exp(pred)
        tmp1 = exp.gather(1, label.unsqueeze(-1)).squeeze()
        tmp2 = exp.sum(1)
        softmax = tmp1 / tmp2
        log = -torch.log(softmax)
        return log.mean()

# 5.加载 MobileNetv3 模型
#加载预训练好的 MobileNetv3 模型
model = torchvision.models.mobilenet_v3_small(
    weights=models.MobileNet_V3_Small_Weights.DEFAULT)
# 冻结模型参数
for param in model.parameters():
    param.requires_grad = False

# 修改最后一层的全连接层
model.classifier[3] = nn.Linear(model.classifier[3].in_features, 7)
```

```
# 将模型加载到 cpu 中
model = model.to('cpu')

# criterion = nn.CrossEntropyLoss() # 损失函数
criterion = MyLoss()
optimizer = torch.optim.Adam(model.parameters(), lr=0.01)  # 优化器

# 6.模型训练
best_acc = 0            # 最优精确率
best_model = None       # 最优模型参数

for epoch in range(epochs):
    model.train()
    running_loss = 0     # 损失
    epoch_acc = 0        # 每个 epoch 的准确率
    epoch_acc_count = 0  # 每个 epoch 训练的样本数
    train_count = 0      # 用于计算总的样本数，方便求准确率
    train_bar = tqdm(train_loader)
    for data in train_bar:
        images, labels = data
        optimizer.zero_grad()
        output = model(images.to(device))
        loss = criterion(output, labels.to(device))
        loss.backward()
        optimizer.step()

        running_loss += loss.item()
        train_bar.desc = "train epoch[{}/{}] loss:{:.3f}".format(epoch + 1,
                                                                 epochs,
                                                                 loss)
        # 计算每个 epoch 正确的个数
        epoch_acc_count += (output.argmax(axis=1) == labels.view(-1)).sum()
        train_count += len(images)

    # 每个 epoch 对应的准确率
    epoch_acc = epoch_acc_count / train_count

    # 打印信息
    print("【EPOCH: 】%s" % str(epoch + 1))
    print("训练损失为%s" % str(running_loss))
    print("训练精度为%s" % (str(epoch_acc.item() * 100)[:5]) + '%')

    if epoch_acc > best_acc:
        best_acc = epoch_acc
        best_model = model.state_dict()

    # 在训练结束保存最优的模型参数
    if epoch == epochs - 1:
        # 保存模型
```

```
        torch.save(best_model, save_path)

print('Finished Training')

# 加载索引与标签映射字典
with open('class_dict.pk', 'rb') as f:
    class_dict = pickle.load(f)

# 数据变换
data_transform = transforms.Compose(
    [transforms.Resize(256),
     transforms.CenterCrop(224),
     transforms.ToTensor()])

# 图片路径
img_path = r'./The_expression_on_his_face/test.jpg'

# 打开图像
#为了避免通道数不匹配，使用灰度图像（1 通道），使用 RGB 图像（3 通道）
#解决方式：加载图像时，做一下转换
img = Image.open(img_path).convert('RGB')

# 对图像进行变换
img = data_transform(img)

plt.imshow(img.permute(1, 2, 0))
plt.show()

# 将图像升维，增加 batch_size 维度
img = torch.unsqueeze(img, dim=0)

# 获取预测结果
pred = class_dict[model(img).argmax(axis=1).item()]
print('【预测结果分类】: %s' % pred)
```

代码运行结果如下：

```
    using 851 images for training.
    dict_values(['angry', 'disgust', 'fear', 'happy', 'neutral', 'sad', 
'surprise'])
    train epoch[1/10] loss:1.943: 100%|██████████████| 27/27 [00:10<00:00, 
2.65it/s]
      0%|          | 0/27 [00:00<?, ?it/s]【EPOCH: 】1
    训练损失为 54.592151284217834
    训练精度为 23.14%
    train epoch[2/10] loss:1.906: 100%|██████████████| 27/27 [00:10<00:00, 
2.50it/s]
      0%|          | 0/27 [00:00<?, ?it/s]【EPOCH: 】2
    训练损失为 51.95514786243439
    训练精度为 27.96%
    train epoch[3/10] loss:1.873: 100%|██████████████| 27/27 [00:10<00:00, 
```

```
2.68it/s]
  【EPOCH: 】3
  训练损失为54.413649916648865
  训练精度为29.96%
  train epoch[4/10] loss:1.508: 100%|████████████| 27/27 [00:10<00:00,
2.60it/s]
  【EPOCH: 】4
  训练损失为51.14111852645874
  训练精度为30.66%
  train epoch[5/10] loss:1.816: 100%|████████████| 27/27 [00:13<00:00,
2.05it/s]
  【EPOCH: 】5
  训练损失为52.17003357410431
  训练精度为32.07%
  train epoch[6/10] loss:1.833: 100%|████████████| 27/27 [00:11<00:00,
2.31it/s]
    0%|          | 0/27 [00:00<?, ?it/s]【EPOCH: 】6
  训练损失为51.988134145736694
  训练精度为31.37%
  train epoch[7/10] loss:1.907: 100%|████████████| 27/27 [00:10<00:00,
2.49it/s]
  【EPOCH: 】7
  训练损失为51.65321123600006
  训练精度为32.54%
  train epoch[8/10] loss:1.993: 100%|████████████| 27/27 [00:11<00:00,
2.40it/s]
  【EPOCH: 】8
  训练损失为51.17294144630432
  训练精度为33.72%
  train epoch[9/10] loss:1.682: 100%|████████████| 27/27 [00:13<00:00,
2.02it/s]
  【EPOCH: 】9
  训练损失为52.21281313896179
  训练精度为29.49%
  train epoch[10/10] loss:1.926: 100%|████████████| 27/27 [00:15<00:00,
1.75it/s]
  【EPOCH: 】10
  训练损失为50.530142426490784
  训练精度为32.43%
  Finished Training
  【预测结果分类】: angry
```

注意，这里只列出了10个周期，如果需要提高训练精度，可增加训练周期为100个以及扩大训练样本量。读者可以自行尝试。

第 12 章

图像风格迁移项目实战

风格迁移（Style Transfer）最近几年非常火，它是深度学习领域很有创意的研究之一。图像风格迁移是指利用算法学习著名画作的风格，然后把这种风格应用到另一幅图片上的技术。著名的图像处理应用 Prisma 就是利用风格迁移技术将普通用户的照片自动变换为具有艺术家风格的图片。

12.1 图像风格迁移简介

我们将图像风格迁移定义为改变图像风格的同时保留它的内容的过程。即给定一幅输入图像和样式图像，就可以得到既保留图像中的原始内容信息，又有新样式的输出图像。

图像风格迁移是指将一幅内容图A的内容和一幅风格图B的风格融合在一起，从而生成一幅图片C，其具有B图的风格和A图的内容。

作为非艺术专业的人士，笔者这里就不介绍艺术风格了，例子如图 12-1 所示（读者可以参看配套资源中的相关文件）。

对于艺术风格，每个人都有自己的见解，有些东西大概艺术界也没有明确的定义，如何把一幅图像的风格变成另一种风格更是难以定义。

图 12-1

对于程序员，特别是机器学习方面的程序员来说，这种模糊的定义简直就是噩梦。到底怎么把一个说都说不清的东西变成一个可执行的程序，这是困扰很多图像风格迁移方面的研究者的问题。

艺术风格是一种抽象的难以定义的概念。因此，如何将一幅图像的风格转换成另一幅图像的风格更是一个复杂抽象的问题。尤其是对于机器程序而言，解决一个定义模糊不清的问题是几乎不可行的。在神经网络之前，图像风格迁移的程序采用的思路是：分析一种风格的图像，为这种风格建立一个数学统计模型，再改变要做迁移的图像，使它的风格符合建立的模型。

在 2015 年之前，图像风格迁移这个领域连个合适的名字都没有，因为每种风格的算法都是各管各的，互相之间并没有太多的共同之处，比如油画风格迁移，头像风格迁移，等等。可以看出，这时的图像风格处理的研究基本都是各自为战，采用的思路是：分析一种风格的图像，为这种风格建立一个数学统计模型，再改变要做迁移的图像，使它的风格符合建立的模型。这种方法可以取得不同的效果，但是有一个较大的缺陷：一个模型只能够实现一种图像风格的迁移。因此，基于传统方法的风格迁移的模型应用十分有限，捣鼓出来的算法也没引起注意。

在实践过程中，人们又发现图像的纹理可以在一定程度上代表图像的风格。这又引入了和风格迁移相关的另一个领域——纹理生成。这个时期，该领域虽然已经有了一些成果，但是通用性也比较差。早期纹理生成的主要思想是，纹理可以用图像局部特征的统计模型来描述。

如图 12-2 所示，这幅图片可以被称作栗子的纹理，这种纹理有个特征，就是所有的栗子都有个开口，用简单的数学模型表示开口的话，就是两条某个弧度的弧线相交，从统计学上来说，就是这种纹理有两条这个弧度的弧线相交的概率比较大，这种可以被称为统计特征。有了这个前提或者思想之后，研究者成功地用复杂的数学模型和公式归纳和生成了一些纹理，但毕竟手工建模耗时耗力，当时计算机的计算能力还不太强，这方面的研究进展缓慢。

图 12-2

同一个时期，计算机领域进展最大的研究之一可以说是计算机图形学了。（游戏机从刚诞生开始就伴随着显卡。显卡最大的功能当然是处理和显示图像。不同于 CPU 的是，CPU 早期是单线程的，也就是一次只能处理一个任务，而 GPU 可以一次同时处理很多任务，虽然单个任务的处理能力和速度比 CPU 差很多。比如一个 128×128 的超级马里奥游戏，用 CPU 处理的话，每一帧都需要运行 128×128=16384 步，而 GPU 因为可以同时计算所有像素点，时间上只需要一步，速度比 CPU 快很多。显卡计算能力的爆炸性增长直接导致神经网络的复活和深度学习的崛起，因为神经网络和游戏图形计算的相似处是两者都需要对大量数据进行重复单一的计算。

随着神经网络的发展，在某些视觉感知的关键领域，比如物体和人脸识别等，基于深度神经网络的机器学习模型卷积神经网络有着接近人类甚至超越人类的表现。人们发现，以图像识别为目的训练出来的卷积神经网络也可以用于图像风格迁移。

卷积神经网络当时最出名的一个物体识别网络叫作 VGG-19，其结构如图 12-3 所示。

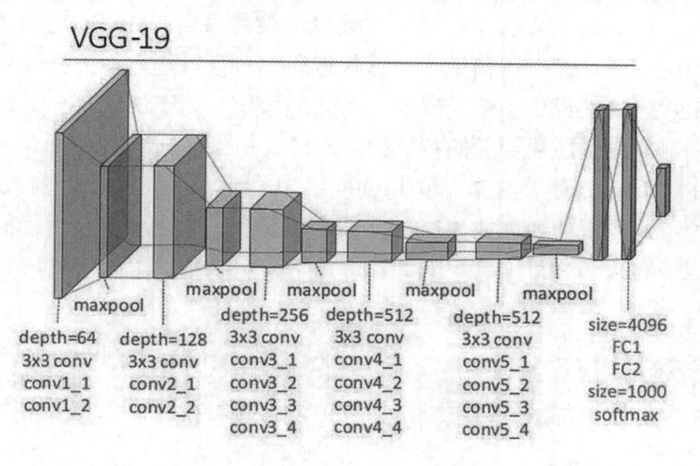

图 12-3

每一层神经网络都会利用上一层的输出来进一步提取更加复杂的特征，直到复杂到能被用来识别物体为止，所以每一层都可以被看作很多个局部特征的提取器。VGG-19 在物体识别方面的精度甩了之前的算法一大截。VGG-19 具体内部在做什么其实很难理解，因为每一个神经元内部参数只是一堆数字而已。每个神经元有几百个输入和几百个输出，一个一个梳理清楚神经元之间的关系太难。于是有人想出了一种办法：虽然我们不知道神经元是怎么工作的，但是如果知道了它的激活条件，是否对理解神经网络更有帮助呢？于是他们编了一个程序（用的是 Back Propagation 反向传播）算法，和训练神经网络的方法一样，只是倒过来生成图片），把每个神经元所对应的能激活它的图片找了出来，特征图就是这么生成的。特征图蕴含着提取出的关于图像的信息，当卷积神经网络用于物体识别时，随着网络的层次越来越深，网络层产生的物体特征信息越来越清晰。这意味着，沿着网络的层级结构，每一个网络层的输出越来越关注输入图片的实际内容而不是它具体的像素值。利用卷积神经网络提取图像内容和风格，通过对特征图适当处理，将提取出来的内容和风格表示分别用于重建图像的内容和风格。

2015 年，德国 University of Tuebingen 的 Leon A. Gatys 写了两篇基于神经网络图像风格迁移的论文 *Texture Synthesis Using Convolutional Neural Networks* 和 *A Neural Algorithm of Artistic Style*。在第一篇论文中，Gatys 从各层卷积神经网络中提取纹理信息，于是就有了一个不用手工建模就能生成纹理的方法。在第二篇论文中，Gatys 进一步指出：纹理能够描述一幅图像的风格。第一篇论文比之前的纹理生成算法的创新点只有一个，它给出一种用深度学习来给纹理建模的方法。之前讲述纹理生成的一个重要假设是纹理能够通过局部统计模型来描述，而手动建模方法太麻烦。于是 Gatys 看了物体识别论文，发现大名鼎鼎的 VGG-19 卷积神经网络模型就是一堆局部特征识别器。他把事先训练好的网络拿过来一看，发现这些识别器还挺好用的。于是 Gatys 套了个格拉姆矩阵（Gram Matrix）上去计算了一下那些不同局部特征的相关性，把它变成了一个统计模型，于是就有了一个不用手工建模就能生成纹理的方法。

从纹理到图片风格其实只差两步。第一步也是比较神奇的，Gatys 发现纹理能够描述一幅图像的风格。严格来说，纹理只是图片风格的一部分，但是不仔细研究纹理和风格之间的区别的话，乍一看给人的感觉还真差不多。第二步是如何只提取图片内容而不包括图片风格。

既然第一篇论文解决了从图片B中提取纹理的任务，那么还有一个关键点就是：如何只提取图片内容而不包括图片风格？这两点就是他的第二篇论文做的事情：Gatys 把物体识别模型再拿出来用了一遍，不拿格拉姆矩阵计算统计模型了，直接把局部特征看作近似的图片内容，这样就得到了一个把图片内容和图片风格（说白了就是纹理）分开的系统，剩下的就是把一幅图片的内容和另一幅图片的风格合起来，即找到能让合适的特征提取神经元被激活的图片即可。

基于神经网络的图像风格迁移（Neural Style），其背后的每一步都是前人研究的结果。Gatys所做的改进是把两个不同领域的研究成果有机地结合了起来，做出了令人惊艳的结果，其实最让人惊讶的是纹理竟然能够和人们心目中认识到的图片风格在很大程度上相吻合。

12.2　使用预训练的 VGG-16 模型进行图像风格迁移

图像风格迁移是指将一幅风格图的风格与另一幅内容图的内容相结合并生成新的图像，利用预训练的 VGG 网络提取图像特征，并基于图像特征组合出了两种特征度量，一种用于表示图像的内容，另一种用于表示图像的风格，它们将这两种特征度量加权组合，通过最优化的方式生成新的图像，使新的图像同时具有一幅图像的风格和另一幅图像的内容。

12.2.1　算法思想

卷积操作（Convolution）是一个有效的局部特征抽取操作。深度学习之所以能“深”，原因之一便是前面的卷积层用少量的参数完成了高效的特征提取。用以图像识别为目的训练出来的卷积神经网络也可以用于图像风格迁移，因为为了完成图像识别的任务，卷积神经网络必须具有抽象和理解图像的能力，进而从图像中提取特征。

一般来说，卷积层的特征图（Feature Map）蕴含这些特征，对特征图进行处理就可以提取出图像的内容表示和风格表示，进而进行图像风格迁移。

在卷积神经网络中，通常认为较低层的特征描述了图像的具体视觉特征（如纹理、颜色等），较高层的特征是较为抽象的图像内容描述。当要比较两幅图像的内容类似性的时候，比较两幅图像在卷积神经网络中高层特征的类似性即可。要比较两幅图像的风格类似性，要比较它们在卷积神经网络中较低层特征的类似性。这意味着，对一幅图像来说，其内容和风格是可分的。在重建图像的内容中，用较深的卷积层输出可以保留原图像的内容。在重建图像的风格时，可以保留原图像的风格。

2015 年，Gatys 等展示了如何从一个预训练的用于图像识别的卷积神经网络模型 VGG 中提取出图像的内容表示和风格表示，并将不同图像的内容和风格融合在一起生成一幅全新图像。具体方法是给定一幅风格图像 a 和一幅普通图像 p，风格图像经过 VGG 的时候在每个卷积层会得到很多特征图，这些特征图组成一个集合 A，同样地，普通图像 p 通过 VGG 的时候也会得到很多特征图，这些特征图组成一个集合 P，然后生成一张随机噪声图像 x，随机噪声图像 x 通过 VGG 的时候也会生成很多特征图，这些特征图构成集合 G 和 F，分别对应集合 A 和 P，最终的优化函数是希望调整

x，让随机噪声图像 x 最后看起来既保持普通图像 p 的内容，又有一定的风格图像 a 的风格。

为了将风格图的风格和内容图的内容进行融合，所生成的图片在内容上应当尽可能接近内容图，在风格上应当尽可能接近风格图，因此需要定义内容损失函数和风格损失函数，经过加权后作为总的损失函数（总体 loss）。

总体 loss 定义如下。

$$\text{loss} = \underbrace{|\text{参考图片的风格} - \text{生成图片的风格}|}_{\text{style loss}} + \underbrace{|\text{原始图片的内容} - \text{生成图片的内容}|}_{\text{content loss}}$$

以上公式的意思是我们希望参考图片与生成图片的风格越接近越好，同时原始图片与生成图片的内容也越接近越好，这样总体损失函数越小，因此最终的结果越好。

12.2.2　算法细节

这里我们采用利用 VGG 训练好的模型来进行图像风格迁移。我们先来看称雄于 2014 年 ImageNet （图像分类大赛）的图像识别模型 VGG。这一模型采用了简单粗暴的堆砌 3×3 卷积层的方式构建模型，并花费大量的时间逐层训练，最终在 ImageNet 图像分类比赛中获得了亚军，这一模型的优点是结构简单，容易理解，便于用到其他任务中。

VGG 是 Oxford 的 Visual Geometry Group 提出的。该网络是在 ILSVRC 2014 上的相关工作，主要证明了增加网络的深度能够在一定程度上影响网络最终的性能。VGG-16 共包含 16 个卷积层（Convolutional Layer）、3 个全连接层（Fully Connected Layer）以及 5 个池化层（Pool layer），其中卷积层和全连接层具有权重系数，因此也被称为权重层，总数目为 13+3=16，这就是 VGG-16 中 16 的来源。

VGG 网络结构示意图如图 12-4 所示。VGG 网络非常深，通常有 16/19 层，称作 VGG-16/VGG-19，16 层和 19 层的区别主要在于后面三个卷积部分卷积层的数量。

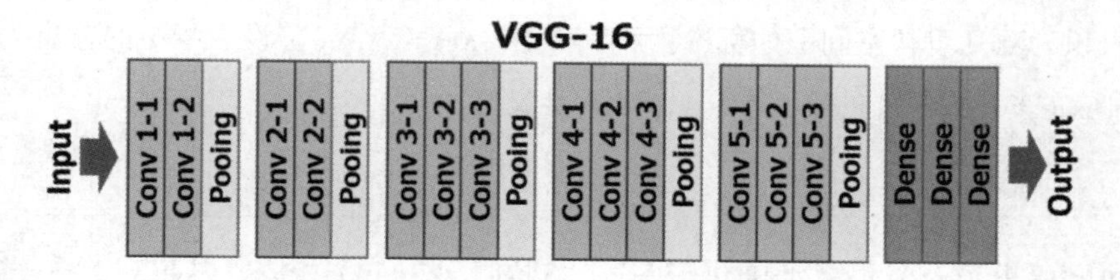

图 12-4

我们要从这个网络结构中提取内容表示与风格表示，并定义对应的内容损失和风格损失。VGG-16 中浅层提取的特征往往是比较简单的（如检测点、线、亮度），VGG-16 中深层提取的特征往往比较复杂（如有无人脸或某种特定物体）。

VGG-16 的本意是输入图像，提取特征，并输出图像类别。图像风格迁移正好与其相反，输入的是特征输出对应这种特征的图片。风格迁移使用卷积层的中间特征还原出对应这种特征的原始图像。比如给出一幅原始图像，经过 VGG 计算后得到各个卷积层的特征。接下来，根据这些卷积层的特征还原出对应这种特征的原始图像。可以发现，浅层的还原效果往往比较好，卷积特征基本保留了所有原始图像中的形状、位置、颜色、纹理等信息；深层对应的还原图像丢失了部分颜色和纹理信息，但大体保留了原始图像中物体的形状和位置。

1. 图像的内容表示

要知道两幅图片在内容上相似，不能只靠简单的纯像素比较，卷积核能检测和提取图像的特征，卷积层输出的特征图反映了图像的内容。

衡量目标图片和生成图片内容差异的指标，即内容损失函数可以定义为这两个内容表示之差的平方和，如下所示。

$$L_{content}(\vec{p},\vec{x},l)=\frac{1}{2}\sum_{i,j}(F_{ij}^{l}-P_{ij}^{l})^{2}$$

其中，等式左侧表示在卷积层 l 中，原始图像（P）和生成图像（F）的内容表示，右侧是对应的最小二乘法表达式（最小二乘法的思想就是要使得观测点和估计点的距离的平方和达到最小，因为观测点和估计点之差可正可负，简单求和可能将很大的误差抵消掉，只有平方和才能反映二者在总体上的接近程度）。F_{ij} 表示生成图像第 i 个特征图的第 j 个输出值。

2. 图像的风格表示

卷积神经网络中的特征图可以作为图像的内容表示，但无法直接体现图像的风格。我们除了还原图像原本的“内容”外，还希望还原图像的“风格”。那么，图像的“风格”应该怎么表示呢？“风格”本来就没有固定的表示方法，一种方法是使用图像的卷积层特征的 Gram 矩阵。

Gram 矩阵是关于一组向量的内积的对称矩阵，例如，向量组 $\overrightarrow{x_1},\overrightarrow{x_2},\cdots,\overrightarrow{x_n}$ 的 Gram 矩阵如下：

$$\begin{bmatrix}(\overrightarrow{x_1},\overrightarrow{x_1}) & (\overrightarrow{x_1},\overrightarrow{x_2}) & \cdots & (\overrightarrow{x_1},\overrightarrow{x_n})\\(\overrightarrow{x_2},\overrightarrow{x_1}) & (\overrightarrow{x_2},\overrightarrow{x_2}) & \cdots & (\overrightarrow{x_2},\overrightarrow{x_n})\\\cdots & \cdots & \cdots & \cdots\\(\overrightarrow{x_n},\overrightarrow{x_1}) & (\overrightarrow{x_n},\overrightarrow{x_2}) & \cdots & (\overrightarrow{x_n},\overrightarrow{x_n})\end{bmatrix}$$

通常取内积为欧几里得空间上的标准内积，即 $(\overrightarrow{x_i},\overrightarrow{x_j})=\overrightarrow{x_i}^{T}\overrightarrow{x_j}$ 。设卷积层的输出为 F_{ij}^{l}，那么这个卷积特征对应的 Gram 矩阵的第 i 行第 j 个元素定义为：

$$G_{ij}^{l}=\sum_{k}F_{ik}^{l}F_{jk}^{l}$$

这时 Gatys 提出了一个非常神奇的矩阵——格拉姆（Gram）矩阵，从直观上看，Gram 矩阵反映了特征图之间的相关程度。我们将图像在卷积层 L 的风格表示定义为它在卷积层 L 的 Gram 矩阵。Gram 矩阵可以在一定程度上反映原始图片中的“风格”（涉及复杂的数学知识，这里就不展开了）。

Gram 矩阵可以在一定程度上反映原始图片中的“风格”。仿照“内容损失”，还可以定义一个“风格损失”，把每层 Gram 矩阵作为特征，让重建图像的 Gram 矩阵尽量接近原图像的 Gram 矩阵，这也是一个优化问题，卷积层 L 的风格损失公式如下：

$$E_{l}=\frac{1}{4N_{l}^{2}M_{l}^{2}}\sum_{i,j}(G_{ij}^{l}-A_{ij}^{l})^{2}$$

总的风格损失是各卷积层风格损失的加权平均。为了让生成图像拥有原图的风格，我们将风格损失函数作为目标函数，从一幅随机生成的图像开始，利用梯度下降最小化风格损失，即可还原出图像的风格。

总结一下，到目前为止，我们利用内容损失还原了图像内容，利用风格损失还原了图像风格。那么，可不可以将内容损失和风格损失结合起来，在还原一幅图像的同时还原另一幅图像的风格呢？答案是肯定的，这是图像风格迁移的基本算法。在定义了内容损失和风格损失后，要生成任务要求的图片，目标就是最小化这个总的损失函数（内容损失和风格损失的加权和）。

简单来说，总的损失函数即内容损失函数和风格损失函数的加权，公式如下：

$$L_{total}(\vec{p},\vec{a},\vec{x}) = \alpha L_{content}(\vec{p},\vec{x}) + \beta L_{style}(\vec{a},\vec{x})$$

12.2.3　代码实现

程序代码实现流程如下：

（1）准备输入图像和风格图像并将它们调整为相同的大小。

（2）加载预训练的卷积神经网络（VGG-16）。

（3）区分负责样式的卷积（如基本形状、颜色等）和负责内容的卷积（特定于图像的特征），将卷积分开可以单独地处理内容和样式。

（4）优化问题，也就是最小化：

- 内容损失（输入和输出图像之间的距离，尽力保留内容）。
- 风格损失（风格和输出图像之间的距离，尽力应用新风格）。
- 总变差损失（正则化，对输出图像进行去噪的空间平滑度）。

（5）设置梯度并使用 L-BFGS（Limited-memory BFGS）算法进行优化。L-BFGS 是一种解无约束非线性规划问题最常用的方法，具有收敛速度快、内存开销少等优点。

这里又使用了 Torchvision 这个工具包，这个包在处理图像的时候非常重要，这里面封装了对图像的一系列预处理操作和一些模型，在 Torchvision 中，有三个主要的模块：torchvision.transforms 是常用的图像预处理方法，比如标准化、中心化、旋转、翻转等操作；torchvision.datasets 是常用的数据集的 Dataset 实现，如 MNIST、CIFAR-10、ImageNet 等；torchvision.models 是常用的模型预训练方法，如 AlexNet、VGG、ResNet、GoogleNet 等。

我们需要导入预训练的神经网络。这里将使用 16 层的 VGG 网络，并且需要每一层卷积层的输出来计算内容和风格损失。

```
############vgg_transfer.py###############
from __future__ import print_function
import torch
import torch.nn as nn
import torch.nn.functional as F
import torch.optim as optim

from PIL import Image
import matplotlib.pyplot as plt
```

```
import torchvision.transforms as transforms
import torchvision.models as models

import copy

device = torch.device("cuda" if torch.cuda.is_available() else "cpu")

imsize = 512 if torch.cuda.is_available() else 128

loader = transforms.Compose([
   transforms.Resize(imsize),
   transforms.ToTensor()
])

def image_loader(image_name):
   image = Image.open(image_name)
   image = loader(image).unsqueeze(0)
   return image.to(device, torch.float)

style_img = image_loader("./vggdata/test/picasso.jpg")
content_img = image_loader("./vggdata/test/dancing.jpg")

# assert style_img.size() == content_img(), \
#     "we need to import style and content images of the same size"

unloader = transforms.ToPILImage()

plt.ion()

def imshow(tensor, title=None):
   image = tensor.cpu().clone()
   image = image.squeeze(0)
   image = unloader(image)
   plt.imshow(image)
   if title is not None:
      plt.title(title)
   plt.pause(0.001)

plt.figure()
imshow(style_img, title='Style Image')

plt.figure()
imshow(content_img, title='Content Image')

# plt.ioff()
# plt.show()

class ContentLoss(nn.Module):
   def __init__(self, target,):
      super(ContentLoss, self).__init__()
      self.target = target.detach()
```

```
    def forward(self, input):
        self.loss = F.mse_loss(input, self.target)
        return input

def gram_matrix(input):
    a, b, c, d = input.size()
    features = input.view(a * b, c * d)
    G = torch.mm(features, features.t())
    return G.div(a * b * c * d)

class StyleLoss(nn.Module):
    def __init__(self, target_feature):
        super(StyleLoss, self).__init__()
        self.target = gram_matrix(target_feature).detach()

    def forward(self, input):
        G = gram_matrix(input)
        self.loss = F.mse_loss(G, self.target)
        return input

cnn =
models.vgg16(weights=models.VGG16_Weights.IMAGENET1K_V1).features.to(device).ev
al()

cnn_normalization_mean = torch.tensor([0.485, 0.456, 0.406]).to(device)
cnn_normalization_std = torch.tensor([0.229, 0.224, 0.225]).to(device)

class Normalization(nn.Module):
    def __init__(self, mean, std):
        super(Normalization, self).__init__()
        self.mean = torch.as_tensor(mean).view(-1, 1, 1)
        self.std = torch.as_tensor(std).view(-1, 1, 1)

    def forward(self, img):
        return (img - self.mean) / self.std

content_layers_default = ['conv_4']
style_layers_default = ['conv_1', 'conv_2', 'conv_3', 'conv_4', 'conv_5']

def get_style_model_and_losses(cnn, normalization_mean, normalization_std,
                               style_img, conten_img,
                               content_layers=content_layers_default,
                               style_layers=style_layers_default):
    cnn = copy.deepcopy(cnn)

    normalization = Normalization(normalization_mean, normalization_std).to(device)

    content_losses = []
    style_losses = []
```

```
    model = nn.Sequential(normalization)

    i = 0
    for layer in cnn.children():
        if isinstance(layer, nn.Conv2d):
            i += 1
            name = 'conv_{}'.format(i)
        elif isinstance(layer, nn.ReLU):
            name = 'relu_{}'.format(i)
            layer = nn.ReLU(inplace=False)
        elif isinstance(layer, nn.MaxPool2d):
            name = 'pool_{}'.format(i)
        elif isinstance(layer, nn.BatchNorm2d):
            name = 'bn_{}'.format()
        else:
            raise RuntimeError('Unrecognized layer:
{}'.format(layer.__class__.__name__))

        model.add_module(name, layer)

        if name in content_layers:
            target = model(conten_img).detach()
            content_loss = ContentLoss(target)
            model.add_module("conten_loss_{}".format(i), content_loss)
            content_losses.append(content_loss)

        if name in style_layers:
            target_features = model(style_img).detach()
            style_loss = StyleLoss(target_features)
            model.add_module("style_loss_{}".format(i), style_loss)
            style_losses.append(style_loss)

    for i in range(len(model) - 1, -1, -1):
        if isinstance(model[i], ContentLoss) or isinstance(model[i], StyleLoss):
            break

    model = model[:(i + 1)]

    return model, style_losses, content_losses

input_img = content_img.clone()

plt.figure()
imshow(input_img, title='Input Image')

def get_input_optimizer(input_img):
    optimizer = optim.LBFGS([input_img.requires_grad_()])
    return optimizer

def run_style_transfer(cnn, normalization_mean, normalization_std,
                       content_img, style_img, input_img, num_steps=300,
```

```
                     style_weight=1000000, content_weight=1):
    print('Building the style transfer model..')
    model, style_losses, content_losses = get_style_model_and_losses(cnn,
                                                       normalization_mean,
                                                       normalization_std,
                                                       style_img,
                                                       content_img)
    optimizer = get_input_optimizer(input_img)

    print('Optimizing..')
    run = [0]
    while run[0] <= num_steps:

        def closure():
            input_img.data.clamp_(0, 1)

            optimizer.zero_grad()
            model(input_img)
            style_score = 0
            content_score = 0

            for sl in style_losses:
                style_score += sl.loss
            for cl in content_losses:
                content_score += cl.loss

            style_score *= style_weight
            content_score *= content_weight

            loss = style_score + content_score
            loss.backward()

            run[0] += 1
            if run[0] % 50 == 0:
                print("run {}:".format(run))
                print('Style Loss : {:4f} Content Loss: {:4f}'.format(
                    style_score.item(), content_score.item()
                ))
                print()

            return style_score + content_score

        optimizer.step(closure)

    input_img.data.clamp_(0, 1)

    return input_img

output = run_style_transfer(cnn, cnn_normalization_mean, cnn_normalization_std,
                            content_img, style_img, input_img)
```

```
plt.figure()
imshow(output, title='Output Image')

plt.ioff()
plt.show()
```

运行结果如下：

```
Building the style transfer model..
Optimizing..
run [50]:
Style Loss : 51.602867 Content Loss: 11.702154

run [100]:
Style Loss : 10.423450 Content Loss: 11.216444

run [150]:
Style Loss : 5.512539 Content Loss: 10.350690

run [200]:
Style Loss : 3.757077 Content Loss: 9.794328

run [250]:
Style Loss : 2.994104 Content Loss: 9.267454

run [300]:
Style Loss : 2.587571 Content Loss: 8.919799
```

图像风格如图 12-5 所示，图像内容如图 12-6 所示。

图 12-5

图 12-6

最后输出的图像如图 12-7 所示，学到了一幅图像的内容和另一幅图像的风格，像是大师画作了。总之，图像的内容和风格是可以分离的，可以通过神经网络的方式将图像的风格进行自由交换。风格的迁移可以转换成这样一个问题：让生成图片的内容与内容来源图片尽可能相似，让图片的风格与风格来源图片尽可能相似。

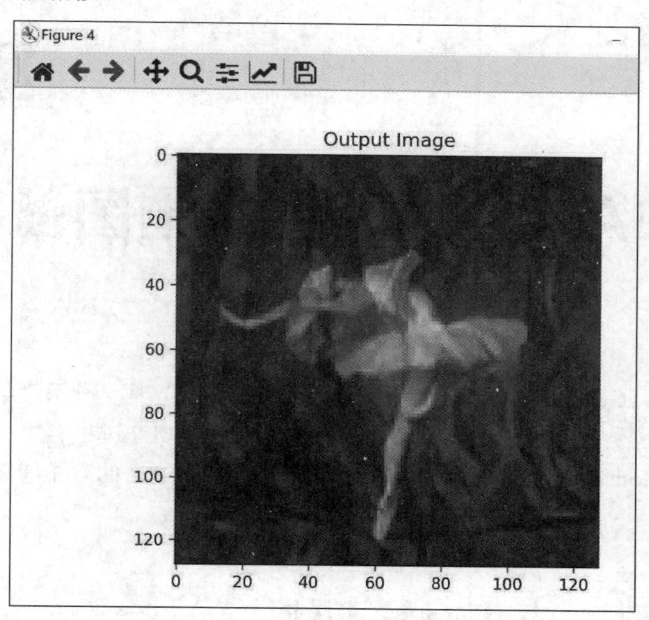

图 12-7

第 13 章 基于 GAN 生成动漫人物图像项目实战

生成式对抗网络（Generative Adversarial Networks，GAN）是一种深度学习模型，是近两年深度学习领域的新秀，也是无监督学习最具前景的方法之一。模型通过框架中（至少）两个模块（生成模型（Generative Model）和判别模型（Discriminative Model））的互相博弈学习产生相当好的输出。

13.1 什么是生成式对抗网络

用一个比喻来解释一下生成式对抗网络，假设你想买一块名表，但是从未买过名表的你可能难辨真假，有买名表的经验可以免被奸商欺骗。当你开始将大多数名表标记为假表时（当然是被骗之后），卖家将开始生产更逼真的山寨名表。这个例子形象地解释了生成式对抗网络的基本原理，即判别器网络（名表买家）和生成器网络（生产假名表的卖家），这两个网络相互博弈。生成式对抗网络允许生成逼真的物体（例如图像）。生成器出于压力被迫生成看似真实的样本，判别器学习分辨生成样本和真实样本。

生成式对抗网络的基本原理其实非常简单，这里以生成图片为例进行说明。假设我们有两个网络：G（Generator）和 D（Discriminator）。正如它的名字所暗示的那样，它们的功能分别是：

- G是一个生成图片的网络，它接收一个随机的噪声z，通过这个噪声生成图片，记作G(z)。
- D是一个判别网络，判别一幅图片是不是“真实的”。它的输入参数是x，x代表一幅图片，输出D(x)代表x为真实图片的概率，如果为1，就代表100%是真实的图片，而输出为0，就代表不可能是真实的图片。

在训练过程中，生成网络 G 的目标就是尽量生成真实的图片来欺骗判别网络 D。而 D 的目标就是尽量把 G 生成的图片和真实的图片区分开来。这样，G 和 D 构成了一个动态的“博弈过程”。

最后博弈的结果是什么？在最理想的状态下，G 可以生成足以“以假乱真”的图片 G(z)。对于 D 来说，它难以判定 G 生成的图片究竟是不是真实的，因此 D(G(z)) = 0.5。

这样我们的目的就达成了：得到了一个生成式的模型 G，它可以用来生成图片。

引申到生成式对抗网络可以看成，生成式对抗网络中有两个这样的博弈者，一个人名字是生成模型（G），另一个人名字是判别模型（D），他们各有各的功能。

相同之处是：

- 这两个模型都可以看成一个黑匣子，接收输入，然后有输出，类似于一个函数，一个输入输出映射。

不同之处是：

- 生成模型可以比作一个样本生成器，输入一个噪声/样本，然后把它包装成一个逼真的样本，也就是输出。
- 判别模型可以比作一个二分类器（如同0-1分类器），用于判断输入的样本是真还是假（就是输出值大于0.5还是小于0.5）。

下面给出一幅好理解的生成式对抗网络的原理图，如图 13-1 所示。

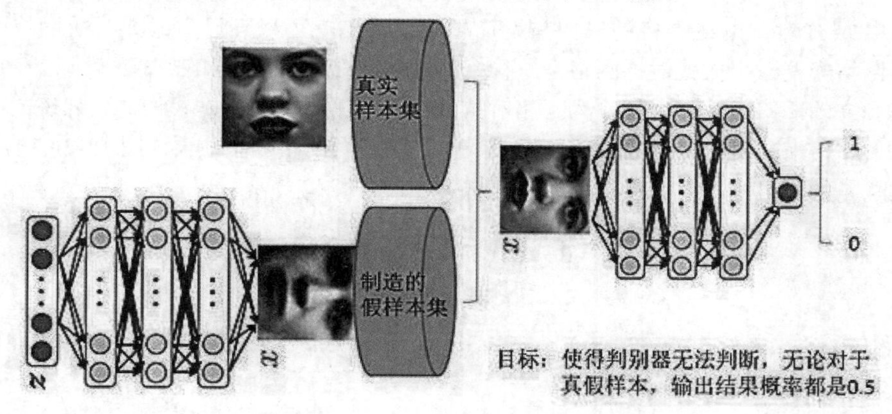

图 13-1

首先判别模型，就是图 13-1 中右半部分的网络，直观来看就是一个简单的神经网络结构，输入就是一幅图像，输出就是一个概率值，用于判断真假(概率值大于 0.5 就是真，小于 0.5 就是假)，真假也不过是人们定义的概率而已。其次是生成模型，生成模型要做什么呢？同样可以看成一个神经网络模型，输入是一组随机数 Z，输出是一个图像，不再是一个数值。从图 13-1 中可以看到，存在两个数据集，一个是真实数据集，另一个是假数据集，这个假数据集就是由生成网络造出来的数据集。

根据图 13-1，我们再来理解一下生成式对抗网络的目标是什么。

- 判别网络的目的：就是能判别一幅图它是来自真实样本集还是假样本集。假如输入的是真样本，网络输出就接近1，输入的是假样本，网络输出就接近0，这样就达到了很好的判别目的。
- 生成网络的目的：生成网络是造样本的，它的目的是使得自己造样本的能力尽可能强，强到什么程度呢？判别网络没法判断是真样本还是假样本。

有了这个理解，我们再来看看为什么叫作对抗网络。判别网络说我很强，来一个样本我就知道它是来自真样本集还是假样本集。生成网络就不服了，说我也很强，我生成一个假样本，虽然生成网络知道是假的，但是判别网络不知道，我包装得非常逼真，以至于判别网络无法判断真假，用输出数值来解释就是，生成网络生成的假样本进入判别网络后，判别网络给出的结果是一个接近 0.5 的值，极限情况就是 0.5，也就判别不出来了。

由这个分析可以发现，生成网络与判别网络的目的正好是相反的，一个说我能判别好，另一个说我让你判别不好，所以叫作对抗。那么最后的结果到底是谁赢呢？这就要归结到设计者，也就是我们希望谁赢了。作为设计者的我们，目的是得到以假乱真的样本，那么很自然地希望生成样本赢了，也就是希望生成样本很真，判别网络的能力不足以区分真假样本位置。

13.2　生成式对抗网络的算法细节

知道了生成式对抗网络大概的目的与设计思路，我们就可以设计生成式对抗网络了。相比于传统的神经网络模型，生成式对抗网络是一种全新的无监督的架构，如图 13-2 所示。生成式对抗网络包括两套独立的网络，两者之间作为互相对抗的目标。第一套网络是我们需要训练的分类器（图 13-2 中的 D），用来分辨是真实数据还是虚假数据；第二套网络是生成器（图 13-2 中的 G），生成类似于真实样本的随机样本，并将其作为假样本。

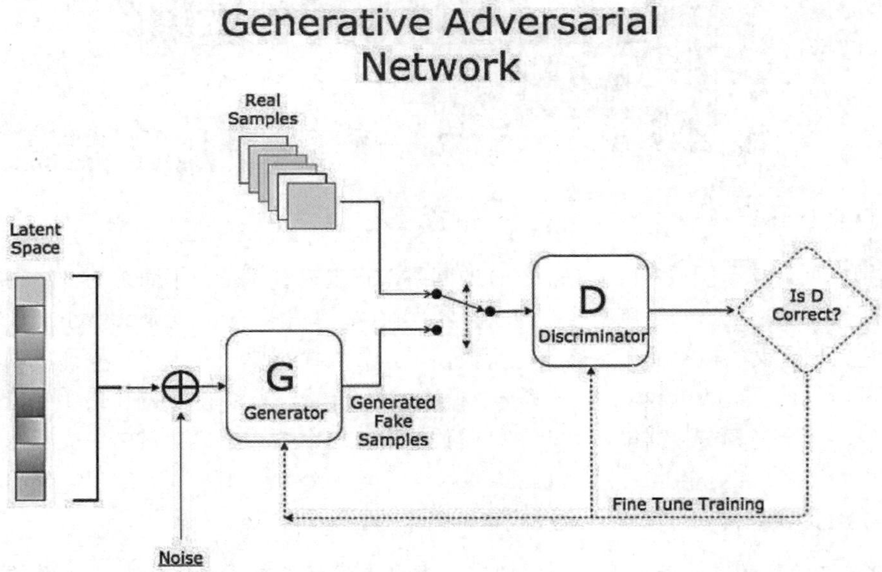

图 13-2

详细说明如下：

D 作为一个图片分类器，对于在一系列图片中区分不同的动物。生成器 G 的目标是绘制出非常接近的伪造图片来欺骗 D，做法是选取训练数据潜在空间中的元素进行组合，并加入随机噪声，例如在这里可以选取一幅猫的图片，然后给猫加上第三只眼睛，以此作为假数据。

在训练过程中，D 会接收真数据和 G 产生的假数据，它的任务是判断图片是属于真数据的还是假数据的。对于最后输出的结果，可以同时对两方的参数进行调优。如果 D 判断正确，就需要调整 G 的参数从而使得生成的假数据更为逼真；如果 D 判断错误，则需调节 D 的参数，避免下一次出现类似的判断失误。训练会一直持续到两者进入一个均衡和谐的状态。

训练后的产物是一个质量较高的自动生成器和一个判断能力较强的分类器。前者可以用于机器创作（比如自动画出“猫”“狗”），而后者则可以用于机器分类（比如自动判断“猫”“狗”）。

那么一个很自然的问题来了，如何训练这样一个生成式对抗网络模型呢？

（1）在噪声数据分布中随机采样，输入生成模型，得到一组假数据，记为 D(z)。

（2）在真实数据分布中随机采样，作为真实数据，记做 x。

将前两步中某一步产生的数据作为判别网络的输入（因此判别模型的输入为两类数据：真/假），判别网络的输出值为该输入属于真实数据的概率，real 为 1，fake 为 0。

（3）根据得到的概率值计算损失函数。

（4）根据判别模型和生成模型的损失函数，可以利用反向传播算法更新模型的参数（先更新判别模型的参数，然后通过再采样得到的噪声数据更新生成器的参数）。

这里需要注意的是，生成模型与对抗模型是完全独立的两个模型，它们之间没有什么联系，训练采用的大原则是单独交替迭代训练。

生成式对抗网络的强大之处在于能自动学习原始真实样本集的数据分布，无论这个分布多么复杂，只要训练得足够好就可以学出来。传统的机器学习方法一般会先定义一个模型，再让数据来学习。而生成式对抗网络的生成模型最后可以通过噪声生成一个完整的真实数据（比如人脸），说明生成模型掌握了从随机噪声到人脸数据的分布规律。生成式对抗网络一开始并不知道这个规律是什么样的，也就是说，生成式对抗网络是通过一次次训练后学习到的真实样本集的数据分布。

生成式对抗网络的核心原理是如何用数学语言描述呢？这里直接摘录前辈论文中的公式：

$$\min_{G}\max_{G} V(D,G)=\mathbb{E}_{x\sim p_{data(x)}}[\log D(x)]+\mathbb{E}_{z\sim pz(z)}[\log(1-D(G(z)))]$$

简单分析一下这个公式：

- 整个式子由两项构成。x表示真实图片，z表示输入G网络的噪声，而G(z)表示G网络生成的图片。
- D(x)表示D网络判断真实图片是否真实的概率（因为x就是真实的，所以对于D来说，这个值越接近1越好）。而D(G(z))是D网络判断G生成的图片是否真实的概率。
- G的目的：前面提到过，D(G(z))是D网络判断G生成的图片是否真实的概率，G应该希望自己生成的图片“越接近真实越好”。也就是说，G希望D(G(z))尽可能大，这时V(D,G)会变小。因此，我们看到式子最前面的记号是 $\min_{G}$ 。
- D的目的：D的能力越强，D(x)应该越大，D(G(x))应该越小。这时V(D,G)会变大。因此，式子对于D来说是求最大值 $\max_{D}$ 。

所以回过头来看一下这个最大和最小目标函数，里面包含判别模型的优化，也包含生成模型以假乱真的优化，完美地阐释了这个理论。

13.3 循环生成对抗网络 CycleGAN

CycleGAN 是传统生成式对抗网络的特殊变体。它也可以创建新的数据样本，只不过是通过转换输入样本来实现，而不是从头开始创建。换句话说，它学会了从两个数据源转换数据。这些数据可由提供此算法数据集的科学家或开发人员进行选择。在两个数据源是狗的图像和猫的图像的情况下，该算法能够有效地将猫的图像转换为狗的图像，反之亦然。

传统的生成式对抗网络是单向的，网络中有生成器 G（Generator）和判别器（Discriminator）两部分。假设两个数据域分别为 X 和 Y。G 负责把 X 域中的数据拿过来，拼命地模仿成真实数据并把它们藏在真实数据中让 D 猜不出来，而 D 就拼命地把伪造数据和真实数据分开。经过二者的博弈以后，G 的伪造技术越来越厉害，D 的判别技术也越来越厉害。直到 D 再也分不出数据是真实的还是 G 生成的数据的时候，这个对抗的过程达到一个动态的平衡。

单向生成式对抗网络需要两个 Loss：生成器的重建 Loss 和判别器的判别 Loss。

- 重建Loss：希望生成的图片Gba(Gab(a))与原图a 尽可能相似。
- 判别Loss：生成的假图片和原始真图片都会输入判别器中。公式为0、1二分类的损失。

而 CycleGAN 本质上是两个镜像对称的生成式对抗网络，构成一个环形网络。两个生成式对抗网络共享两个生成器，并各自带一个判别器，即共有两个判别器和两个生成器。一个单向生成式对抗网络有两个 Loss，两个生成式对抗网络则共有 4 个 Loss。

CycleGAN 的网络架构有两个比较重要的特点，第一个就是双判别器。如图 13-3 所示，有两个分布 X 和 Y，生成器 G 和 F 分别是 X 到 Y 和 Y 到 X 的映射，两个判别器 D_x、D_y 可以对转换后的图片进行判别。第二个就是 Cycle-Consistency Loss（循环一致性损失），用数据集中其他的图来检验生成器，这是防止 G 和 F 过拟合，比如想把一个小狗照片转换成梵·高风格，如果没有循环一致性损失，生成器可能会生成一幅梵·高的真实画作来骗过 D_x，而无视输入的小狗。

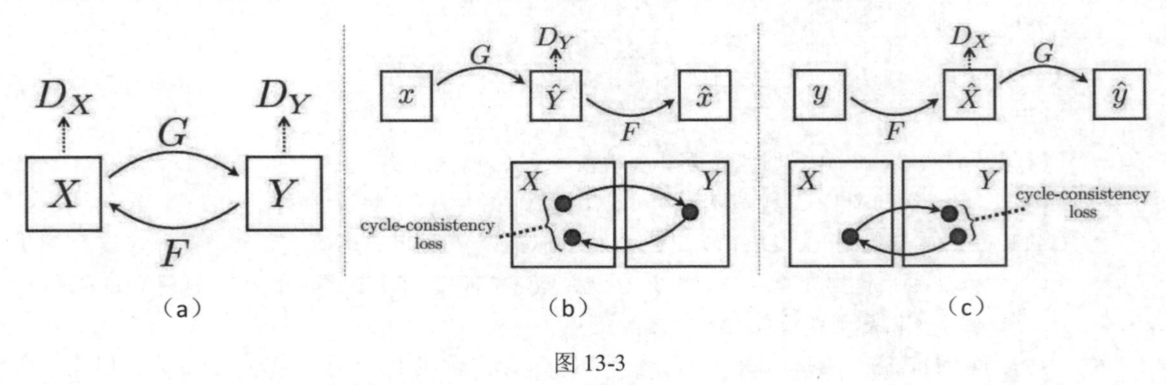

图 13-3

CycleGAN 有许多有趣的应用，下面介绍 5 类具体的应用，以展示 CycleGAN 这一技术的应用能力。

（1）风格转换：是指学习一个领域的艺术风格并将该艺术风格应用到其他领域，一般是将绘画的艺术风格迁移到照片上。图 13-4 展示了使用 CycleGAN 学习莫奈、梵·高、塞尚、浮世绘的绘画风格，并将其迁移到风景照上的结果。

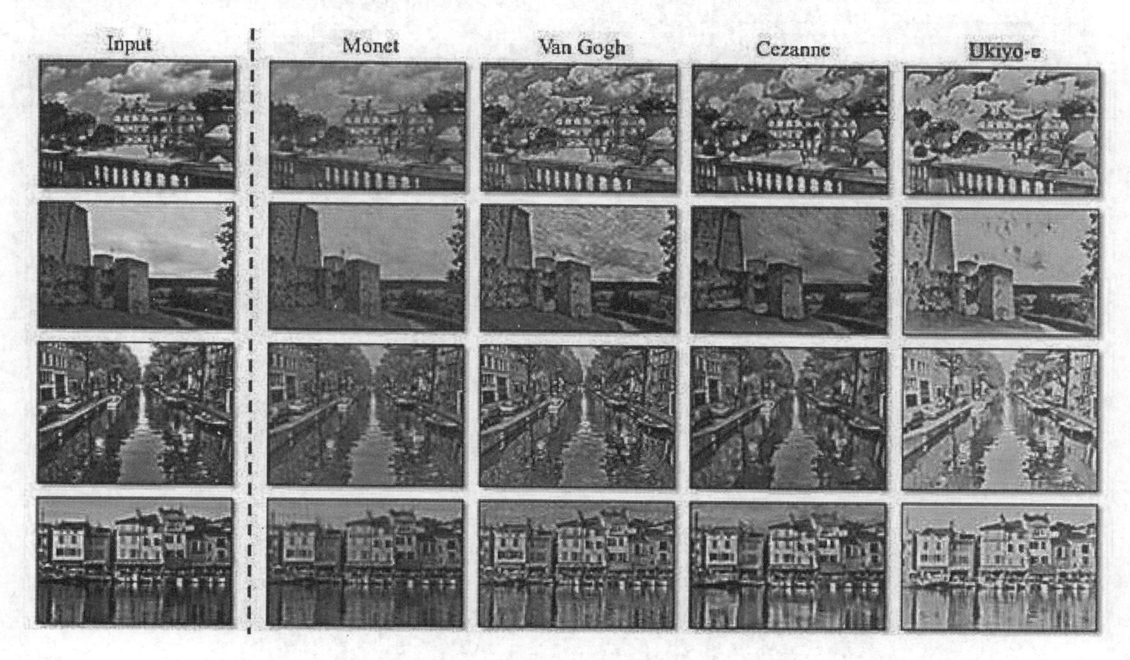

图 13-4

（2）物体变形：是指将物体从一个类别转换到另一个类别，例如将狗转换为猫。在下面的示例中，CycleGAN 实现了斑马和马的照片间的相互转换。由于马和斑马除在皮肤颜色上有所差异外，其大小和身体结构都很相似，因此这种转换是有意义的。

如图 13-5 所示，CycleGAN 将图片中的苹果和橘子进行了相互转换，苹果和橘子的大小和结构相似，因此这一转换同样合理。

图 13-5

（3）季节转换：是指将在某一季节拍摄的照片转换为另一个季节的照片，例如将夏季的照片转换为冬季。如图13-6所示，CycleGAN实现了冬季和夏季拍摄的风景照之间的相互转换。

图13-6

（4）使用绘画生成照片：是指使用给定的绘画合成像照片一样逼真的图片，一般使用著名画家的画作或著名的风景画进行生成。如图13-7所示，CycleGAN将莫奈的一些名画合成为类似照片的图片。

图13-7

（5）图像增强：是指通过某种方式对原图片质量进行提升。如图 13-8 所示，通过增加景深对近距离拍摄的花卉照片进行增强。

图 13-8

13.4 基于生成式对抗网络生成动漫人物图像

如今 AI 艺术创作能力越来越强大，Google 发布的 ImageGen 项目基于文本提示作画的结果和真实艺术家的成品难辨真假。本项目将使用 PyTorch 实现生成式对抗网络来完成 AI 生成动漫人物图像。

本项目中使用的数据集是一个由 63 632 个高质量动画人脸组成的数据集，从 www.getchu.com 中抓取，然后使用 https://github.com/nagadomi/lbpcascade_animeface 中的动画人脸检测算法进行裁剪。图像大小从 90×90 到 120×120 不等。该数据集包含高质量的动漫角色图像，具有干净的背景和丰富的颜色。数据集下载链接：https://github.com/bchao1/Anime-Face-Dataset。

我们知道在生成式对抗网络中有两个模型——生成模型（Generative Model，G）和判别模型（Discriminative Model，D）。G 就是一个生成图片的网络，它接收一个随机的噪声 z，然后通过这个噪声生成图片，生成的数据记作 G(z)。D 是一个判别网络，判别一幅图片是不是“真实的”（是不是捏造的）。它的输入参数是 x，x 代表一幅图片，输出 D(x)代表 x 为真实图片的概率，如果为 1，就代表是真实的图片，而输出为 0，就代表不可能是真实的图片。

- 定义生成器Generator：生成器的输入为100维的高斯噪声，生成器会利用这个噪声生成指定大小的图片，关于最初的噪声，可以看成10011的特征图，然后利用转置卷积来进行尺寸还原操作，标准的卷积操作是不断缩小尺寸，转置卷积就可以理解为它的逆操作，这样就可以不断放大图像。
- 定义判别器Discriminator：判别器就是一个典型的二分类网络，首先它的输入是我们输入的图片，我们会利用一系列卷积操作来形成一维特征图进行分类操作，这里可以发现判别器的网络和生成器的相关操作是可逆的，唯独不一样的是激活函数。

模型训练的步骤如下：

步骤 01 首先固定生成器，训练判别器，提高真实样本被判别为真的概率，同时降低生成器生成的假图像被判别为真的概率，目标是判别器能准确进行分类。

步骤02 固定判别器，训练生成器，生成器生成图像，尽可能提高该图像被判别器判别为真的概率，目标是生成器的结果能够骗过判别器。

步骤03 重复，循环交替训练，最终生成器生成的样本足够逼真，使得鉴别器只有大约50%的判断正确率（相当于乱猜）。

完整代码如下：

```
####################GANDEMO.py####################
import os
import torch
import torch.nn as nn
import torch.nn.functional as F
from torch.utils.data import TensorDataset
import torchvision
from torchvision import transforms, datasets
from tqdm import tqdm

class Config(object):
    data_path = './gandata/data/'
    image_size = 96
    batch_size = 32
    epochs = 200
    lr1 = 2e-3
    lr2 = 2e-4
    beta1 = 0.5
    gpu = False
    device = torch.device('cuda:0' if torch.cuda.is_available() else 'cpu')
    nz = 100
    ngf = 64
    ndf = 64
    save_path = './gandata/images'
    generator_path = './gandata/generator.pkl'          #模型保存路径
    discriminator_path = './gandata/discriminator.pkl' #模型保存路径
    gen_img = './gandata/result.png'
    gen_num = 64
    gen_search_num = 5000
    gen_mean = 0
    gen_std = 1

config = Config()

# 1.数据转换
data_transform = transforms.Compose([
    transforms.Resize(config.image_size),
    transforms.CenterCrop(config.image_size),
    transforms.ToTensor(),
    transforms.Normalize([0.5, 0.5, 0.5], [0.5, 0.5, 0.5])
])
```

```
# 2.形成训练集
train_dataset = datasets.ImageFolder(root=os.path.join(config.data_path),
                                     transform=data_transform)

# 3.形成迭代器
train_loader = torch.utils.data.DataLoader(train_dataset,
                                           config.batch_size,
                                           True,
                                           drop_last=True)
print('using {} images for training.'.format(len(train_dataset)))

class Generator(nn.Module):
    def __init__(self, config):
        super().__init__()

        ngf = config.ngf

        self.model = nn.Sequential(
            nn.ConvTranspose2d(config.nz, ngf * 8, 4, 1, 0),
            nn.BatchNorm2d(ngf * 8),
            nn.ReLU(True),

            nn.ConvTranspose2d(ngf * 8, ngf * 4, 4, 2, 1),
            nn.BatchNorm2d(ngf * 4),
            nn.ReLU(True),

            nn.ConvTranspose2d(ngf * 4, ngf * 2, 4, 2, 1),
            nn.BatchNorm2d(ngf * 2),
            nn.ReLU(True),

            nn.ConvTranspose2d(ngf * 2, ngf, 4, 2, 1),
            nn.BatchNorm2d(ngf),
            nn.ReLU(True),

            nn.ConvTranspose2d(ngf, 3, 5, 3, 1),
            nn.Tanh()
        )

    def forward(self, x):
        output = self.model(x)
        return output


class Discriminator(nn.Module):
    def __init__(self, config):
        super().__init__()

        ndf = config.ndf
```

```
        self.model = nn.Sequential(
            nn.Conv2d(3, ndf, 5, 3, 1),
            nn.LeakyReLU(0.2, inplace=True),

            nn.Conv2d(ndf, ndf * 2, 4, 2, 1),
            nn.BatchNorm2d(ndf * 2),
            nn.LeakyReLU(0.2, inplace=True),

            nn.Conv2d(ndf * 2, ndf * 4, 4, 2, 1),
            nn.BatchNorm2d(ndf * 4),
            nn.LeakyReLU(0.2, inplace=True),

            nn.Conv2d(ndf * 4, ndf * 8, 4, 2, 1),
            nn.BatchNorm2d(ndf * 8),
            nn.LeakyReLU(0.2, inplace=True),

            nn.Conv2d(ndf * 8, 1, 4, 1, 0)
        )

    def forward(self, x):
        output = self.model(x)
        return output.view(-1)

generator = Generator(config)
discriminator = Discriminator(config)

optimizer_generator = torch.optim.Adam(generator.parameters(),
                                config.lr1,
                                betas=(config.beta1, 0.999))
optimizer_discriminator = torch.optim.Adam(discriminator.parameters(),
                                config.lr2,
                                betas=(config.beta1, 0.999))

true_labels = torch.ones(config.batch_size)
fake_labels = torch.zeros(config.batch_size)
fix_noises = torch.randn(config.batch_size, config.nz, 1, 1)
noises = torch.randn(config.batch_size, config.nz, 1, 1)

for epoch in range(config.epochs):
    for ii, (img, _) in tqdm(enumerate(train_loader)):
        real_img = img.to(config.device)

        if ii % 2 == 0:
            optimizer_discriminator.zero_grad()

            r_preds = discriminator(real_img)
            noises.data.copy_(torch.randn(config.batch_size, config.nz, 1, 1))
            fake_img = generator(noises).detach()
            f_preds = discriminator(fake_img)
```

```
            r_f_diff = (r_preds - f_preds.mean()).clamp(max=1)
            f_r_diff = (f_preds - r_preds.mean()).clamp(min=-1)
            loss_d_real = (1 - r_f_diff).mean()
            loss_d_fake = (1 + f_r_diff).mean()
            loss_d = loss_d_real + loss_d_fake

            loss_d.backward()
            optimizer_discriminator.step()

        else:
            optimizer_generator.zero_grad()
            noises.data.copy_(torch.randn(config.batch_size, config.nz, 1, 1))
            fake_img = generator(noises)
            f_preds = discriminator(fake_img)
            r_preds = discriminator(real_img)
            r_f_diff = r_preds - torch.mean(f_preds)
            f_r_diff = f_preds - torch.mean(r_preds)
            loss_g = torch.mean(F.relu(1 + r_f_diff)) \
                  + torch.mean(F.relu(1 - f_r_diff))
            loss_g.backward()
            optimizer_generator.step()

    if epoch == config.epochs - 1:
        # 保存模型
        torch.save(discriminator.state_dict(), config.discriminator_path)
        torch.save(generator.state_dict(), config.generator_path)

print('Finished Training')

generator = Generator(config)
discriminator = Discriminator(config)

noises = torch.randn(config.gen_search_num,
              config.nz, 1, 1).normal_(config.gen_mean,
                                                   config.gen_std)
noises = noises.to(config.device)

generator.load_state_dict(torch.load(config.generator_path,
                           map_location='cpu'))
discriminator.load_state_dict(torch.load(config.discriminator_path,
                              map_location='cpu'))
generator.to(config.device)
discriminator.to(config.device)

fake_img = generator(noises)
scores = discriminator(fake_img).detach()

indexs = scores.topk(config.gen_num)[1]
result = []
for ii in indexs:
```

```
    result.append(fake_img.data[ii])

torchvision.utils.save_image(torch.stack(result), config.gen_img,
                             normalize=True, value_range=(-1, 1))
```

代码运行结果如下：

```
using 900 images for training.
28it [00:20,  1.40it/s]
28it [00:20,  1.33it/s]
28it [00:21,  1.29it/s]
...
28it [00:26,  1.06it/s]
Finished Training
```

效果图如图13-9所示，由于只训练了100个Epoch，因此图像生成的纹理还不算太清楚，大家计算资源允许的话，可以多训练一些Epoch来生成更多的图像细节。

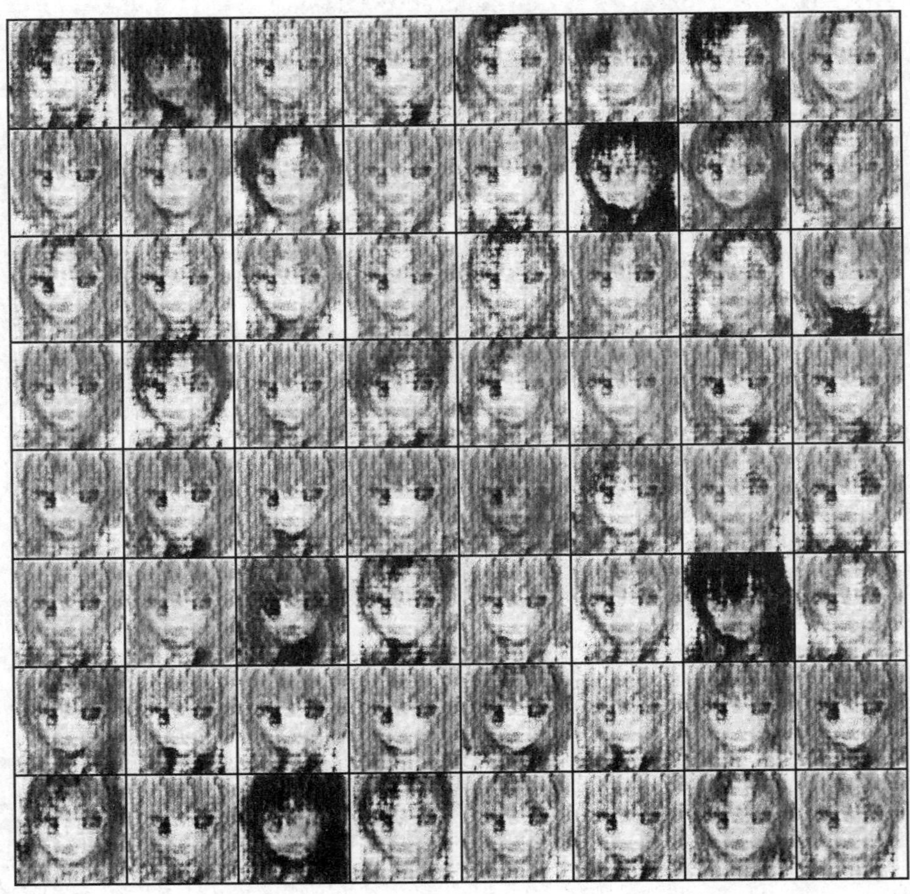

图13-9

第 14 章

糖尿病预测项目实战

14.1 糖尿病预测项目背景

根据美国预防疾病中心报道，现在美国有 1/7 的成年人患有糖尿病。根据增长趋势，到了 2050 年患糖尿病的人数将高达 1/3。糖尿病患上后无法根治，只能每日用药控制，且糖尿病相关并发症多，每 8 秒就有 1 人死于糖尿病及其并发症。如果未经治疗，糖尿病可能引发许多并发症。笔者的父亲就常年受到糖尿病的困扰。但是根据专家研究，只要早点发现糖尿病的趋势，控制好饮食，就能杜绝糖尿病的加重甚至根治。

通过人工智能深度学习技术开发预测软件，用户可以在家里定时测量血压等身体数据，或者定期去医院体检获得数据后，由医生或者病人自行把数据输入预测软件中，随后预测软件会根据数据分析预测后输出的结果判断是否有患糖尿病的风险，提醒患者到医院进行深度检查。

如图 14-1 所示，这是一个预测一个人在一年之后得糖尿病的概率的例子，这个时候我们的输入将会有很多指标，你可以把它看成是我们体检的各种值，最后一列 Y 代表了他是否会得糖尿病。

X1	X2	X3	X4	X5	X6	X7	X8	Y	
-0.29	0.49	0.18	-0.29	0.00	0.00	-0.53	-0.03	0	
-0.88	-0.15	0.08	-0.41	0.00	-0.21	-0.77	-0.67	1	Sample
-0.06	0.84	0.05	0.00	0.00	-0.31	-0.49	-0.63	0	
-0.88	-0.11	0.08	-0.54	-0.78	-0.16	-0.92	0.00	1	
0.00	0.38	-0.34	-0.29	-0.60	0.28	0.89	-0.60	0	
-0.41	0.17	0.21	0.00	0.00	-0.24	-0.89	-0.70	1	
-0.65	-0.22	-0.18	-0.35	-0.79	-0.08	-0.85	-0.83	0	
0.18	0.16	0.00	0.00	0.00	0.05	-0.95	-0.73	1	
-0.76	0.98	0.15	-0.09	0.28	-0.09	-0.93	0.07	0	
-0.06	0.26	0.57	0.00	0.00	0.00	-0.87	0.10	0	

图 14-1

14.2 糖尿病数据集介绍

这个项目使用的数据是从 Kaggle 网站上下载的印第安人糖尿病数据库。数据链接：https://www.kaggle.com/datasets/uciml/pima-indians-diabetes-database。该数据集最初来自美国国家糖尿病、消化和肾脏疾病研究所，目的是根据数据集中包含的某些诊断测量值，诊断性地预测患者是否患有糖尿病。这里的所有患者都是至少 21 岁的印第安血统的女性。该数据集由几个医学预测变量和一个目标变量组成。预测变量包括患者的怀孕次数、BMI、胰岛素水平、年龄等。

糖尿病数据集是一个 CSV 文本文件，总共有 769 行 9 列数据。除第一行外，所有数据都是单精度浮点数，其中第一行是对数据集中各项身体参数的说明，所以在训练的时候要把第一行数据删除。数据集中前 8 列是上述各项身体指标，最后一列是输出结果（标签），0 表示未患有糖尿病，1 表示患有糖尿病。数据集的数据预览如图 14-2 所示。

Pregnancies	Glucose	BloodPressure	SkinThickness	Insulin	BMI	DiabetesPedigreeFunction	Age	Outcome
6	148	72	35	0	33.6	0.627	50	1
1	85	66	29	0	26.6	0.351	31	0
8	183	64	0	0	23.3	0.672	32	1
1	89	66	23	94	28.1	0.167	21	0
0	137	40	35	168	43.1	2.288	33	1
5	116	74	0	0	25.6	0.201	30	0
3	78	50	32	88	31	0.248	26	1
10	115	0	0	0	35.3	0.134	29	0
2	197	70	45	543	30.5	0.158	53	1
8	125	96	0	0	0	0.232	54	1
4	110	92	0	0	37.6	0.191	30	0
10	168	74	0	0	38	0.537	34	1
10	139	80	0	0	27.1	1.441	57	0

图 14-2

数据集中各变量的含义介绍如图 14-3 所示。

Pregnancies	怀孕次数
Glucose	葡萄糖测试值
BloodPressure	血压
SkinThickness	皮肤厚度
Insulin	胰岛素
BMI	身体质量指数
DiabetesPedigreeFunction	糖尿病遗传函数
Age	年龄
Outcome	糖尿病标签，1表示有糖尿病，0表示没有糖尿病

图 14-3

我们对该数据集进行探索分析，代码如下：

```
############diabetes_data.py###################
import pandas as pd
import matplotlib.pyplot as plt
import seaborn as sns

diabetes_data = pd.read_csv('diabetes2.csv')

# 查看数据信息
print(diabetes_data.info(verbose=True))
# 设置参数 verbose 为 True，允许冗长信息

# 数据描述
print(diabetes_data.describe())
# 通过 describe 可以观察到数据的数量、平均值、标准差、最小值、最大值等

# 数据形状
print("dimension of diabetes data: {}".format(diabetes_data.shape))

# 查看标签分布
print(diabetes_data.Outcome.value_counts())

# 使用柱状图的方式画出标签个数统计
plt.figure()
diabetes_data.Outcome.value_counts().plot(kind="bar")

plt.figure()
sns.countplot(diabetes_data['Outcome'], label="Count")
plt.savefig("0_1_grap")

# 可视化数据分布
sns.pairplot(diabetes_data, hue="Outcome");
plt.savefig("0_2_grap")

# 画热力图，数值为两个变量之间的相关系数
plt.figure()
sns.heatmap(diabetes_data.corr(), annot=True)
plt.savefig("0_3_grap")
##############################################
```

运行程序，输出结果如下：

```
<class 'pandas.core.frame.DataFrame'>
RangeIndex: 768 entries, 0 to 767
Data columns (total 9 columns):
 #   Column                    Non-Null Count  Dtype
---  ------                    --------------  -----
 0   Pregnancies                768 non-null    int64
 1   Glucose                    768 non-null    int64
 2   BloodPressure              768 non-null    int64
```

```
 3   SkinThickness              768 non-null   int64
 4   Insulin                    768 non-null   int64
 5   BMI                        768 non-null   float64
 6   DiabetesPedigreeFunction   768 non-null   float64
 7   Age                        768 non-null   int64
 8   Outcome                    768 non-null   int64
dtypes: float64(2), int64(7)
memory usage: 54.1 KB
None
       Pregnancies     Glucose  ...         Age     Outcome
count   768.000000  768.000000  ...  768.000000  768.000000
mean      3.845052  120.894531  ...   33.240885    0.348958
std       3.369578   31.972618  ...   11.760232    0.476951
min       0.000000    0.000000  ...   21.000000    0.000000
25%       1.000000   99.000000  ...   24.000000    0.000000
50%       3.000000  117.000000  ...   29.000000    0.000000
75%       6.000000  140.250000  ...   41.000000    1.000000
max      17.000000  199.000000  ...   81.000000    1.000000

[8 rows x 9 columns]
dimension of diabetes data: (768, 9)
0    500
1    268
Name: Outcome, dtype: int64
```

这里 sns.heatmap()用于绘制热力图，如图 14-4 所示，热力图表示的是两个数据之间的相关性，数值范围是-1~1，大于 0 表示两个数据之间是正相关的，小于 0 表示两个数据之间是负相关的，等于 0 就是不相关。

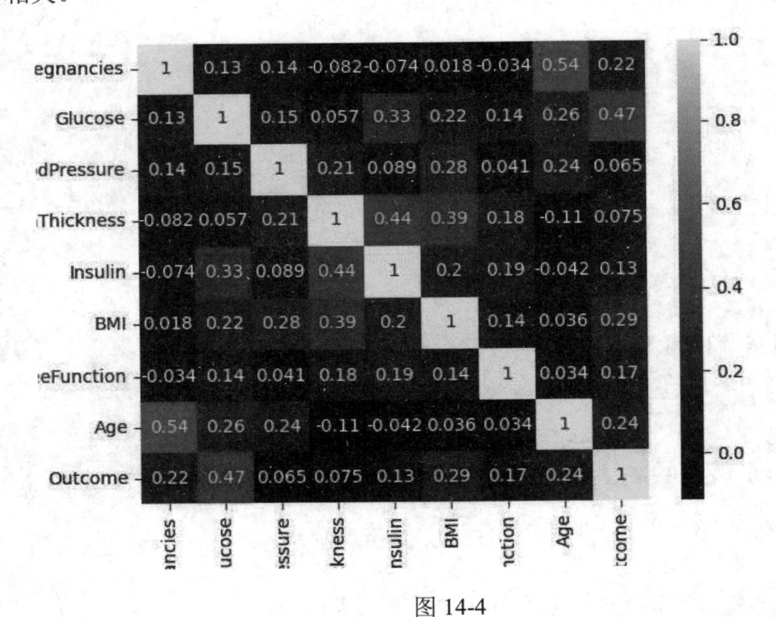

图 14-4

从上述热力图可以看出一些明显的特征，如糖尿病的标签 Outcome 和葡萄糖测试值 Glucose 正相关系数比较大，说明葡萄糖测试值高的话，有可能患有糖尿病。同理，年龄 Age 和怀孕次数 Pregnancies 之间的相关性也比较强。

14.3 LSTM-CNN 模型

LSTM-CNN 模型是一种混合模型，结合了长短期记忆（Long Short-Term Memory，LSTM）网络和卷积神经网络（CNN）的优点。LSTM 能够处理时序数据，学习长期依赖关系；而 CNN 则能够从局部特征中提取有用信息。在高血压预测中，LSTM 用于学习患者的历史健康数据中的时间依赖关系，而 CNN 则用于从这些数据中提取有用的特征。

LSTM-CNN 模型是一种结合了长短期记忆网络和卷积神经网络的混合模型。

长短期记忆网络的思路比较简单。原始循环神经网络（Recurrent Neural Network，RNN）的隐藏层只有一个状态，即 h，它对于短期的输入非常敏感。那么，假如我们再增加一个状态，即 c，让它来保存长期的状态，那么问题不就解决了吗？如图 14-5 所示。

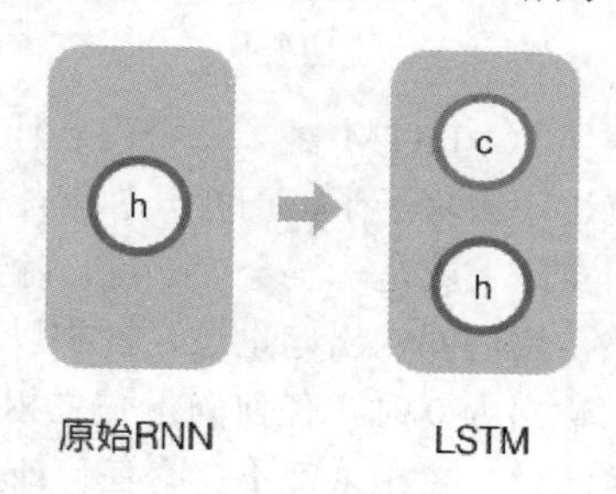

图 14-5

新增加的状态 c 称为单元状态（Cell State），我们把图 14-5 按照时间维度展开，如图 14-6 所示。可以看出，在 t 时刻，LSTM 的输入有三个：当前时刻网络的输入值 x_t、上一时刻 LSTM 的输出值 h_{t-1} 以及上一时刻的单元状态 c_{t-1}。LSTM 的输出有两个：当前时刻 LSTM 的输出值 h_t 和当前时刻的单元状态 c_t。

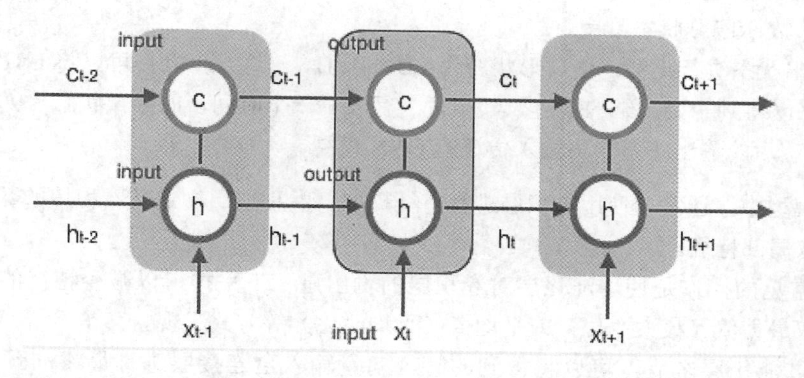

图 14-6

LSTM 的关键就是怎样控制长期状态 c。在这里，LSTM 的思路是使用三个控制开关。第一个开关负责控制继续保存长期状态 c；第二个开关负责控制把即时状态输入长期状态 c；第三个开关负责控制是否把长期状态 c 作为当前的 LSTM 的输出。三个开关的作用如图 14-7 所示。

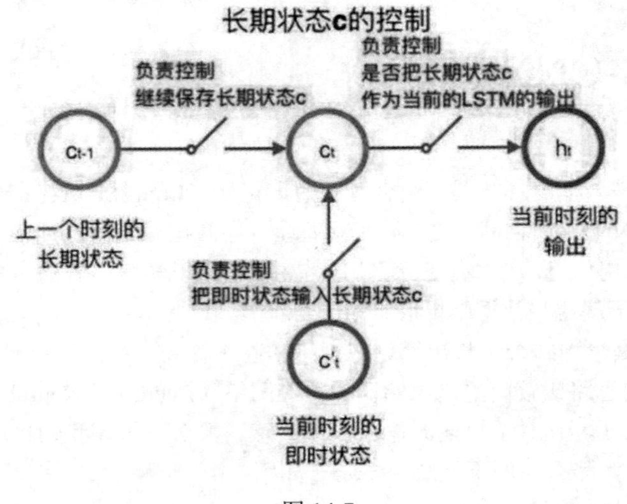

图 14-7

这些开关是用门（Gate）来实现的，LSTM 多了三个门，什么意思呢？在现实生活中，门就是用来控制进出的，门关上了，你就进不去房子了，门打开你就能进去，同理，这里的门用来控制每一时刻信息的记忆与遗忘。定义门实际上就是一层全连接层，输入是一个向量，输出是一个 0~1 的实数向量。门如何进行控制？方法是用门的输出向量按元素乘以我们需要控制的那个向量，原理是：门的输出是 0~1 的实数向量，当门输出为 0 时，任何向量与之相乘都会得到 0 向量，这就相当于什么都不能通过；输出为 1 时，任何向量与之相乘都不会有任何改变，这就相当于什么都可以通过。

接下来，将 LSTM 层的输出状态作为 CNN 的输入，进行卷积和池化等操作，然后通过全连接层进行最终的预测或分类。

将 LSTM 层的输出状态作为 CNN 的输入时，通常会对输出状态进行重塑（Reshape），以适应 CNN 的输入格式要求。具体的处理方式如下：

（1）假设 LSTM 层的输出状态形状为（B , T , H），其中 B 表示批次大小（Batch Size），T 表示序列长度，H 表示隐藏状态维度。

（2）将输出状态进行重塑，使其形状变为（B×T , H）。这一步操作可以将 LSTM 输出的所有时间步连接起来，得到一个二维的矩阵，其中每一行表示一个时间步的隐藏状态。

（3）将重塑后的输出状态作为输入传递给 CNN 模型。

在 CNN 模型中，通常会使用卷积层进行特征提取。卷积层通过定义卷积核的数目、大小和步长等参数来提取局部特征。

接下来，常见的操作是使用池化层对卷积层的输出进行下采样，以减少特征的维度和数量。池化可以通过取最大值（最大池化）或平均值（平均池化）等方式实现。

最后，经过池化层之后，可以将得到的特征向量输入全连接层进行最终的预测或分类等任务。

14.4　实战项目代码分析

本次糖尿病数据集中一共有 768 个样本，每个样本有 8 个特征和 1 个对应的标签。糖尿病数据集特征包括怀孕次数、血糖、血压、胰岛素等 8 个特征，预测是否患糖尿病（0 或 1）。

我们使用 PyTorch 来搭建 LSTM-CNN 模型，使用 Adam 优化器和交叉熵损失函数进行模型训练，完整代码如下：

```
###############diabetes.py#######
import torch
import torch.nn as nn
import pandas as pd
# 加载数据
data = pd.read_csv('diabetes2.csv')
# 分割训练集和测试集
train_data = data.sample(frac=0.99, random_state=42)
test_data = data.drop(train_data.index)
print(test_data)

#使用 PyTorch 搭建 LSTM-CNN 模型
class LSTM_CNN(nn.Module):
    def __init__(self):
        super(LSTM_CNN, self).__init__()
        self.lstm = nn.LSTM(input_size=8, hidden_size=64, num_layers=2,
batch_first=True)
        self.conv1 = nn.Conv1d(in_channels=64, out_channels=128, kernel_size=1)
        self.fc = nn.Linear(128, 2)

    def forward(self, x):
        x,_ = self.lstm(x)
        x = x.transpose(1, 0)
        x = self.conv1(x)
        x = x.transpose(1, 0)
        x = x.view(x.size(0), -1)
        x = self.fc(x)
        return x

# 模型训练
model = LSTM_CNN()
optimizer = torch.optim.Adam(model.parameters(), lr=0.001)
criterion = nn.CrossEntropyLoss()

for epoch in range(100):
    inputs = torch.tensor(train_data.drop('Outcome', axis=1).values).float()
    labels = torch.tensor(train_data['Outcome'].values).long()
```

```
    outputs = model(inputs)
    loss = criterion(outputs, labels)
    optimizer.zero_grad()
    loss.backward()
    optimizer.step()
    print('Epoch [%d/100], Loss: %.4f' %(epoch+1, loss.item()))

# 模型预测
inputs = torch.tensor(test_data.drop('Outcome', axis=1).values).float()
outputs = model(inputs)
_, predicted = torch.max(outputs.data, 1)
print('Predicted: ', predicted)
    ########################################
```

运行结果如下：

```
        Pregnancies  Glucose  ...  Age  Outcome
    20             3      126  ...   27        0
    71             5      139  ...   26        0
    102            0      125  ...   21        0
    106            1       96  ...   27        0
    270           10      101  ...   38        1
    435            0      141  ...   29        1
    614           11      138  ...   50        1
    700            2      122  ...   26        0

    [8 rows x 9 columns]
    Epoch [1/100], Loss: 0.6793
    Epoch [2/100], Loss: 0.6643
    Epoch [3/100], Loss: 0.6530
    …
    Epoch [98/100], Loss: 0.1075
    Epoch [99/100], Loss: 0.1007
    Epoch [100/100], Loss: 0.0982
    Predicted:  tensor([0, 0, 0, 0, 0, 1, 1, 0])
```

另外，这个项目还可以采用多隐藏层前馈神经网络（Feedforward Neural Network，FNN），FNN是人工智能领域中最早发明的简单人工神经网络类型，各神经元分层排列。每个神经元只与前一层的神经元相连，接收前一层的输出，并输出给下一层，各层之间没有反馈。在它内部，参数从输入层经过隐含层向输出层单向传播。与递归神经网络不同，在它内部不会构成有向环。

如图 14-8 所示，我们在模型中设置两个隐藏层和一个输出层。处理二分类问题时，我们采用Sigmoid 作为激活函数，损失函数采用 BCELoss 计算两个分布之间的差异，优化器采用 Adam 随机梯度优化算法。当然，读者也可以用别的损失函数或者优化器对比效果，例如交叉熵损失函数、SGD优化器。

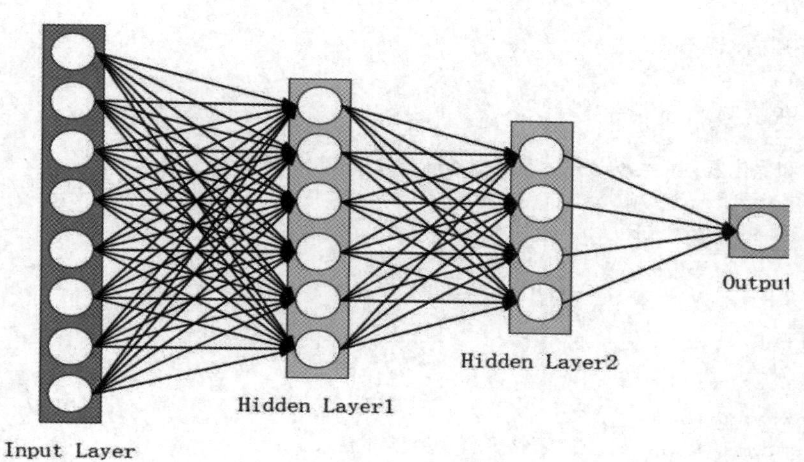

图 14-8

输出经过 Sigmoid，变成了（0，1）之间的浮点数，我们把大于 0.5 的判定为 1，表示患有糖尿病，小于 0.5 的判定为 0，表示未患有糖尿病。

全部代码如下：

```
##########diabetes_demo.py#################
import torch
import matplotlib.pyplot as plt
import numpy as np

# 注意这里必须写成二维的矩阵
#文件名，以','作为分割符，常用 32 位浮点数
xy = np.loadtxt('diabetes2.csv', delimiter=',', dtype=np.float32,skiprows=1)
x_data = torch.from_numpy(xy[:, :-1]) #特征信息
y_data = torch.from_numpy(xy[:, [-1]]) #目标分类

class Model(torch.nn.Module):
    def __init__(self):
        super().__init__()
        # 线性模型: y = w*x + b
        # 在线性模型 Linear 类中，第一次训练时的参数 w 和 b 都是给的随机数
        self.linear1 = torch.nn.Linear(8, 6) #输入数据 x 的特征是八维，x 有 8 个特征
        self.linear2 = torch.nn.Linear(6, 4)
        self.linear3 = torch.nn.Linear(4, 1)
        self.activate = torch.nn.Sigmoid()

    # __call__() 中会调用这个函数
    # 类中定义的每个函数都需要有参数 self 来代表自己，用来调用类中的成员变量和方法
    def forward(self, x):
        x = self.activate(self.linear1(x))
        x = self.activate(self.linear2(x))
        x = self.activate(self.linear3(x))
        return x
```

```
# model 为可调用的，实现了__call__()
model = Model()
    print(model)

# 构建损失函数和优化器:BCELoss——运用交叉熵计算两个分布之间的差异
criterion = torch.nn.BCELoss(reduction='mean')  # 二分类交叉熵损失函数
#  指定优化器（其实就是有关梯度下降的算法），这里将优化器和 model 进行了关联
optimizer = torch.optim.Adam(model.parameters(), lr=0.01)

epoch_list = []
loss_list = []

for epoch in range(500):
   y_pred = model(x_data)  # 直接把整个数据都放入了
   # 计算训练输出的值和真实的值之前的分布差异
   loss = criterion(y_pred, y_data)

   print("epoch=",epoch, "Loss=",loss.item())
   epoch_list.append(epoch)
   loss_list.append(loss.item())
   #重置梯度，梯度清零
   optimizer.zero_grad()  # 自动找到所有的 w 和 b 进行清零，优化器的作用 （为什么这个放到
loss.backward()后面清零就不行了呢？）
   # 计算梯度反向传播
   loss.backward()
   #优化器根据梯度值进行优化，更新梯度
   optimizer.step()  # 自动找到所有的 w 和 b 进行更新，优化器的作用

#训练过程可视化
plt.plot(epoch_list, loss_list)
plt.xlabel('epoch')
plt.ylabel('loss')
plt.show()

#  测试
xy = np.loadtxt('diabetes_test.csv', delimiter=',', dtype=np.float32,skiprows=1)
x_data = torch.from_numpy(xy[:, :-1])
y_data = torch.from_numpy(xy[:, -1])

x_test = torch.Tensor(x_data)
y_test = model(x_test)  # 预测

# 对比预测结果和真实结果
for index, i in enumerate(y_test.data.numpy()):
   if i[0] > 0.5:
      print(1, int(y_data[index].item()))
   else:
      print(0, int(y_data[index].item()))
```

代码运行后，限于篇幅，截取部分运行结果如下：

```
Model(
  (linear1): Linear(in_features=8, out_features=6, bias=True)
  (linear2): Linear(in_features=6, out_features=4, bias=True)
  (linear3): Linear(in_features=4, out_features=1, bias=True)
  (sigmoid): Sigmoid()
)
epoch= 0 Loss= 0.7705745697021484
epoch= 1 Loss= 0.7594799399375916
......
epoch= 495 Loss= 0.5112470984458923
epoch= 496 Loss= 0.5117750763893127
epoch= 497 Loss= 0.5099229216575623
epoch= 498 Loss= 0.5083346366882324
epoch= 499 Loss= 0.5071741938591003
1 1
0 0
1 1
0 0
1 1
```

整个训练过程如图 14-9 所示。

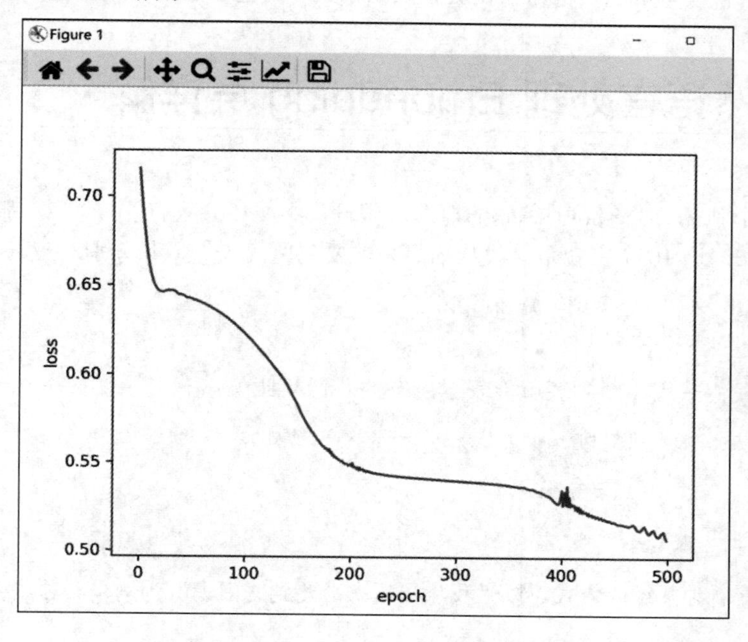

图 14-9

由于训练数据较少，导致模型过拟合非常严重，准确率提高困难，读者可以想办法增大训练集数量，提高模型准确率。糖尿病预测项目可以根据一个人的怀孕次数、血糖、血压、皮肤厚度、胰岛素指标、身体质量指数、糖尿病谱系指数、年龄等身体参数来预测一个人是否患有糖尿病。

第 15 章

基于大语言模型的自然语言处理项目实战

大语言模型（Large Language Model，LLM）是指使用大量文本数据训练的深度学习模型，可以生成自然语言文本或理解语言文本的含义。大语言模型可以处理多种自然语言任务，如文本分类、智能问答、人机对话等，是通向人工智能的一条重要途径。而语言模型是自然语言处理中的一种基础模型，用来对语言序列的概率分布进行建模，它可以预测下一个可能的词语或句子。在自然语言处理中，使用大语言模型可以使机器获得更强大的语义理解能力和语言生成能力。

15.1 自然语言处理 Embedding 层详解

首先，有一个独热（one-hot）编码的概念。假设，中文一共只有 10 个字，那么我们用 0~9 就可以表示完。比如，这 10 个字就是“我从福州来，要到厦门去”，其分别对应 0~9，如下所示：

```
我 从 福 州 来  要  到 厦 门 去
0  1  2  3  4   5   6  7  8  9
```

那么，其实我们只用一个列表就能表示所有的对话，比如：

```
我 从 哪 里 来 要 到 何 处 去 ——>>>[0 1 2 3 4 5 6 7 8 9]
```

或：

```
我 从 厦 门 来 要 到 福 州 去 ——>>>[0 1 7 8 4 5 6 2 3 9]
```

但是，我们看看独热编码方式，以“我从福州来，要到厦门去”为例，其独热编码方式如下：

```
[
[1 0 0 0 0 0 0 0 0 0]
[0 1 0 0 0 0 0 0 0 0]
[0 0 1 0 0 0 0 0 0 0]
[0 0 0 1 0 0 0 0 0 0]
[0 0 0 0 1 0 0 0 0 0]
[0 0 0 0 0 1 0 0 0 0]
[0 0 0 0 0 0 1 0 0 0]
[0 0 0 0 0 0 0 1 0 0]
```

```
[0 0 0 0 0 0 0 0 0 1 0]
[0 0 0 0 0 0 0 0 0 0 1]
]
```

而“我从厦门来，要到福州去”的独热编码为：

```
[
[1 0 0 0 0 0 0 0 0 0 0]
[0 1 0 0 0 0 0 0 0 0 0]
[0 0 0 0 0 0 0 0 1 0 0]
[0 0 0 0 0 0 0 0 0 1 0]
[0 0 0 0 1 0 0 0 0 0 0]
[0 0 0 0 0 1 0 0 0 0 0]
[0 0 0 0 0 0 0 1 0 0 0]
[0 0 1 0 0 0 0 0 0 0 0]
[0 0 0 1 0 0 0 0 0 0 0]
[0 0 0 0 0 0 0 0 0 0 1]
]
```

即把每一个字都对应成一个 10 个（样本总数/字总数）元素的数组/列表，其中每一个字都用唯一对应的数组/列表表示，数组/列表的唯一性用 1 表示。如上示例，“我”表示成[1 0 0 0 0 0 0 0 0 0]，“去”表示成[0 0 0 0 0 0 0 0 0 1]，这样就把每一系列的文本整合成一个稀疏矩阵。稀疏矩阵（二维）和列表（一维）相比，其优势很明显，就是计算简单。稀疏矩阵做矩阵运算的时候，只需要把 1 对应位置的数相乘求和就行，也许你心算都能算出来。而一维列表无法很快算出来，何况这个列表还是一行的，如果是 100 行、1 000 行或 1 000 列呢？所以，独热编码的优势就体现出来了，即计算方便快捷，表达能力强。

然而独热编码的缺点也随之而来了。比如中文的简体、繁体字常用和不常用的有十几万，然后一篇论文 100 万字，你要表示成 100 000×100 000 的矩阵。这是它最明显的缺点。过于稀疏时，过度占用资源。比如其实这篇论文虽然有 100 万字，但是其实整合起来，有 99 万字是重复的，只有 1 万字是完全不重复的。那么我们用 100 000×100 000 的矩阵岂不是白白浪费了 99 000×100 000 的存储空间。

为了解决这个问题，嵌入(Embedding)层横空出世。接下来给大家看一幅图，如图 15-1 所示。

$$\begin{pmatrix} 1 & 0 & 0 & 0 & 0 & 0 \\ 0 & 1 & 0 & 0 & 0 & 0 \end{pmatrix} \begin{pmatrix} w_{11} & w_{12} & w_{13} \\ w_{21} & w_{22} & w_{23} \\ w_{31} & w_{32} & w_{33} \\ w_{41} & w_{42} & w_{43} \\ w_{51} & w_{52} & w_{53} \\ w_{61} & w_{62} & w_{63} \end{pmatrix} = \begin{pmatrix} w_{11} & w_{12} & w_{13} \\ w_{21} & w_{22} & w_{23} \end{pmatrix}$$

图 15-1

假设有一个 2×6 的矩阵，乘以一个 6×3 的矩阵后，变成了一个 2×3 的矩阵。先不管它什么意思，这个过程把一个 12 个元素的矩阵变成了 6 个元素的矩阵，直观上，大小是不是缩小了一半？嵌入层在某种程度上就是用来降维的，降维的原理就是矩阵乘法。也就是说，假如有一个 1 000 000×100 000 的矩阵，用它乘以一个 100 000×20 的矩阵，我们可以把它降维到 1 000 000

×20，瞬间量级降了 100 000/20=5000 倍！这就是嵌入层的一个作用——降维。然后中间的 100 000 ×20 的矩阵可以理解为查询表、映射表或过渡表。

接下来，继续假设有一句话叫“妃子很漂亮”，如果我们使用独热编码，可能得到的编码如下：

```
妃 [0 0 0 0 1 0 0 0 0 0]
子 [0 0 0 1 0 0 0 0 0 0]
很 [0 0 1 0 0 0 0 0 0 0]
漂 [0 1 0 0 0 0 0 0 0 0]
亮 [1 0 0 0 0 0 0 0 0 0]
```

假设词袋一共只有 10 个字，则这句话的编码如上所示。这样的编码最大的好处就是，无论是什么字，都能在一个一维的数组中用 01 表示出来。并且不同的字绝对不一样，以至于一点重复都没有，表达本征的能力极强。但是，因为其完全独立，其劣势就出来了，表达关联特征的能力几乎为 0。

再举个例子，有一句话“皇后很漂亮”，在此基础上，我们可以把这句话表示为：

```
皇 [0 0 0 0 0 0 0 0 0 1]
后 [0 0 0 0 0 0 0 0 1 0]
很 [0 0 1 0 0 0 0 0 0 0]
漂 [0 1 0 0 0 0 0 0 0 0]
亮 [1 0 0 0 0 0 0 0 0 0]
```

从中文表示来看，我们一下就能感觉到，妃子跟皇后其实是有很大关系的，比如皇后是皇帝的大老婆，妃子是皇帝的小老婆，可以从“皇帝”这个词进行关联；皇后住在宫里，妃子住在宫里，可以从“宫里”这个词进行关联；皇后是女的，妃子也是女的，可以从“女”这个字进行关联。

但是，我们用了独热编码，皇后和妃子就变成这样了：

```
妃 [0 0 0 0 1 0 0 0 0 0]
子 [0 0 0 1 0 0 0 0 0 0]
皇 [0 0 0 0 0 0 0 0 0 1]
后 [0 0 0 0 0 0 0 0 1 0]
```

你知道这 4 行向量有什么内部关系吗？看不出来，既然通过刚才的假设关联，我们关联出了“皇帝”“皇宫”和“女”三个词，那么我们尝试这么定义妃子和皇后：

皇后是皇帝的大老婆，我们假设她跟皇帝的关系相似度为 1.0；皇后住的是中宫，假设她跟皇宫的关系相似度为 0.8；皇后一定是女的，跟女的关系相似度为 1.0。

妃子是皇帝的小老婆，不是正宫，但是又存在着某种关系，我们就假设她跟皇帝的关系相似度为 0.5；妃子住的东西 12 宫，我们假设她跟皇宫的关系相似度为 0.4；妃子一定是女的，跟女的关系相似度为 1.0。

于是皇后妃子 4 个字可以这么表示：

```
       皇   皇
       帝   宫  女
皇后 [ 1.0 0.8 1.0]
妃子 [ 0.5 0.4 1.0]
```

这样我们就把皇后和妃子两个词跟皇帝、皇宫、女这几个字（特征）关联起来了，可以认为：

皇后=1.0×皇帝 +0.8×皇宫 +1.0×女

妃子=0.5×皇帝 +0.4×皇宫 +1.0×女

这样，我们就把一些词用三个特征表征出来了。然后，把皇帝叫作特征（1），把皇宫叫作特征（2），把女叫作特征（3），于是，我们就得出了皇后和妃子的隐含特征关系：皇后=妃子的特征（1）×2+妃子的特征（2）×2+妃子的特征（3）×1。

于是，我们把文字的独热编码从稀疏态变成了密集态，并且让相互独立向量变成了有内在联系的关系向量。

总结一下，嵌入层做了什么呢？它把稀疏矩阵通过一些线性变换变成了一个密集矩阵，这个密集矩阵用了 N（例子中 N=3）个特征来表征所有的文字，在这个密集矩阵中，表面上代表密集矩阵跟单个字的一一对应关系，实际上还蕴含了大量的字与字之间、词与词之间甚至句子与句子之间的内在关系（比如我们得出的皇后跟妃子的关系）。她们之间的关系用的是嵌入层学习得来的参数进行表征的。从稀疏矩阵到密集矩阵的过程叫作 Embedding（直译是嵌入层，就是做一个映射变换的意思），很多人也把它叫作查表，因为它们之间也是一一映射的关系。

更重要的是，这种关系在反向传播的过程中一直在更新，因此能在多次训练后使得这个关系变得相对成熟，即正确地表达整个语义以及各个语句之间的关系。这个成熟的关系就是嵌入层的所有权重参数，所以说 Embedding 是自然语言处理领域最重要的发明之一。

15.2　Transformer 模型简介

Transformer 是一种非常流行的深度学习模型，广泛应用于自然语言处理领域，例如机器翻译、文本分类、问答系统等。Transformer 模型是由 Google 在 2017 年提出的，其优点在于可以在处理长文本时保持较好的性能，并且可以并行计算，提高训练速度。笔者将介绍 Transformer 模型的原理、应用和最新研究进展。

首先将 Transformer 模型视为一个黑盒。在机器翻译应用程序中，它接收一种语言的句子，在翻译为另一种语言后输出，如图 15-2 所示。

图 15-2

进入 Transformer 模型，如图 15-3 所示，我们将看到一个编码组件（Encoders）、一个解码组件（Decoders）以及二者间的连接。

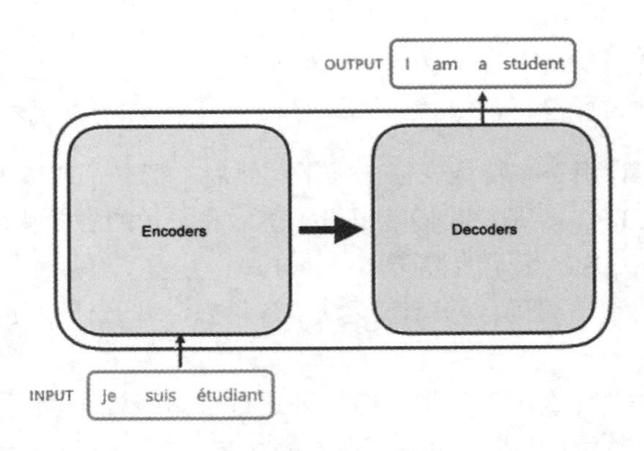

图 15-3

编码组件由多个编码器（Encoder）组成，如图 15-4 所示，原论文将 6 个编码器进行堆叠，数字 6 并没有特殊的含义，也可以尝试其他数量的编排方式。解码组件是由相同数量的解码器（Decoder）组成的。

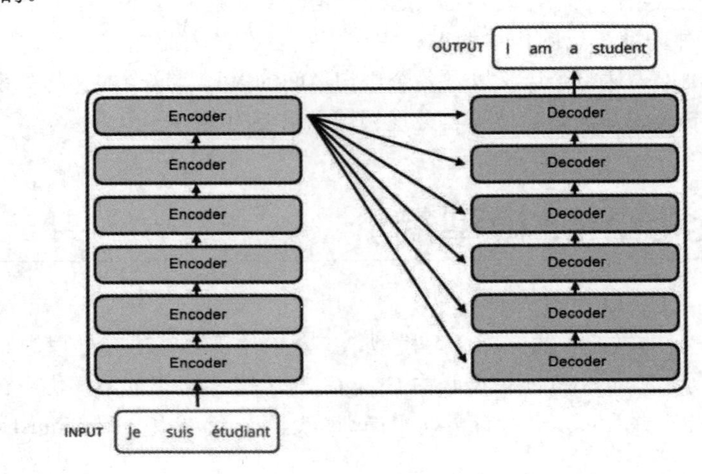

图 15-4

编码器在结构上都是相同的，但它们不共享权重。每个都分为两个子层，如图 15-5 所示。

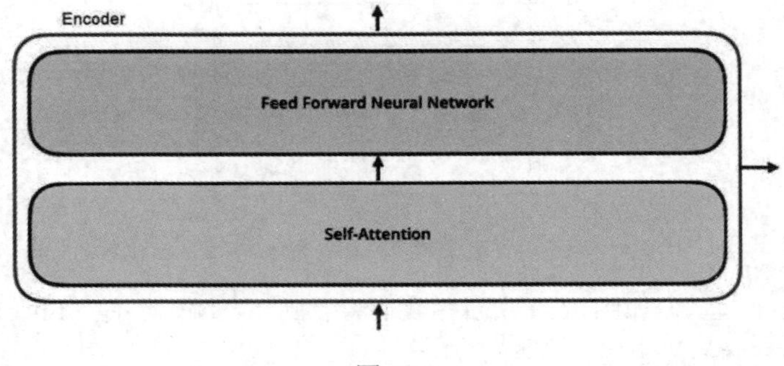

图 15-5

如图 15-6 所示，编码器的输入首先经过自注意力层（Self-Attention），该层使得编码器在对特定单词进行编码时，能够查看输入句子中的其他单词。自注意力层的输出被送到前馈神经网络

（Feed-Forward Neural Network）。完全相同的前馈神经网络独立应用于每个位置。解码器也有这两个层(自注意力层和前馈神经网络层)，但在二者之间还有一个注意力层(Encoder-Decoder Attention)，它使得解码器能专注于输入句子的相关部分（类似于 Seq2Seq 模型中的自注意力机制）。

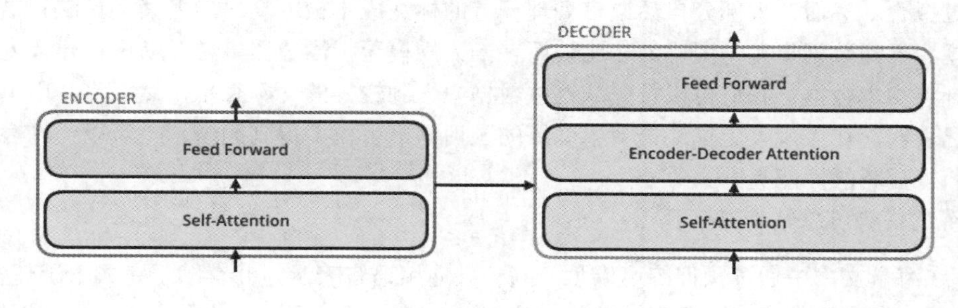

图 15-6

自注意力机制是什么呢？假设下面的句子作为待翻译的输入："The animal didn't cross the street because it was too tired"，这句话中的 it 指的是什么？它指的是 street 还是 animal？这对人类来说是一个简单的问题，但对算法来说却不那么简单。

当模型处理 it 这个词时，自注意力允许它把 it 和 animal 联系起来。当模型处理任意一个单词时，自注意力允许它查看输入序列中的其他位置的单词，寻找线索来更好地编码该单词。

最初，Transformer 是为语言翻译任务设计的，一开始是从英语到德语。但是，原始论文已经表明该架构可以很好地泛化到其他语言任务。这一趋势很快引起了研究界的注意。在接下来的几个月里，大多数与语言相关的机器学习任务排行榜，都被一些 Transformer 架构的模型霸榜。

Transformer 能够如此迅速地占据大多数自然语言处理排行榜的关键原因之一是：它能够快速适应其他任务，即迁移学习。预训练的 Transformer 模型可以非常容易并快速地适应它们没有接受过训练的任务。作为机器学习从业者，不再需要在庞大的数据集上训练大型模型。你需要做的就是在任务中重新使用预训练模型，也许只是稍微使用更小的数据集对其进行调整，用于使预训练模型适应不同任务的特定技术，即所谓的微调。

事实证明，Transformer 适应其他任务的能力非常强悍，以至于虽然它们最初是为了处理语言相关的任务而开发的，但它们很快就显现出对其他任务的帮助。例如，从视觉、音频和音乐应用到下棋、做数学题等。

15.3 预训练语言模型 GPT

15.3.1 什么是预训练语言模型

尽管神经网络模型在自然语言处理任务中已取得较好的效果，但其相对于非神经网络模型的优势并没有像在计算机视觉领域那么明显。该现象的主要原因可归结于当前自然语言处理任务的数据集相对较小（除机器翻译任务外）。深度神经网络模型通常包含大量参数，因此在较小规模的训练集中易过拟合，且泛化性较差。通过海量无标注语料来预训练神经网络模型，可以学习到有益于下游自然语言处理任务的通用语言表示，并可以避免从零训练新模型。预训练模型一直被视为一种训练深度神经网络模型的高效策略。

随着深度学习的发展，模型参数显著增长，从而需要越来越大的数据集用于充分训练模型参数并预防过拟合。然而，大部分自然语言处理任务的标注成本极为高昂，尤其是句法和语义相关任务构建大规模标注数据集尤为困难。相比较而言，大规模无标注数据集相对易于构建。为更好地利用海量无标签文本数据，我们可以首先从这些数据中学到较好的文本表示，然后将其用于其他任务。许多研究已表明，在大规模无标注语料中训练的预训练语言模型得到的表示，可以使许多自然语言处理任务获得显著的性能提升。

预训练的优势可总结为以下几点：

（1）在海量文本中通过预训练可以学习到一种通用语言表示，并有助于完成下游任务。
（2）预训练可提供更好的模型初始化，从而具有更好的泛化性，并在下游任务上更快收敛。
（3）预训练可被看作在小数据集上避免过拟合的一种正则化方法。

15.3.2　GPT-2 模型介绍

OpenAI 公司在 2018 年提出了一种生成式预训练（Generative Pre-Training，GPT）模型，用来提升自然语言理解任务的效果，正式将自然语言处理带入“预训练”时代。“预训练”时代意味着利用更大规模的文本数据以及更深层的神经网络模型，来学习更丰富的文本语义表示。同时，GPT 的出现打破了自然语言处理各个任务之间的壁垒，使得搭建一个面向特定任务的自然语言处理模型不再需要了解非常多的任务背景，只需要根据任务的输入输出形式应用这些预训练语言模型，就能够达到一个不错的效果。因此，GPT 提出了“生成式预训练+判别式任务精调”的自然语言处理新范式，使得自然语言处理模型的搭建变得不再复杂。预训练语言模型的出现，使得自然语言处理进入新的时代，也被认为是近些年来自然语言处理领域的里程碑事件。

GPT-2 是 GPT 算法的“进化版”，比 GPT 参数扩大了 10 倍，数据量也扩大了 10 倍，它使用包含 800 万个网页的数据集，共有 40GB。这个庞大的算法使用语言建模作为训练信号，以无监督的方式在大型数据集上训练一个 Transformer 模型，然后在更小的监督数据集上微调这个模型，以帮助它解决特定任务。

就 GPT-2 而言，它的训练目标很简单：根据所有给定文本中前面的单词预测下一个单词。与其他基于神经网络的语言模型相比，GPT-2 具有许多独特的优点。首先，它采用自监督学习的方式进行训练，使其能够处理多种语言和任务。其次，GPT-2 可以生成各种类型的文本，例如新闻、故事、对话和代码等。最后，GPT-2 模型使用大量的预训练参数，使其具有强大的表现力和泛化能力。

所以，以往大家的工作模式是各个公司会自己在 GitHub 网站上下载代码，然后公司出钱“捞”数据、打标，工程师用自己公司的打标数据训练来完成业务的需求。但是随着 Huggingface 的成立，自然语言处理各大热门的中英文预训练模型都开源在下载网址 https://huggingface.co/models（目前可以使用其镜像网站 https://hf-mirror.com 来访问相关模型）。现在大家的工作模式是算法工程师打开 Huggingface 网站，搜业务相关的预训练模型（这些模型都是大厂基于大量的数据训练好的模型）进行下载，算法工程师自己收集或者标记少量的数据，微调下载的模型。

GPT-2 的整体结构如图 15-7 所示，GPT-2 是以 Transformer 为基础构建的，是目前最先进的自然语言处理预训练模型之一，能够根据上文预测下一个单词，所以它就可以利用预训练已经学到的知识来生成文本，比如生成新闻。也可以使用另一些数据进行微调，生成有特定格式或者主题的文本，比如诗歌、戏剧。

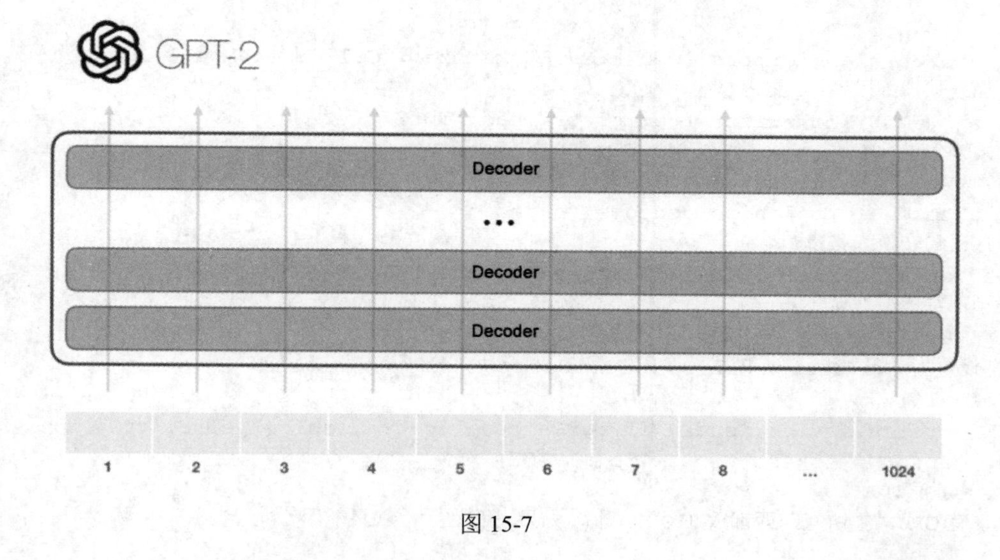

图 15-7

15.3.3 PyTorch-Transformers 库介绍

PyTorch-Transformers（此前叫作 pytorch-pretrained-bert）是一个面向自然语言处理的、当前性能最高的预训练模型开源库。该开源库现在包含 PyTorch 实现、预训练模型权重、运行脚本和以下模型的转换工具。

- 谷歌的 BERT，论文：*BERT: Pre-training of Deep Bidirectional Transformers for Language Understanding*，论文作者：Jacob Devlin, Ming-Wei Chang, Kenton Lee，Kristina Toutanova。
- OpenAI 的GPT，论文：*Improving Language Understanding by Generative Pre-training*，论文作者：Alec Radford, Karthik Narasimhan, Tim Salimans，Ilya Sutskever。
- OpenAI 的 GPT-2，论文：*Language Models are Unsupervised Multitask Learners*，论文作者：Alec Radford, Jeffrey Wu, Rewon Child, David Luan, Dario Amodei, Ilya Sutskever。
- 谷歌和 CMU 的 Transformer-XL，论文：*Transformer-XL: Attentive Language Models Beyond a Fixed-Length Context*，论文作者：Zihang Dai*, Zhilin Yang*, Yiming Yang, Jaime Carbonell, Quoc V. Le, Ruslan Salakhutdinov。
- 谷歌和 CMU 的XLNet，论文：*XLNet: Generalized Autoregressive Pre-training for Language Understanding*，论文作者：Zhilin Yang*, Zihang Dai*, Yiming Yang, Jaime Carbonell, Ruslan Salakhutdinov, Quoc V. Le。
- Facebook的 XLM，论文：*Cross-lingual Language Model Pre-training*，论文作者：Guillaume Lample，Alexis Conneau。

简而言之，就是一个目前最先进的、用于自然语言处理的预训练模型库。它通过命令 pip install pytorch-transformers 进行安装。

以下是实现加载 GPT-2 模型并实现下一个单词预测的功能代码：

```
###########pytorch_transformers_demo.py#############
# 案例描述：Transformers 库中的 GPT-2 模型，用它实现下一词预测功能
# 导入必要的库
import torch
from pytorch_transformers import GPT2Tokenizer, GPT2LMHeadModel
# 自动加载预训练模型 tokenizer （权重）
tokenizer = GPT2Tokenizer.from_pretrained('gpt2')
# 对文本输入进行编码
text = "What is the fastest car in the"
indexed_tokens = tokenizer.encode(text)
# 将输入语句转换为张量
tokens_tensor = torch.tensor([indexed_tokens])
# 加载预训练模型 （weights)
model = GPT2LMHeadModel.from_pretrained('gpt2')
#将模型设置为 evaluation 模式，关闭 DropOut 模块
model.eval()
DEVICE = torch.device('cuda' if torch.cuda.is_available() else 'cpu')
tokens_tensor = tokens_tensor.to(DEVICE)
model.to(DEVICE)
# 如果你有 GPU，把所有东西都放在 CUDA 上，如果没有 GPU，就只能用 CPU 跑

# 预测所有的 tokens
with torch.no_grad():
    outputs = model(tokens_tensor)
    predictions = outputs[0]
# 得到预测的单词
predicted_index = torch.argmax(predictions[0, -1, :]).item()
predicted_text = tokenizer.decode(indexed_tokens + [predicted_index])
# 打印预测单词
print(predicted_text)
```

代码很直观，我们将文本标记为数字序列并将其索引，然后将其传递给 GPT2LMHeadModel。代码运行后结果如下，该模型成功地预测出了下一个单词 world：

```
    100%|██████████████| 1042301/1042301 [00:04<00:00, 238071.80B/s]
    100%|██████████████| 456318/456318 [00:01<00:00, 325186.65B/s]
    100%|██████████████| 665/665 [00:00<?, ?B/s]
    100%|██████████████| 548118077/548118077 [22:36<00:00, 403989.53B/s]
     What is the fastest car in the world
```

15.4　基于 Transformer 模型的谣言检测系统的实现

15.4.1　谣言检测系统项目背景

1938 年 10 月 30 日的晚上，哥伦比亚广播公司照例安排了广播剧，当晚的节目是根据 H·G·威尔斯《世界之战》改编的“火星人进攻地球”。为提升吸引力，制作团队选择以类纪实风格演绎这台节目，通过模拟新闻播报的形式推进剧情的发展。

虽然在节目播出前播音员已经强调了这是一部广播剧，但演员们的逼真表演还是让很多听众信以为真，许多人把节目内容当成了紧急插播的突发新闻。前一刻还在阖家欢乐享受晚餐的人们，下一刻竟认为世界末日即将到来。紧张恐惧的情绪在人群中蔓延，进而引发了全国性恐慌。人们涌上街头寻找避难所，横冲直撞的车辆把街道搅得更加混乱，教堂和车站成为人们寻求救赎和出路的目的地。

资料显示，当时美国的3200万个家庭中，约有2750万家购置了收音机。借由这一广泛而又便捷的媒介，美国约有170万人相信了"火星人进攻地球"的消息，其中包括28%的大学毕业生和35%的高收入人群。这荒诞的一幕在日后看来虽然可笑，但却向世人展示了在信息不对称的情况下，广泛传播的谬误能够取得怎样疯狂的效果。

时至今日，互联网的发展让信息触手可及，然而低门槛和高自由度的技术特征也使得有价值的内容与五花八门的谣言在互联网世界中泥沙俱下。日益猖獗的谣言正影响着人们的正常生活和社会的安定和谐。在信息传播愈加快捷便利的"自媒体"时代，谣言搭上了网络的快车，在速度、广度、力度方面都有了空前的扩展，谣言的包装手段也呈现多元和成熟的趋势。

一些造谣者通过大量的故事元素把耸人听闻的谣言传播出去。网络谣言的另一特征是擅长扯明星、蹭热点。图片、视频是更富感染力和欺骗性的造谣手段，近几年出现的图片或视频谣言，被造谣者换上文字说明和字幕，再将事件发生地更换为"本地模式"进行简单"包装"，很快在当地疯传。例如2017年8月中旬，网上广泛流传一段疑似郑州大学第二附属医院内狂犬病患者发病的视频，后经调查视频事发地在吉林一家医院，视频中的女子患有精神疾病，并非狂犬病。

社交媒体的发展在加速信息传播的同时，也带来了虚假谣言信息的泛滥，往往会引发诸多不安定因素，并对经济和社会产生巨大的影响。人们常说"流言止于智者"，要想不被网上的流言和谣言蛊惑、伤害，首先需要对其进行科学甄别，而时下人工智能正在尝试担任这一角色。

15.4.2　谣言检测系统代码实战

传统的谣言检测模型一般根据谣言的内容、用户属性、传播方式人工地构造特征，而人工构建特征存在考虑片面、浪费人力等现象。本项目使用基于 PyTorch+Transformer 的谣言检测模型，将文本中的谣言事件进行连续向量化，通过一维卷积神经网络的学习训练来挖掘表示文本深层的特征，避免了特征构建的问题，并能发现那些不容易被人发现的特征，从而产生更好的效果。项目中使用的数据是微博头条新闻数据，数据集一共有 3387 条新闻数据，新闻的类型分为两类："谣言新闻"和"真实新闻"。本项目所使用的数据是从新浪微博不实信息举报平台抓取的中文谣言数据，数据集中共包含1538条谣言和1849条非谣言。

在 Transformer 的编码器中，我们使用注意力机制来提取各个词的语义信息，这里需要引入不同词的位置信息，让注意力机制不仅考虑词之间的语义信息，还需要考虑不同词的上下文信息，Transformer 中使用的是位置编码（Position Encoding），就是将每个词所在的位置形成一个嵌入向量，然后将这个向量与对应词的嵌入向量求和，然后"喂"进注意力机制网络中。因此，定义 PositionEncoding 类，直接拿过来用即可，只需要实例化这个类，然后传入我们的词嵌入向量即可。

定义 Transformer 网络结构：

（1）嵌入层：负责将我们的词形成连续型嵌入向量，用一个连续型向量来表示一个词。

（2）位置编码层：将位置信息添加到输入向量中。

（3）Transformer：利用 Transformer 来提取输入句子的语义信息。

（4）输出层：将 Transformer 的输出“喂”入，然后进行分类。

定义 Transformer 的编码器需要做两件事：第一是定义编码层，也就是每个块，需要传入每个块的一些超参数；第二是定义编码器，编码器是由多个编码层组成的，所以需要传入我们刚才定义的编码层，然后定义超参数层数即可。

项目完整代码如下：

```
#######################yaoyantest.py#######################
import pickle
import numpy as np
import pandas as pd
import torch
import math
import torch.nn as nn
from keras.preprocessing.sequence import pad_sequences
from torch.utils.data import TensorDataset
from torch import optim
from torchnet import meter
from tqdm import tqdm

# 模型输入参数，需要自己根据需要调整
hidden_dim = 100    # 隐藏层大小
epochs = 20         # 迭代次数
batch_size = 32     # 每个批次样本大小
embedding_dim = 20  # 每个字形成的嵌入向量大小
output_dim = 2      # 输出维度，因为是二分类
lr = 0.003          # 学习率
device = 'cpu'
input_shape = 180  # 每句话的词的个数，如果不够，需要使用 0 进行填充


# 加载文本数据
def load_data(file_path, input_shape=20):
    df = pd.read_csv(file_path, sep='\t')

    # 标签及词汇表
    labels, vocabulary = list(df['label'].unique()), list(df['text'].unique())

    # 构造字符级别的特征
    string = ''
    for word in vocabulary:
        string += word

    # 所有的词汇表
    vocabulary = set(string)

    # word2idx 将字映射为索引
    word_dictionary = {word: i + 1 for i, word in enumerate(vocabulary)}
```

```
    with open('word_dict.pk', 'wb') as f:
        pickle.dump(word_dictionary, f)
    # idx2word 将索引映射为字
    inverse_word_dictionary = {i + 1: word for i, word in enumerate(vocabulary)}
    # label2idx 将正反面映射为 0 和 1
    label_dictionary = {label: i for i, label in enumerate(labels)}
    with open('label_dict.pk', 'wb') as f:
        pickle.dump(label_dictionary, f)
    # idx2label 将 0 和 1 映射为正反面
    output_dictionary = {i: labels for i, labels in enumerate(labels)}

    # 训练数据中所有词的个数
    vocab_size = len(word_dictionary.keys())  # 词汇表大小
    # 标签类别，分别为正、反面
    label_size = len(label_dictionary.keys())  # 标签类别数量

    # 序列填充，按 input_shape 填充，长度不足的按 0 补充
    # 将一句话映射成对应的索引 [0,24,63...]
    x = [[word_dictionary[word] for word in sent] for sent in df['text']]
    # 如果长度不够 input_shape，使用 0 进行填充
    x = pad_sequences(maxlen=input_shape, sequences=x, padding='post', value=0)
    # 形成标签 0 和 1
    y = [[label_dictionary[sent]] for sent in df['label']]
    y = np.array(y)

    return x, y, output_dictionary, vocab_size, label_size, inverse_word_dictionary

class PositionalEncoding(nn.Module):
    def __init__(self, d_model, dropout=0.1, max_len=128):
        super(PositionalEncoding, self).__init__()
        self.dropout = nn.Dropout(p=dropout)

        # 初始化 Shape 为(max_len, d_model)的 PE (positional encoding)
        pe = torch.zeros(max_len, d_model)
        # 初始化一个 tensor [[0, 1, 2, 3, ...]]
        position = torch.arange(0, max_len).unsqueeze(1)
        # 这里就是 sin 和 cos 括号中的内容，通过 e 和 ln 进行变换
        div_term = torch.exp(
            torch.arange(0, d_model, 2) * -(math.log(10000.0) / d_model)
        )
        # 计算 PE(pos, 2i)
        pe[:, 0::2] = torch.sin(position * div_term)
        # 计算 PE(pos, 2i+1)
        pe[:, 1::2] = torch.cos(position * div_term)
        # 为了方便计算，在最外面在 unsqueeze 出一个 batch
        pe = pe.unsqueeze(0)
        # 如果一个参数不参与梯度下降，但又希望保存 model 的时候，将其保存下来
        # 这个时候就可以用 register_buffer
        self.register_buffer("pe", pe)
```

```
    def forward(self, x):
        # 将x和positional encoding相加
        x = x + self.pe[:, : x.size(1)].requires_grad_(False)
        return self.dropout(x)

class Transformer(nn.Module):
    def __init__(self, vocab_size, embedding_dim, num_class, feedforward_dim=256,
                 num_head=2, num_layers=3, dropout=0.1,
                 max_len=128):
        super(Transformer, self).__init__()
        # 嵌入层
        self.embedding = nn.Embedding(vocab_size, embedding_dim)
        # 位置编码层
        self.positional_encoding = PositionalEncoding(embedding_dim, dropout,
max_len)
        # 编码层
        self.encoder_layer = nn.TransformerEncoderLayer(embedding_dim, num_head,
feedforward_dim, dropout)
        self.transformer = nn.TransformerEncoder(self.encoder_layer, num_layers)
        # 输出层
        self.fc = nn.Linear(embedding_dim, num_class)

    def forward(self, x):
        # 输入的数据维度为【批次，序列长度】
        # transformer的输入维度为【序列长度，批次，嵌入向量维度】
        x = x.transpose(0, 1)
        # 将输入的数据进行词嵌入，得到数据的维度为【序列长度，批次，嵌入向量维度】
        x = self.embedding(x)
        # 维度为【序列长度，批次，嵌入向量维度】
        x = self.positional_encoding(x)
        # 维度为【序列长度，批次，嵌入向量维度】
        x = self.transformer(x)
        # 将每个词的输出向量取均值，维度为【批次，嵌入向量维度】
        x = x.mean(axis=0)
        # 进行分类，维度为【批次，分类数】
        x = self.fc(x)
        return x


# 1.获取训练数据
x_train, y_train, output_dictionary_train, vocab_size_train, label_size, \
    inverse_word_dictionary_train = load_data(
    "./rumor_data/train.tsv", input_shape)
x_test, y_test, output_dictionary_test, vocab_size_test, label_size,\
    inverse_word_dictionary_test = load_data(
    "./rumor_data/test.tsv", input_shape)

idx = 0
word_dictionary = {}
for k, v in inverse_word_dictionary_train.items():
```

```
    word_dictionary[idx] = v
    idx += 1
for k, v in inverse_word_dictionary_test.items():
    word_dictionary[idx] = v
    idx += 1

# 2.将 numpy 转成 tensor
x_train = torch.from_numpy(x_train).to(torch.int32)
y_train = torch.from_numpy(y_train).to(torch.float32)
x_test = torch.from_numpy(x_test).to(torch.int32)
y_test = torch.from_numpy(y_test).to(torch.float32)

# 3.形成训练数据集
train_data = TensorDataset(x_train, y_train)
test_data = TensorDataset(x_test, y_test)

# 4.将数据加载成迭代器
train_loader = torch.utils.data.DataLoader(train_data,
                                           batch_size,
                                           True)

test_loader = torch.utils.data.DataLoader(test_data,
                                          batch_size,
                                          False)

# 5.模型训练
model = Transformer(len(word_dictionary), embedding_dim, output_dim)

Configimizer = optim.Adam(model.parameters(), lr=lr)  # 优化器
criterion = nn.CrossEntropyLoss()  # 多分类损失函数

model.to(device)
loss_meter = meter.AverageValueMeter()

best_acc = 0            # 保存最好的准确率
best_model = None       # 保存对应最好的准确率的模型参数

for epoch in range(epochs):
    model.train()           # 开启训练模式
    epoch_acc = 0           # 每个 epoch 的准确率
    epoch_acc_count = 0 # 每个 epoch 训练的样本数
    train_count = 0         # 用于计算总的样本数，方便求准确率
    loss_meter.reset()

    train_bar = tqdm(train_loader)      # 形成进度条
    for data in train_bar:
        x_train, y_train = data         # 解包迭代器中的 X 和 Y

        x_input = x_train.long().contiguous()
        x_input = x_input.to(device)
```

```
        Configimizer.zero_grad()

        # 形成预测结果
        output_ = model(x_input)

        # 计算损失
        loss = criterion(output_, y_train.long().view(-1))
        loss.backward()
        Configimizer.step()

        loss_meter.add(loss.item())

        # 计算每个 epoch 正确的个数
        epoch_acc_count += (output_.argmax(axis=1) == y_train.view(-1)).sum()
        train_count += len(x_train)

    # 每个 epoch 对应的准确率
    epoch_acc = epoch_acc_count / train_count

    # 打印信息
    print("【EPOCH: 】%s" % str(epoch + 1))
    print("训练损失为%s" % (str(loss_meter.mean)))
    print("训练精度为%s" % (str(epoch_acc.item() * 100)[:5]) + '%')

    # 保存模型及相关信息
    if epoch_acc > best_acc:
        best_acc = epoch_acc
        best_model = model.state_dict()

    # 在训练结束保存最优的模型参数
    if epoch == epochs - 1:
        # 保存模型
        torch.save(best_model, './best_model.pkl')

word2idx = {}

for k, v in word_dictionary.items():
    word2idx[v] = k

label_dict = {0: "非谣言", 1: "谣言"}

try:
    input_shape = 180  # 序列长度，就是时间步大小，也就是这里的每句话中的词的个数
    # 用于测试的话
    sent = "凌晨的长春，丢失的孩子找到了，被偷走的车也找到了，只是偷车贼没找到，" \
           "看来，向雷锋同志学习 50 周年的今天，还是一个有效果的日子啊。"
    # 将对应的字转换为相应的序号
    x = [[word2idx[word] for word in sent]]
    # 如果长度不够 180，使用 0 进行填充
    x = pad_sequences(maxlen=input_shape, sequences=x, padding='post', value=0)
```

```
    x = torch.from_numpy(x)

    # 加载模型
    model_path = './best_model.pkl'
    model = Transformer(len(word_dictionary), embedding_dim, output_dim)
    model.load_state_dict(torch.load(model_path, 'cpu'))

    # 模型预测，注意输入的数据第一个 input_shape，就是 180
    y_pred = model(x.long())

    print('输入语句: %s' % sent)
    print('谣言检测结果: %s' % label_dict[y_pred.argmax().item()])

except KeyError as err:
    print("您输入的句子有汉字不在词汇表中，请重新输入！")
    print("不在词汇表中的单词为: %s." % err)
```

运行结果如下：

```
100%|██████████████| 106/106 [00:30<00:00,  3.53it/s]
  0%|          | 0/106 [00:00<?, ?it/s]【EPOCH: 】1
训练损失为 0.7031196440165897
训练精度为 52.11%
100%|██████████████| 106/106 [00:38<00:00,  2.76it/s]
  0%|          | 0/106 [00:00<?, ?it/s]【EPOCH: 】2
训练损失为 0.6925747405807925
训练精度为 54.82%
100%|██████████████| 106/106 [00:47<00:00,  2.25it/s]
【EPOCH: 】3
训练损失为 0.6917027954785329
训练精度为 53.76%
100%|██████████████| 106/106 [00:32<00:00,  3.31it/s]
  0%|          | 0/106 [00:00<?, ?it/s]【EPOCH: 】4
训练损失为 0.6912038483709659
训练精度为 53.61%
100%|██████████████| 106/106 [00:30<00:00,  3.45it/s]
【EPOCH: 】5
训练损失为 0.6902508443256595
训练精度为 53.76%
100%|██████████████| 106/106 [00:29<00:00,  3.65it/s]
  0%|          | 0/106 [00:00<?, ?it/s]【EPOCH: 】6
训练损失为 0.689901611152685
训练精度为 54.59%
100%|██████████████| 106/106 [00:29<00:00,  3.55it/s]
  0%|          | 0/106 [00:00<?, ?it/s]【EPOCH: 】7
训练损失为 0.689611426501904
训练精度为 54.59%
100%|██████████████| 106/106 [00:29<00:00,  3.65it/s]
  0%|          | 0/106 [00:00<?, ?it/s]【EPOCH: 】8
训练损失为 0.6895414703297166
训练精度为 54.59%
```

```
100%|██████████| 106/106 [00:37<00:00,  2.86it/s]
  0%|          | 0/106 [00:00<?, ?it/s]【EPOCH: 】9
训练损失为0.6893950796352243
训练精度为54.59%
100%|██████████| 106/106 [00:28<00:00,  3.77it/s]
【EPOCH: 】10
训练损失为0.690319667447288
训练精度为54.59%
100%|██████████| 106/106 [00:29<00:00,  3.58it/s]
  0%|          | 0/106 [00:00<?, ?it/s]【EPOCH: 】11
训练损失为0.652294947853628
训练精度为60.55%
100%|██████████| 106/106 [00:27<00:00,  3.85it/s]
  0%|          | 0/106 [00:00<?, ?it/s]【EPOCH: 】12
训练损失为0.5072044069474597
训练精度为76.61%
100%|██████████| 106/106 [00:27<00:00,  3.88it/s]
  0%|          | 0/106 [00:00<?, ?it/s]【EPOCH: 】13
训练损失为0.49225265729539797
训练精度为77.53%
100%|██████████| 106/106 [00:28<00:00,  3.78it/s]
  0%|          | 0/106 [00:00<?, ?it/s]【EPOCH: 】14
训练损失为0.47202253538482614
训练精度为78.88%
100%|██████████| 106/106 [00:27<00:00,  3.87it/s]
【EPOCH: 】15
训练损失为0.47254926669147795
训练精度为78.09%
100%|██████████| 106/106 [00:33<00:00,  3.14it/s]
【EPOCH: 】16
训练损失为0.45091094990383895
训练精度为80.48%
100%|██████████| 106/106 [00:42<00:00,  2.52it/s]
【EPOCH: 】17
训练损失为0.45994811983041056
训练精度为79.98%
100%|██████████| 106/106 [00:33<00:00,  3.21it/s]
  0%|          | 0/106 [00:00<?, ?it/s]【EPOCH: 】18
训练损失为0.4671612315863934
训练精度为79.74%
100%|██████████| 106/106 [00:31<00:00,  3.34it/s]
  0%|          | 0/106 [00:00<?, ?it/s]【EPOCH: 】19
训练损失为0.4289132805084282
训练精度为81.07%
100%|██████████| 106/106 [00:28<00:00,  3.69it/s]
【EPOCH: 】20
训练损失为0.4708527742691758
训练精度为78.68%
```

输入语句：凌晨的长春，丢失的孩子找到了，被偷走的车也找到了，只是偷车贼没找到，看来，向雷锋同志学习 50 周年的今天，还是一个有效果的日子啊。

谣言检测结果：非谣言。

15.5　基于 GPT2 在新闻文本分类项目中的实现

15.5.1　新闻文本分类项目背景

近年来，IT 业和互联网飞速发展，人类进入了第三次科学技术革命和大数据时代。互联网每天需要处理海量信息，尤其在新媒体高速发展的当下，文本数据信息呈指数级增加，并通过多种文本为载体对分类结果进行分析展示。同时，文本信息的产生和传播方式发生了深刻的变化。手机、平板电脑等移动终端进入人们的生活，杂志期刊逐渐退出历史舞台。各种网络媒体、新媒体平台也随之兴起并迅速成长，并在过去的几十年里逐渐取代传统媒体，渗透到人们生活的方方面面和社会的各个角落。目前，以文本、图像、音频、视频等为媒介的各种信息不断产生，其影响力越来越大，成为新闻传播的第一功劳者。在网络媒体中，文本信息是网民最容易获取、数量最多的信息，网络新闻也是现代人获取新闻资讯，了解国内外新闻事件的重要渠道之一。

在当前信息爆炸的环境下，我们在享受科学技术带来的生活品质的同时，同样受到资讯过量造成的困扰。在互联网不断普及的时代背景下，获取信息的方式多种多样，用户对于通过多种搜索引擎查询关键词的方法了然于心，高校学生可在图书馆和出版社通过关键词检索所需的文献资料等也层出不穷，各尽所能，建立专属的丰富文本数据库，同时基于数据库为使用者提供多种类型的文本信息。在当前海量数据信息不断生成的环境下，对文本信息的分析和管理具有必要性和重要性，文本分类技术必不可少。

文本分类的研究始于 20 世纪 50 年代末，相关技术经过了多年的迭代更新，目前在各类搜索引擎中得以广泛应用，此外其在互联网论坛、信息过滤领域同样适用。最开始，文本分类是通过人工操作来实现的，对文本进行分类的文员需要通读文本并在理解其含义的基础上对其进行分类，效率较低。随着机器学习技术的出现和更迭，机器自动分类逐渐取代了在自然语言处理中文本分类的人工工作。随着计算科学技术在高性能大数据领域不断发展，深度学习理论应运而生，对一些传统的机器学习算法难以解决的课题做到了进一步的突破。通过高效的文本分类技术，媒体平台能够借此技术高效定位关键信息，同时，在整理复杂信息、优化搜索效率等方面发挥了不可替代的作用。

国外对文本分类相关技术的研究最早开始于 20 世纪 50 年代。早期，文本分类方法主要是基于知识工程的方法，通过人为定义的特征和规则对文本进行分类，比较耗时耗力。

在 20 世纪 90 年代，通过计算机技术处理文本信息，并对其进行自动分类的技术开始诞生，逐渐发展成为文本分类的重要地位。20 世纪 90 年代中期，Vipink 等在研究中首次提出向量机的分类方法，该方法引入了统计学科的理论，探究对文本进行分类的最佳方法。

基于传统机器学习方法的文本分类方法已趋于成熟，常见的机器学习分类算法有朴素贝叶斯算法、KNN 算法、SVM 算法等，这些算法在文本分类任务上取得了不错的效果，但是也存在一定的问题，比如在对文本进行特征表示时，不能很好地表示语序和语义信息，而且存在数据维度高和稀疏性等问题，这些问题在一定程度上影响着文本的分类效率。传统的机器学习方法在处理词汇量大、变化丰富等复杂的分类任务时，分类的精度不高。

随着深度学习技术的发展，语言模型也被应用在了文本分类技术中。在文本分类中，语言模型主要用于将文本转换为向量表示，并使用该向量表示进行分类。具体而言，输入序列为文本，输出为文本所属类别。语言模型通过编码器将文本转换为一个定长向量表示，然后通过全连接层将该向量表示映射到类别空间。由于语言模型具有处理长文本的优势，因此在处理自然语言处理任务时，取得了很好的效果。

15.5.2　新闻文本分类代码实战

本项目的数据集收容了最近几个月中文互联网上的中文新闻，它们被提前划分为 15 个种类，比如法治、国际、经济、科技、健康、教育等，其以 sheets 子表的方式存储在一个.xlsx 文件中。同时，该数据集的特点是新闻的文本长度都非常长。数据总共有几千条新闻记录，字段分别为标题、标题链接、新闻内容、关键词、发布时间、标签、新闻采集时间。

为了体会 GPT-2 的作用，并没有对原始数据进行高纬度的建模，只是使用了新闻内容的这个特征，没有对其他特征进行建模。由于新闻内容是中文文本数据，因此我们需要对其进行向量化，转成数值型数据，然后送入网络模型。但是对于文本数据来讲，如果只是单纯使用 Embedding 进行嵌入的话，完全没有考虑到语义那种前后联系，会导致模型训练效果较差。因此，我们本项目中使用了 GPT-2 这种网络捕捉语义信息，首先对于输入数据，我们将其进行序列化，将一句话中的所有字转成对应的索引号，如果长度不足，需要使用 0 进行填充，保证输入网络模型中的向量长度一致，然后需要使用 Embedding 将其进行嵌入，获得每个字的嵌入连续型向量，虽然此处也可以使用独热编码，但是这会导致维度爆炸，以及矩阵稀疏问题。之后把生成的嵌入向量导入 GPT-2 层中，因为这个时间片已经保存了整个语句的语义信息。

项目中使用的 GPT-2 模型定义了三个组件，分别是 Embedding 层、GPT-2 层和全连接层。Embedding 层将每个词生成对应的嵌入向量，就是利用一个连续型向量来表示每个词；GPT-2 层提取语句中的语义信息；全连接层将结果应用于二分类，即正反面的概率。

```
####################news.py##################
import pickle
import numpy as np
import pandas as pd
import torch
import torch.nn as nn
from pytorch_transformers_demo import GPT2LMHeadModel
from keras.preprocessing.sequence import pad_sequences
from sklearn.model_selection import train_test_split
from torch.utils.data import TensorDataset
from torch import optim
import torch.nn.functional as F
from torchnet import meter
from tqdm import tqdm

# {0: '法治',
#  1: '国际',
#  2: '国内',
```

```
#  3: '健康',
#  4: '教育',
#  5: '经济',
#  6: '军事',
#  7: '科技',
#  8: '农经',
#  9: '三农',
#  10: '人物',
#  11: '社会',
#  12: '生活',
#  13: '书画',
#  14: '文娱'}

# 模型输入参数，需要自己根据需要调整
hidden_dim = 100     # 隐藏层大小
epochs = 10          # 迭代次数
batch_size = 32      # 每个批次的样本大小
embedding_dim = 20   # 每个字形成的嵌入向量大小
output_dim = 15      # 输出维度，因为是二分类
lr = 0.01            # 学习率
device = 'cpu'
gpt_path = './chinese_wwm_ext_pytorch/'
file_path = './news.csv'    # 数据路径
input_shape = 80            # 每句话的词的个数，如果不够，需要使用 0 进行填充


# 加载文本数据
def load_data(file_path, input_shape=20):
    df = pd.read_csv(file_path, encoding='gbk')

    # 标签及词汇表
    labels, vocabulary = list(df['label'].unique()), list(df['brief'].unique())

    # 构造字符级别的特征
    string = ''
    for word in vocabulary:
        string += word

    # 所有的词汇表
    vocabulary = set(string)

    # word2idx 将字映射为索引 '你':0
    word2idx = {word: i + 1 for i, word in enumerate(vocabulary)}
    with open('word2idx.pk', 'wb') as f:
        pickle.dump(word2idx, f)
    # idx2word 将索引映射为字 0:'你'
    idx2word = {i + 1: word for i, word in enumerate(vocabulary)}
    with open('idx2word.pk', 'wb') as f:
        pickle.dump(idx2word, f)
    # label2idx 将正反面映射为 0 和 1 '法治':0
```

```
    label2idx = {label: i for i, label in enumerate(labels)}
    with open('label2idx.pk', 'wb') as f:
        pickle.dump(label2idx, f)
        # idx2label 将 0 和 1 映射为正反面 0:'法治'
    idx2label = {i: labels for i, labels in enumerate(labels)}
    with open('idx2label.pk', 'wb') as f:
        pickle.dump(idx2label, f)

    # 训练数据中所有词的个数
    vocab_size = len(word2idx.keys())  # 词汇表大小
    # 标签类别，分别为法治、健康等
    label_size = len(label2idx.keys())  # 标签类别数量

    # 序列填充，按 input_shape 填充，长度不足的按 0 补充
    # 将一句话映射成对应的索引 [0,24,63...]
    x = [[word2idx[word] for word in sent] for sent in df['brief']]
    # 如果长度不够 input_shape，使用 0 进行填充
    x = pad_sequences(maxlen=input_shape, sequences=x, padding='post', value=0)
    # 形成标签 0 和 1
    y = [[label2idx[sent]] for sent in df['label']]
    # y = [np_utils.to_categorical(label, num_classes=label_size) for label in y]
    y = np.array(y)

    return x, y, idx2label, vocab_size, label_size, idx2word

class GPT2(nn.Module):
    def __init__(self, output_dim, gpt_path, hidden_dim):
        super(GPT2, self).__init__()
        self.model = GPT2LMHeadModel.from_pretrained(gpt_path)
        for param in self.model.parameters():
            param.requires_grad = False
        self.fc1 = nn.Linear(21128, hidden_dim)
        self.fc2 = nn.Linear(hidden_dim, output_dim)

    def forward(self, x):
        outputs = self.model(x)
        x = outputs[0]
        x = x.mean(axis=1)
        x = self.fc1(x)
        x = F.relu(x)
        x = self.fc2(x)
        return x


# 1.获取训练数据
x, y, output_dictionary, vocab_size, label_size, inverse_word_dictionary
=load_data(
    file_path, input_shape)

# 2.划分训练，测试数据
```

```
x_train, x_test, y_train, y_test = train_test_split(x, y, test_size=0.1,
random_state=42)

# 3.将 numpy 转成 tensor
x_train = torch.from_numpy(x_train).to(torch.int32)
y_train = torch.from_numpy(y_train).to(torch.float32)
x_test = torch.from_numpy(x_test).to(torch.int32)
y_test = torch.from_numpy(y_test).to(torch.float32)

# 4.形成训练数据集
train_data = TensorDataset(x_train, y_train)
test_data = TensorDataset(x_test, y_test)

# 5.将数据加载成迭代器
train_loader = torch.utils.data.DataLoader(train_data,
                                           batch_size,
                                           True)

test_loader = torch.utils.data.DataLoader(test_data,
                                          batch_size,
                                          False)

# 6.模型训练
model = GPT2(output_dim, gpt_path, hidden_dim)

Configimizer = optim.Adam(model.parameters(), lr=lr)  # 优化器
criterion = nn.CrossEntropyLoss()  # 多分类损失函数

model.to(device)
loss_meter = meter.AverageValueMeter()

best_acc = 0              # 保存最好的准确率
best_model = None         # 保存对应最好的准确率的模型参数

for epoch in range(epochs):
    model.train()         # 开启训练模式
    epoch_acc = 0         # 每个 epoch 的准确率
    epoch_acc_count = 0  # 每个 epoch 训练的样本数
    train_count = 0       # 用于计算总的样本数，方便求准确率
    loss_meter.reset()

    train_bar = tqdm(train_loader)          # 形成进度条
    for data in train_bar:
        x_train, y_train = data             # 解包迭代器中的 X 和 Y

        x_input = x_train.long().contiguous()
        x_input = x_input.to(device)
        Configimizer.zero_grad()

        # 形成预测结果
```

```
        output_ = model(x_input)

        # 计算损失
        loss = criterion(output_, y_train.long().view(-1))
        loss.backward()
        Configimizer.step()

        loss_meter.add(loss.item())

        # 计算每个 epoch 正确的个数
        epoch_acc_count += (output_.argmax(axis=1) == y_train.view(-1)).sum()
        train_count += len(x_train)

    # 每个 epoch 对应的准确率
    epoch_acc = epoch_acc_count / train_count

    # 打印信息
    print("【EPOCH: 】%s" % str(epoch + 1))
    print("训练损失为%s" % (str(loss_meter.mean)))
    print("训练精度为%s" % (str(epoch_acc.item() * 100)[:5]) + '%')

    # 保存模型及相关信息
    if epoch_acc > best_acc:
        best_acc = epoch_acc
        best_model = model.state_dict()

    # 在训练结束保存最优的模型参数
    if epoch == epochs - 1:
        # 保存模型
        torch.save(best_model, './new_model1.pkl')

# 打印测试集精度
test_accuracy = (model(x_test.long().contiguous()).argmax(axis=1)
              == y_test.view(-1)).sum() / len(y_test)
print("【训练精度为】%s" % (str(test_accuracy.item() * 100)[:5]) + '%')

# 导入字典，用于形成编码
with open('word2idx.pk', 'rb') as f:
    word2idx = pickle.load(f)
with open('label2idx.pk', 'rb') as f:
    label2idx = pickle.load(f)
with open('idx2word.pk', 'rb') as f:
    idx2word = pickle.load(f)
with open('idx2label.pk', 'rb') as f:
    idx2label = pickle.load(f)

try:
    # 数据预处理
    input_shape = 80  # 序列长度，就是时间步大小，也就是这里的每句话中的词的个数
    # 用于测试的话
```

```
    sent = "陈金英，一位家住浙江丽水的耄耋老人。今年这个年，陈金英过得格外舒心，" \
           "因为春节前，她耗费 10 年，凭借自己的努力，不拖不欠，终于还清所有欠款"
    # 将对应的字转换为相应的序号
    x = [[word2idx[word] for word in sent]]
    # 如果长度不够 180，使用 0 进行填充
    x = pad_sequences(maxlen=input_shape, sequences=x, padding='post', value=0)
    x = torch.from_numpy(x)

    # 加载模型
    model_path = './new_model1.pkl'
    model = GPT2(output_dim, gpt_path, hidden_dim)
    model.load_state_dict(torch.load(model_path, 'cpu'))

    # 模型预测，注意输入的数据第一个 input_shape，就是 180
    y_pred = model(x.long().transpose(1, 0))
    print('输入语句: %s' % sent)
    print('新闻分类结果: %s' % idx2label[y_pred.argmax().item()])

except KeyError as err:
    print("您输入的句子有汉字不在词汇表中，请重新输入！")
    print("不在词汇表中的单词为：%s." % err)
```

运行结果如下：

```
100%|██████████████| 126/126 [10:11<00:00,  4.86s/it]
【EPOCH: 】1
训练损失为 5.142467716383556
训练精度为 17.28%
100%|██████████████| 126/126 [10:11<00:00,  4.86s/it]
【EPOCH: 】2
训练损失为 2.3302902238709584
训练精度为 20.08%
100%|██████████████| 126/126 [10:11<00:00,  4.86s/it]
【EPOCH: 】3
训练损失为 2.2857124862216778
训练精度为 21.42%
…
```

输入语句：陈金英，一位家住浙江丽水的耄耋老人。今年这个年，陈金英过得格外舒心，因为春节前，她耗费 10 年，凭借自己的努力，不拖不欠，终于还清了所有欠款。

新闻分类结果：人物。

第 16 章

猴痘病毒识别项目实战

16.1 猴痘病毒识别项目背景

世界卫生组织 2023 年 8 月 31 日发布的猴痘疫情统计数据显示，全球累计猴痘确诊病例达 50 496 例，累计死亡病例为 16 例，所以猴痘病毒来势汹汹。国家卫健委官网消息，根据《中华人民共和国传染病防治法》相关规定，自 2023 年 9 月 20 日起将猴痘纳入乙类传染病进行管理，采取乙类传染病的预防、控制措施。

如图 16-1 所示，猴痘是由猴痘病毒引起的类似于人的天花的一种罕见病毒性传染病，也是一种人畜共患病，主要见于非洲中西部热带雨林地区。2022 年 5 月以来，全球 100 多个国家和地区发生猴痘疫情。多国疫情显示，猴痘已发生人际传播，并广泛传播到非洲以外的国家和地区，病死率约为 0.1%。

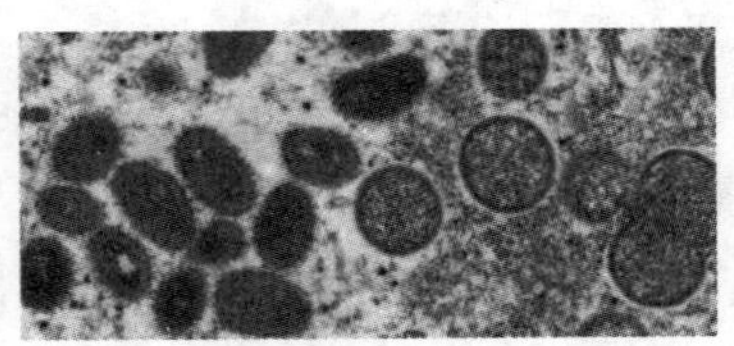

图 16-1

1. 主要传播途径

- 通过接触感染动物的呼吸道分泌物、病变渗出物、血液、其他体液，或被感染动物咬伤、抓伤而感染。
- 通过密切接触传播，也可在长时间近距离接触时通过飞沫传播，接触病毒污染的物品也有可能感染。

2. 潜伏期

人被猴痘病毒感染后潜伏期为 5~21 天，多为 6~13 天。

3. 主要症状

随后会出现高热、头痛、背痛、全身不适、咳嗽、淋巴结肿大（90%有浅表淋巴结肿大），偶尔发生腹痛。病程中还可并发细菌感染、败血症、肺部感染、呼吸窘迫综合征等并发症。

特征为发热、剧烈头痛、淋巴结痛、淋巴结肿胀、背痛、肌痛和极度虚弱等。

发病1~3天后可发疹，全身都可发疹，其分布特点：离心性分布，95%病例的皮疹发生在面部，75%病例发疹在双手手掌与双脚脚底，身体部位几乎同时发疹。

4. 其他症状

全身病变损伤部位从几处到几千处不同，70%的患者损伤口腔黏膜，30%损伤面颊，20%损伤眼睑和角膜。有些患者在皮疹出现前可发生严重淋巴结病，出现淋巴结病变有助于猴痘鉴别诊断。因为天花和水痘都不会出现淋巴结病变，猴痘症状通常可持续14～21天。

猴痘是一种烈性人畜共患的病毒性疾病，会出现发热、头痛、肌痛、全身不适及淋巴结肿大。伴以全身出疹等症状时，建议立即到综合医院感染科就诊，及时确诊，尽早治疗。

5. 猴痘的预防

- 避免和罹患猴痘的人密切接触，包括性接触，特别是男男性接触具有较高的风险。
- 避免在高发国家与野生动物直接接触，避免捕捉、宰杀、生食当地动物。
- 养成良好的卫生习惯，经常清洁和消毒，做好手部卫生。

目前，猴痘病在全球多个国家快速传播，为了能够使有相关症状的感染者有效地识别出是否为猴痘病，我们提出了一种改进的基于迁移学习残差网络的图像自动识别方法。该猴痘病毒具有较强的感染性，其感染者的主要症状会出现全身的水疱与脓疱，该症状与天花患者的症状极其相似。因此，通过感染者的水疱与脓疱识别判断该感染者是否感染了猴痘病毒成了一项艰巨的任务。目前，基于深度学习的方法在计算机视觉领域拥有广泛的应用，并在医疗诊断领域取得了良好的效果。在猴痘病数据集上通过PyTorch深度学习框架建立模型训练，得到的模型能够有效地通过患者症状识别出是否感染猴痘病毒。

16.2　ResNet101模型

16.2.1　残差块

卷积神经网络为图像分类带来了一系列突破。网络深度的增加可以丰富提取图像的不同特征，但同时也会带来一些问题。随着网络深度的增加，模型性能逐渐饱和退化，导致在图像任务中的准确率反而下降，这并不是网络出现过拟合而导致错误率上升的问题，而是在网络训练的过程中，正向与反向的信息传递不顺畅，从而导致模型没有得到充分训练的一种网络退化问题。ResNet提出了一种残差块的解决方法，如图16-2所示，Weight Layer为网络层，ReLU为激活函数，通过残差结构加入的恒等映射，即使原始卷积结构信息没有传递，也能够通过残差保留原始的信息，减少了梯度消失的问题，降低了网络在训练过程中对于权重初始化的依赖。

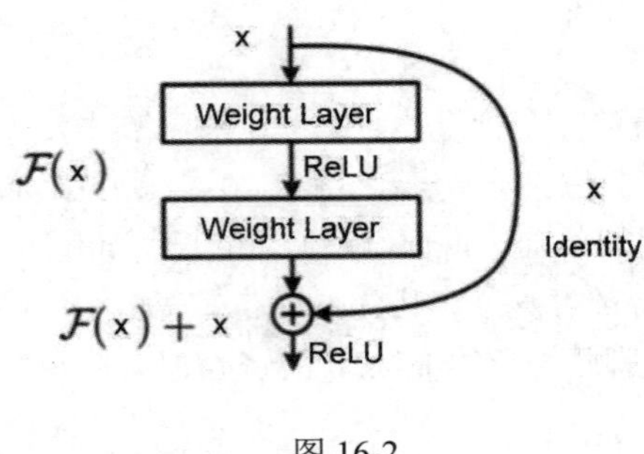

图 16-2

16.2.2 ResNet101 网络结构

ResNet101 是一种深度残差网络，它是 ResNet 系列中的一种，下面详解 ResNet101 网络结构。

ResNet101 网络结构中有 101 层，其中第一层是 7×7 的卷积层，然后是 4 个阶段（Stage），每个阶段包含若干残差块（Residual Block）。然后是全局平均池化（Global Average Pooling）层以及全连接层（Fully Connected Layer）。全连接层的作用是将全局平均池化层的输出展开成一个向量，并通过一个全连接层将其映射到类别数量的维度上。

ResNet101 的每个残差块由两个 3×3 的卷积层组成，每个卷积层后面都跟有批量归一化（Batch Normalization）和 ReLU 激活函数。在残差块之间也有批量归一化和 ReLU 激活函数，但没有卷积层。每个阶段的第一个残差块使用 1×1 的卷积层将输入的通道数转换为输出的通道数，以便与后续的残差块进行加和操作。

ResNet101 模型的主要贡献是引入了残差块的概念，使得网络可以更深，更容易训练。它在 ImageNet 数据集上的表现非常出色，达到了当时的最优水平。

16.3 实战项目代码分析

本项目使用的数据集是一个猴痘病毒分类的数据集，包含猴痘和其他病毒两类样本。数据集划分为训练集和验证集，猴痘类别的图片位于本书配套源码包的 monkeypox 目录下，其他病毒类别图片位于 Others 目录下。

本项目借鉴了迁移学习的思想，使用了在 ImageNet 上训练的 ResNet101 网络模型，ImageNet 是供计算机视觉识别研究的大型可视化图像数据集，其中包含超过 140 万手动标注的图像数据，并包含 1 000 个图像类别，经过预训练的 ResNet101 网络的全连接层输出 1 000 个节点，在本实验中为了适应猴痘病数据集类别数，将节点数量由 1 000 改为 2。但是注意需要冻结其他层的参数，防止训练过程中将其进行改动，然后训练微调最后一层即可。该方法既能提高模型的泛化能力和鲁棒性，也能够减少训练的时间，节约算力的开销。

我们知道损失函数是将随机事件或其有关随机变量的取值映射为非负实数，表示该随机事件的风险或损失的函数，在实际任务中则通过最小化损失函数求解和评估模型。本项目使用交叉熵损失表达预测值和真实值的不一致程度，交叉熵损失常用于在图像识别任务中作为损失函数，能够有效地衡量同一个随机变量中的两个不同概率分布的差异程度。

深度学习是以最小化损失函数为目标，其本质上是一种优化问题，目前应用于深度学习的优化算法均是由梯度下降算法发展而来的，其主要思想为利用链式求导法则计算损失函数值相对于神经网络中的每一个权重参数的梯度，通过更新权重参数达到降低损失函数值的效果。本项目使用的优化器 Adam 算法是一种基于梯度下降的优化算法。Adam 算法的优点是收敛速度快，不需要手动调整学习率，兼顾了稳定性和速度。

我们使用 PyTorch 来搭建猴痘病毒识别模型，完整代码如下：

```
##############monkeypox.py#######
import torchvision
from torch import nn
import os
import pickle
import torch
from torchvision import transforms, datasets
from tqdm import tqdm
from PIL import Image

import matplotlib.pyplot as plt

epochs = 10
lr = 0.03
batch_size = 32
image_path = './monkeypoxdata'
model_path = './chk/resnet101-cd907fc2.pth'
save_path = './chk/monkeypox_model.pkl'

device = torch.device('cuda:0' if torch.cuda.is_available() else 'cpu')

# 1.数据转换
data_transform = {
    # 训练中的数据增强和归一化
    'train': transforms.Compose([
        transforms.RandomResizedCrop(224),  # 随机裁剪
        transforms.RandomHorizontalFlip(),  # 左右翻转
        transforms.ToTensor(),
        transforms.Normalize([0.485, 0.456, 0.406],
                             [0.229, 0.224, 0.225])
        # 均值方差归一化
    ]),
    # 验证集不增强，仅进行归一化
    'val': transforms.Compose([
        transforms.Resize(256),
        transforms.CenterCrop(224),
        transforms.ToTensor(),
        transforms.Normalize([0.485, 0.456, 0.406],
                             [0.229, 0.224, 0.225])
    ]),
}
```

```
# 2.形成训练集
train_dataset = datasets.ImageFolder(root=os.path.join(image_path, 'train'),
                                     transform=data_transform['train'])

# 3.形成迭代器
train_loader = torch.utils.data.DataLoader(train_dataset,
                                           batch_size,
                                           True)

print('using {} images for training.'.format(len(train_dataset)))

# 4.建立分类标签与索引的关系
cloth_list = train_dataset.class_to_idx
class_dict = {}
for key, val in cloth_list.items():
    class_dict[val] = key
with open('class_dict.pk', 'wb') as f:
    pickle.dump(class_dict, f)

# 5.加载 ResNet101 模型
model = torchvision.models.resnet101(
    weights=torchvision.models.ResNet101_Weights.DEFAULT)
# 加载预训练好的 ResNet 模型
model.load_state_dict(torch.load(model_path, 'cpu'))
# 冻结模型参数
for param in model.parameters():
    param.requires_grad = False

# 修改最后一层的全连接层
model.fc = nn.Linear(model.fc.in_features, 2)

# 将模型加载到 cpu 中
model = model.to(device)

criterion = nn.CrossEntropyLoss()  # 损失函数
optimizer = torch.optim.Adam(model.parameters(), lr=0.01)  # 优化器

# 6.模型训练
best_acc = 0             # 最优精确率
best_model = None        # 最优模型参数

for epoch in range(epochs):
    model.train()
    running_loss = 0     # 损失
    epoch_acc = 0        # 每个 epoch 的准确率
    epoch_acc_count = 0  # 每个 epoch 训练的样本数
    train_count = 0      # 用于计算总的样本数，方便求准确率
    train_bar = tqdm(train_loader)
    for data in train_bar:
        images, labels = data
```

```
            optimizer.zero_grad()
            output = model(images.to(device))
            loss = criterion(output, labels.to(device))
            loss.backward()
            optimizer.step()

            running_loss += loss.item()
            train_bar.desc = "train epoch[{}/{}] loss:{:.3f}".format(epoch + 1,
                                                                    epochs,
                                                                    loss)
            # 计算每个 epoch 正确的个数
            epoch_acc_count += (output.argmax(axis=1) == labels.view(-1)).sum()
            train_count += len(images)

        # 每个 epoch 对应的准确率
        epoch_acc = epoch_acc_count / train_count

        # 打印信息
        print("【EPOCH: 】%s" % str(epoch + 1))
        print("训练损失为%s" % str(running_loss))
        print("训练精度为%s" % (str(epoch_acc.item() * 100)[:5]) + '%')

        if epoch_acc > best_acc:
            best_acc = epoch_acc
            best_model = model.state_dict()

        # 在训练结束保存最优的模型参数
        if epoch == epochs - 1:
            # 保存模型
            torch.save(best_model, save_path)

print('Finished Training')

# 加载索引与标签映射字典
with open('class_dict.pk', 'rb') as f:
    class_dict = pickle.load(f)

# 数据变换
data_transform = transforms.Compose(
    [transforms.Resize(256),
     transforms.CenterCrop(224),
     transforms.ToTensor(),
     transforms.Normalize([0.485, 0.456, 0.406],
                          [0.229, 0.224, 0.225])])

# 图片路径
img_path = r'./monkeypoxdata/test/test_01.jpg'

# 打开图像
img = Image.open(img_path)
```

```
# 对图像进行变换
img = data_transform(img)

plt.imshow(img.permute(1, 2, 0))
plt.show()

# 将图像升维，增加 batch_size 维度
img = torch.unsqueeze(img, dim=0)

# 获取预测结果
pred = class_dict[model(img).argmax(axis=1).item()]
print('【预测结果分类】: %s' % pred)
```

运行结果如下：

```
    using 2142 images for training.
    train epoch[1/10] loss:0.882: 100%|██████████████| 67/67 [05:46<00:00,
5.17s/it]
   【EPOCH: 】1
    训练损失为 38.31112961471081
    训练精度为 73.90%
    train epoch[2/10] loss:0.460: 100%|██████████████| 67/67 [06:33<00:00,
5.88s/it]
   【EPOCH: 】2
    训练损失为 37.73484416306019
    训练精度为 77.40%
    train epoch[3/10] loss:0.225: 100%|██████████████| 67/67 [06:00<00:00,
5.38s/it]
      0%|          | 0/67 [00:00<?, ?it/s]【EPOCH: 】3
    训练损失为 31.319448485970497
    训练精度为 80.06%
    train epoch[4/10] loss:0.490: 100%|██████████████| 67/67 [06:41<00:00,
6.00s/it]
      0%|          | 0/67 [00:00<?, ?it/s]【EPOCH: 】4
    训练损失为 36.781765565276146
    训练精度为 78.94%
    train epoch[5/10] loss:0.440: 100%|██████████████| 67/67 [06:16<00:00,
5.62s/it]
      0%|          | 0/67 [00:00<?, ?it/s]【EPOCH: 】5
    训练损失为 29.949161008000374
    训练精度为 81.93%
    train epoch[6/10] loss:0.253: 100%|██████████████| 67/67 [06:17<00:00,
5.63s/it]
   【EPOCH: 】6
    训练损失为 27.939718201756477
    训练精度为 82.63%
    train epoch[7/10] loss:0.341: 100%|██████████████| 67/67 [06:25<00:00,
5.75s/it]
   【EPOCH: 】7
    训练损失为 29.68729281425476
```

```
    训练精度为 82.77%
    train epoch[8/10] loss:0.337: 100%|██████████| 67/67 [06:57<00:00, 6.22s/it]
   【EPOCH: 】8
    训练损失为 28.97513736784458
    训练精度为 82.77%
    train epoch[9/10] loss:0.089: 100%|██████████| 67/67 [06:17<00:00, 5.63s/it]
      0%|          | 0/67 [00:00<?, ?it/s]【EPOCH: 】9
    训练损失为 26.791129417717457
    训练精度为 83.05%
    train epoch[10/10] loss:0.625: 100%|██████████| 67/67 [06:06<00:00, 5.46s/it]
   【EPOCH: 】10
    训练损失为 33.004408583045006
    训练精度为 80.85%
    Finished Training
    Clipping input data to the valid range for imshow with RGB data ([0..1] for floats or [0..255] for integers).
```

如图 16-3 所示，预测结果分类为 Monkeypox。

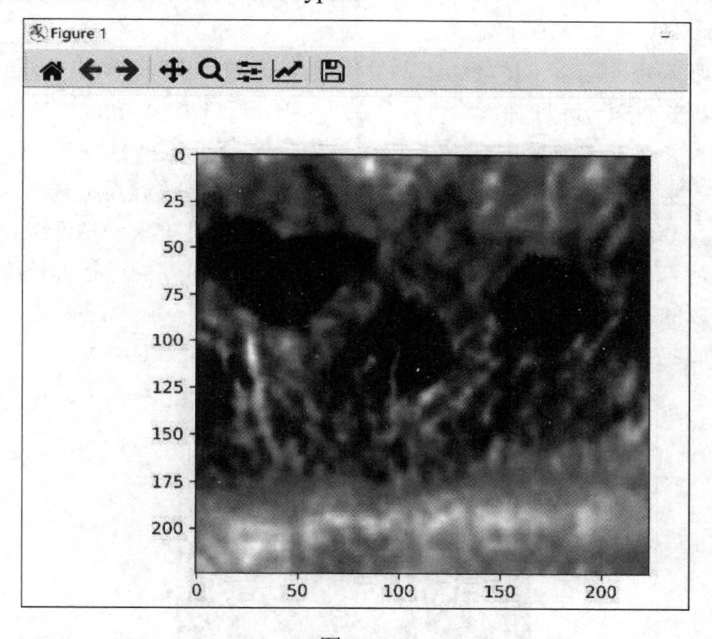

图 16-3

这个项目能够使有相关症状的感染者有效地识别出是否为猴痘病，提出了一种改进的基于迁移学习残差网络的图像自动识别方法。该方法使用了 ResNet101 网络并使用该网络预训练权重进行迁移学习，在猴痘病数据集上进行了网络的训练，可以增加训练轮次，最终达到了比较高的识别准确率。

第 17 章

X 光肺部感染识别项目实战

17.1 X 光肺部感染识别项目背景

世界卫生组织的报告显示，全球每年因肺炎致死的儿童多达 200 万，超过 HIV/AIDS、疟疾和麻疹致死人数的总和，成为儿童夭折的首要原因。95%的新发儿童临床性肺炎病例发生在发展中国家，包括东南亚、非洲、拉丁美洲地区。

肺炎会造成呼吸困难、高烧、持续咳嗽、神经系统紊乱、胃肠道功能紊乱。根据 X 射线胸片影像及病理状态，肺炎分为大叶性肺炎、支气管肺炎（小叶性肺炎）和间质性肺炎。

目前肺炎的诊断主要依赖血检、胸片、痰菌培养，血检需要穿刺抽血，胸片分析则需有经验的医生，菌痰培养需要较长时间。落后地区医疗资源紧缺，过度依赖人工判断，不仅使医生筋疲力尽，也会带来漏检。患者排队三小时，看病五分钟，专家号千金难求，精准医疗却遥不可及。本项目希望借助前沿的人工智能图像识别算法，从肺炎医疗大数据影像中进行细粒度数据挖掘。

有一个数据较多的胸部 X 光的数据库，是用来诊断是否患有肺部感染的。正常肺部如图 17-1 所示，胸部 X 线检查描绘了清晰的肺部，图像中没有任何异常混浊的区域。

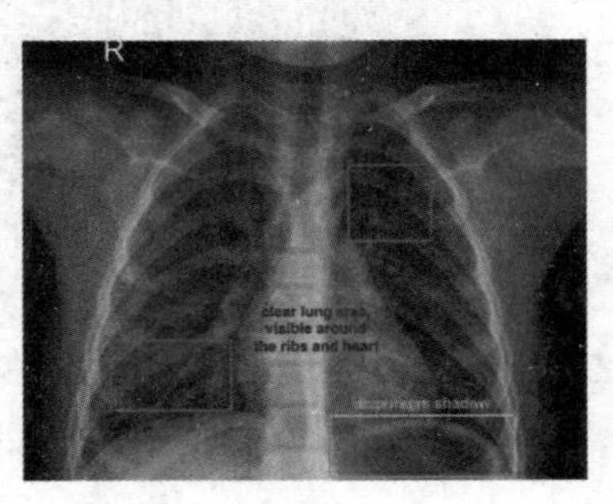

图 17-1

而肺部感染的 X 光胸片影像特征如图 17-2 所示，肺部炎症呈斑点状、片状或均匀的阴影，有病变的肺叶或肺段出现有斑片样的表现，肺炎后期可能出现肺部影像大片发白。

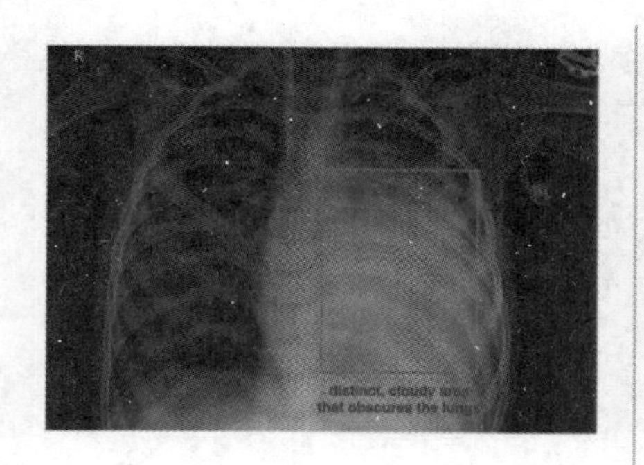

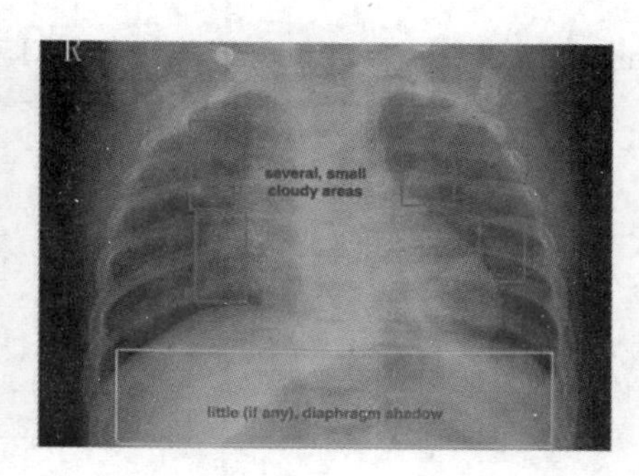

图 17-2

17.2 项目所用到的图像分类模型

本项目使用 ResNet50 深度学习图像分类模型。ResNet50 是一种基于深度卷积神经网络（Convolutional Neural Network，CNN）的图像分类算法。它是由微软研究院的 Kaiming He 等于 2015 年提出的，是 ResNet 系列中的一个重要成员。ResNet50 相比于传统的卷积神经网络模型具有更深的网络结构，通过引入残差连接（Residual Connection）解决了深层网络训练过程中的梯度消失问题，有效提升了模型的性能。

深度卷积神经网络是一种专门用于图像处理的神经网络结构，具有层次化的特征提取能力。它通过交替使用卷积层、池化层和激活函数层，逐层地提取图像的特征，从而实现对图像的分类、检测等任务。然而，当网络结构变得非常深时，卷积神经网络模型容易面临梯度消失和模型退化的问题。

残差连接是 ResNet50 的核心思想之一。在传统的卷积神经网络模型中，网络层之间的信息流是依次通过前一层到后一层的，而且每一层的输出都需要经过激活函数处理。这种顺序传递信息的方式容易导致梯度消失的问题，尤其是在深层网络中。ResNet50 通过在网络中引入残差连接，允许信息在网络层之间直接跳跃传递，从而解决了梯度消失的问题。

ResNet50 中的基本构建块是残差块。每个残差块由两个卷积层组成，这两个卷积层分别称为主路径（Main Path）和跳跃连接（Shortcut Connection）。主路径中的卷积层用于提取特征，而跳跃连接直接将输入信息传递到主路径的输出上。通过将输入与主路径的输出相加，实现了信息的残差学习。此外，每个残差块中还使用批量归一化（Batch Normalization）和激活函数（如 ReLU）来进一步提升模型的性能。

ResNet50 网络结构由多个残差块组成，其中包括一些附加的层，如池化层和全连接层。整个网络的结构非常深，并且具有很强的特征提取能力。在 ResNet50 中，使用了 50 个卷积层，因此得名 ResNet50。这些卷积层以不同的尺寸和深度对图像进行特征提取，使得模型能够捕捉到不同层次的特征。

这就是针对肺部 X 光图片所使用的图像识别模型，所以我们需要对这个模型做一些微调，改变一些参数或者层，所以需要先把所有参数都冻结起来，需要改哪个参数，直接拿出来改就行。

本项目使用的胸部 X 射线图像（Chest X-Ray Images）数据集地址为 https://www.kaggle.com/datasets/

paultimothymooney/chest-xray-pneumonia，如图 17-3 所示。

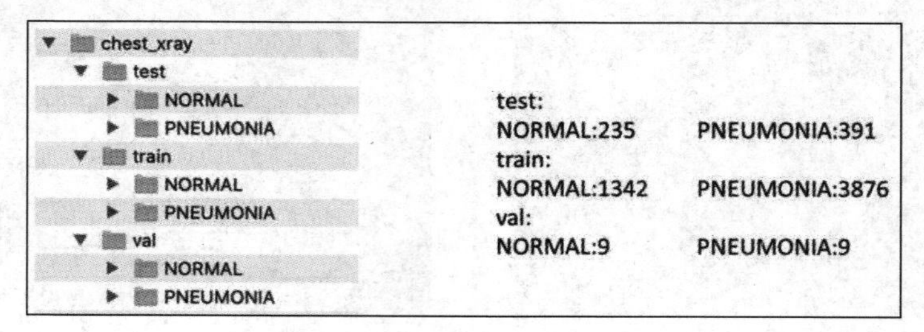

图 17-3

胸部 X 射线图像数据集分为 3 个文件夹（test、train、val），并包含每个图像类别（肺炎/正常）的子文件夹。有 5 863 幅 X 射线图像（JPEG）和两个类别（肺炎/正常）。

显示数据集中的图片样例的代码如下：

```
######lung_demo1.py##################################
# 1. 加载库
import torch
import torch.nn as nn
import numpy as np
import matplotlib.pyplot as plt
from torchvision import datasets, transforms
import os
from torchvision.utils import make_grid
from torch.utils.data import DataLoader

# 2. 定义一个方法：显示图片
def img_show(inp, title=None):
    plt.figure(figsize=(14, 3))
    inp = inp.numpy().transpose((1, 2, 0))  # 转成 numpy，然后转置
    mean = np.array([0.485, 0.456, 0.406])
    std = np.array([0.229, 0.224, 0.225])
    inp = std * inp + mean
    inp = np.clip(inp, 0, 1)
    plt.imshow(inp)
    if title is not None:
        plt.title(title)
    plt.pause(0.001)
    plt.show()


def main():
    pass
    # 3. 定义超参数
    BATCH_SIZE = 8
    DEVICE = torch.device("gpu" if torch.cuda.is_available() else "cpu")

    # 4. 图片转换，使用字典进行转换
    data_transforms = {
```

```
        'train': transforms.Compose([
            transforms.Resize(300),
            transforms.RandomResizedCrop(300),  # 随机裁剪
            transforms.RandomHorizontalFlip(),
            transforms.CenterCrop(256),
            transforms.ToTensor(),  # 转为张量
            transforms.Normalize([0.485, 0.456, 0.406],
                                 [0.229, 0.224, 0.225])  # 正则化

        ]),
        'val': transforms.Compose([
            transforms.Resize(300),
            transforms.CenterCrop(256),
            transforms.ToTensor(),  # 转为张量
            transforms.Normalize([0.485, 0.456, 0.406],
                                 [0.229, 0.224, 0.225])  # 正则化
        ])
    }

    # 5. 操作数据集
    # 5.1. 数据集路径
    data_path = "./chest_xray/"
    # 5.2. 加载数据集的train val
    img_datasets = {x: datasets.ImageFolder(os.path.join(data_path, x),
                                           data_transforms[x]) for x in ["train", "val"]}
    # 5.3. 为数据集创建一个迭代器，读取数据
    dataloaders = {x: DataLoader(img_datasets[x], shuffle=True,
                                 batch_size=BATCH_SIZE) for x in ["train", "val"]
                   }
    # 5.4. 训练集和验证集的大小（图片的数量）
    data_sizes = {x: len(img_datasets[x]) for x in ["train", "val"]}
    # 5.5. 获取标签类别名称 NORMAL 正常 -- PNEUMONIA 感染
    target_names = img_datasets['train'].classes
    # 6. 显示一个batch_size 的图片（8 张图片）
    # 6.1. 读取 8 幅图片
    datas, targets = next(iter(dataloaders['train']))
    # iter 把对象变为可迭代对象，next 去迭代
    # 6.2. 将若干正图片平成一幅图像
    out = make_grid(datas, norm=4, padding=10)
    # 6.3. 显示图片
    img_show(out, title=[target_names[x] for x in targets])  # title 拿到类别，也就
是标签呢

if __name__ == '__main__':
    main()
    ########################################
```

运行结果如图 17-4 所示。

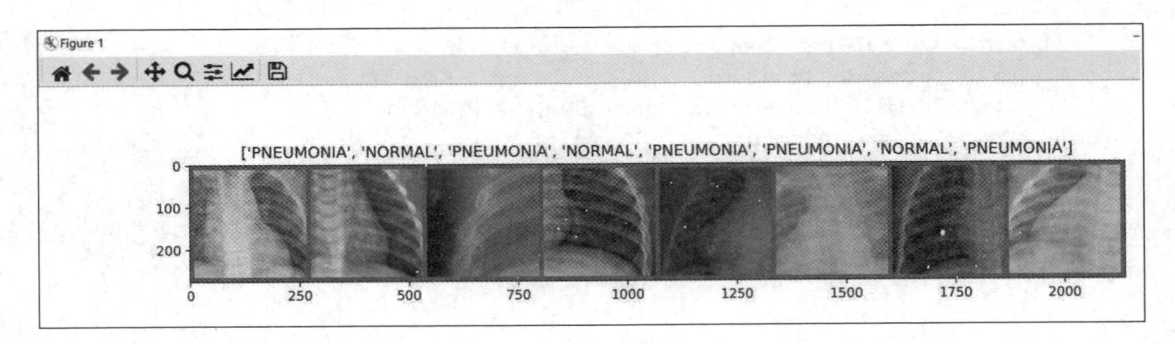

图 17-4

17.3 实战项目代码分析

本项目借鉴了迁移学习（Transfer Learning）的思想，使用了在 ImageNet 上训练的 ResNet50 网络模型。迁移学习，简单说就是把已经训练好的模型参数迁移到新的模型来帮助新模型训练。

本项目案例的主要流程如下。

步骤 01 加载预训练模型 ResNet，该模型已在 ImageNet 上训练过。

步骤 02 冻结预训练模型中低层卷积层的参数（权重）。

步骤 03 用可训练参数的多层替换分类层。

步骤 04 在训练集上训练分类层。

步骤 05 微调超参数，根据需要解冻更多层。

我们使用 PyTorch 深度学习框架来搭建肺部感染识别模型，完整代码如下：

```
###############lung_demo2.py#######
#案例：肺部检测
# 加入必要的库
import torch
import torch.nn as nn
import numpy as np
import torch.optim as optim
from torch.optim import lr_scheduler
from torchvision import datasets, transforms, utils, models
import time
import matplotlib.pyplot as plt
from torch.utils.data import DataLoader
from torch.utils.tensorboard.writer import SummaryWriter
import os
import torchvision
import copy
# 加载数据集

# 图像变化设置
data_transforms = {
```

```
    "train":
        transforms.Compose([
            transforms.RandomResizedCrop(300),
            transforms.RandomHorizontalFlip(),
            transforms.CenterCrop(256),
            transforms.ToTensor(),
            transforms.Normalize([0.485, 0.456, 0.406],
                                 [0.229, 0.224, 0.225])
        ]),

    "val":
        transforms.Compose([
            transforms.Resize(300),
            transforms.CenterCrop(256),
            transforms.ToTensor(),
            transforms.Normalize([0.485, 0.456, 0.406],
                                 [0.229, 0.224, 0.225])
        ]),

    'test':
        transforms.Compose([
            transforms.Resize(size=300),
            transforms.CenterCrop(size=256),
            transforms.ToTensor(),
            transforms.Normalize([0.485, 0.456, 0.406], [0.229, 0.224,
                                                         0.225])
        ]),

}


# 可视化图片
def imshow(inp, title=None):
    inp = inp.numpy().transpose((1, 2, 0))
    mean = np.array([0.485, 0.456, 0.406])
    std = np.array([0.229, 0.224, 0.225])
    inp = std * inp + mean
    inp = np.clip(inp, 0, 1)
    plt.imshow(inp)
    if title is not None:
        plt.title(title)
    plt.pause(0.001)

# 可视化模型预测


def visualize_model(model, num_images=6):
    was_training = model.training
    model.eval()
    images_so_far = 0
```

```
    fig = plt.figure()
    with torch.no_grad():
        for i, (datas, targets) in enumerate(dataloaders['val']):
            datas, targets = datas.to(device), targets.to(device)
            outputs = model(datas)  # 预测数据
            _, preds = torch.max(outputs, 1)  # 获取每行数据的最大值
            for j in range(datas.size()[0]):
                images_so_far += 1  # 累计图片数量
                ax = plt.subplot(num_images // 2, 2, images_so_far)  # 显示图片
                ax.axis('off')  # 关闭坐标轴
                ax.set_title('predicted:{}'.format(class_names[preds[j]]))
                imshow(datas.cpu().data[j])
                if images_so_far == num_images:
                    model.train(mode=was_training)
                    return
        model.train(mode=was_training)

# 定义训练函数
def train(model, device, train_loader, criterion, optimizer, epoch, writer):
    # 作用：声明在模型训练时，采用 Batch Normalization 和 Dropout
    # Batch Normalization ：对网络中间的每层进行归一化处理
    # Dropout ：减少过拟合
    model.train()
    total_loss = 0.0  # 总损失初始化为 0.0
    # 循环读取训练数据，更新模型参数
    for batch_id, (data, target) in enumerate(train_loader):
        data, target = data.to(device), target.to(device)
        optimizer.zero_grad()  # 梯度初始化为零
        output = model(data)  # 训练后的输出
        loss = criterion(output, target)  # 计算损失
        loss.backward()  # 反向传播
        optimizer.step()  # 参数更新
        total_loss += loss.item()  # 累计损失
    # 写入日志
    writer.add_scalar('Train Loss', total_loss / len(train_loader), epoch)
    writer.flush()  # 刷新
    return total_loss / len(train_loader)  # 返回平均损失值


#  定义测试函数
def test(model, device, test_loader, criterion, epoch, writer):
    # 作用：声明在模型训练时，不采用 Batch Normalization 和 Dropout
    model.eval()
    # 损失和正确
    total_loss = 0.0
    correct = 0.0
    # 循环读取数据
    with torch.no_grad():
        for data, target in test_loader:
            data, target = data.to(device), target.to(device)
```

```
            # 预测输出
            output = model(data)
            # 计算损失
            total_loss += criterion(output, target).item()
            # 获取预测结果中每行数据概率最大的下标
            _, preds = torch.max(output, dim=1)
            # pred = output.data.max(1)[1]
            # 累计预测正确的个数
            correct += torch.sum(preds == target.data)
            # correct += pred.eq(target.data).cpu().sum()

            ######## 增加 #######
            misclassified_images(preds, writer, target, data, output, epoch)
    # 记录错误分类的图片

        # 总损失
        total_loss /= len(test_loader)
        # 正确率
        accuracy = correct / len(test_loader)
        # 写入日志
        writer.add_scalar('Test Loss', total_loss, epoch)
        writer.add_scalar('Accuracy', accuracy, epoch)
        writer.flush()
        # 输出信息
        print("Test Loss : {:.4f}, Accuracy : {:.4f}".format(total_loss, accuracy))
        return total_loss, accuracy

# 定义一个获取 Tensorboard 的 writer 的函数
def tb_writer():
    timestr = time.strftime("%Y%m%d_%H%M%S")
    writer = SummaryWriter('logdir/' + timestr)
    return writer

# 定义一个池化层处理函数
class AdaptiveConcatPool2d(nn.Module):
    def __init__(self, size=None):
        super().__init__()
        size = size or (1, 1)  # 池化层的卷积核大小，默认值为（1，1）
        self.pool_one = nn.AdaptiveAvgPool2d(size)  # 池化层 1
        self.pool_two = nn.AdaptiveMaxPool2d(size)  # 池化层 2

    def forward(self, x):
        return torch.cat([self.pool_one(x), self.pool_two(x)], 1)  # 连接两个池化层

def get_model():
    model_pre = models.resnet50(weights=models.ResNet50_Weights.DEFAULT)
    # 获取预训练模型
    # 冻结预训练模型中所有参数
    for param in model_pre.parameters():
        param.requires_grad = False
```

```
    # 替换 ResNet 最后的两层网络，返回一个新的模型（迁移学习）
    model_pre.avgpool = AdaptiveConcatPool2d()  # 池化层替换
    model_pre.fc = nn.Sequential(
        nn.Flatten(),              # 所有维度拉平
        nn.BatchNorm1d(4096),      # 正则化处理
        nn.Dropout(0.5),           # 丢掉神经元
        nn.Linear(4096, 512),      # 线性层处理
        nn.ReLU(),  # 激活函数
        nn.BatchNorm1d(512),       # 正则化处理
        nn.Dropout(p=0.5),         # 丢掉神经元
        nn.Linear(512, 2),         # 线性层
        nn.LogSoftmax(dim=1)       # 损失函数
    )
    return model_pre

def train_epochs(model, device, dataloaders, criterion, optimizer, num_epochs,
writer):

    print("{0:>20} | {1:>20} | {2:>20} | {3:>20} |".format('Epoch',
                                                            'Training Loss',
                                                            'Test Loss',
                                                            'Accuracy'))
    best_score = np.inf  # 假设最好的预测值
    start = time.time()  # 开始时间

    # 开始循环读取数据进行训练和验证
    for epoch in num_epochs:

        train_loss = train(model, device, dataloaders['train'], criterion, optimizer,
epoch, writer)

        test_loss, accuracy = test(model, device, dataloaders['val'], criterion,
epoch, writer)

        if test_loss < best_score:
            best_score = test_loss
            torch.save(model.state_dict(), model_path)
            # 保存模型
            # state_dict 变量存放训练过程中需要学习的权重和偏置系数

        print("{0:>20} | {1:>20} | {2:>20} | {3:>20.2f} |".format(epoch,
                                                                  train_loss,
                                                                  test_loss,
                                                                  accuracy))
        writer.flush()

    # 训练完所耗费的总时间
    time_all = time.time() - start
    # 输出时间信息
    print("Training complete in {:.2f}m {:.2f}s".format(time_all // 60, time_all %
```

```
60))

def misclassified_images(pred, writer, target, data, output, epoch, count=10):
    misclassified = (pred != target.data)  # 记录预测值与真实值不同的 True 和 False
    for index, image_tensor in enumerate(data[misclassified][:count]):
        # 显示预测不同的前 10 幅图片
        img_name = '{}->Predict-{}x{}-Actual'.format(
            epoch,
            LABEL[pred[misclassified].tolist()[index]],
            LABEL[target.data[misclassified].tolist()[index]],
        )
        writer.add_image(img_name, inv_normalize(image_tensor), epoch)

# 训练和验证

# 定义超参数
model_path = './chk/chest_model.pth'
batch_size = 16
device = torch.device('gpu' if torch.cuda.is_available() else 'cpu')  # gpu 和 cpu
选择

# 加载数据
data_path = "./chest_xray/"  # 数据集所在的文件夹路径

# 加载数据集
image_datasets = {x: datasets.ImageFolder(os.path.join(data_path, x),
                                          data_transforms[x]) for x in
                  ['train', 'val', 'test']}

# 为数据集创建 iterator
dataloaders = {x: DataLoader(image_datasets[x], batch_size=batch_size,
                             shuffle=True) for x in ['train', 'val', 'test']}

# 训练集和验证集的大小
data_sizes = {x: len(image_datasets[x]) for x in ['train', 'val', 'test']}

# 训练集所对应的标签
class_names = image_datasets['train'].classes
    # 一共有两个：NORMAL 正常 vs PNEUMONIA 肺炎
LABEL = dict((v, k) for k, v in image_datasets['train'].class_to_idx.items())

print("-" * 50)

# 获取 trian 中的一批数据
datas, targets = next(iter(dataloaders['train']))

# 显示这批数据
out = torchvision.utils.make_grid(datas)

imshow(out, title=[class_names[x] for x in targets])
```

```
# 将 tensor 转换为 image
inv_normalize = transforms.Normalize(
   mean=[-0.485 / 0.229, -0.456 / 0.224, -0.406 / 0.225],
   std=[1 / 0.229, 1 / 0.224, 1 / 0.255]
)

writer = tb_writer()
images, labels = next(iter(dataloaders['train']))  # 获取一批数据
grid = torchvision.utils.make_grid([inv_normalize(image) for image in images[:32]])
writer.add_image('X-Ray grid', grid, 0)  # 添加到 TensorBoard
writer.flush()  # 将数据读取到存储器中

model = get_model().to(device)        # 获取模型
criterion = nn.NLLLoss()              # 损失函数
optimizer = optim.Adam(model.parameters())
train_epochs(model, device, dataloaders, criterion, optimizer, range(0, 10), writer)
writer.close()
```

运行结果如图 17-5 所示。

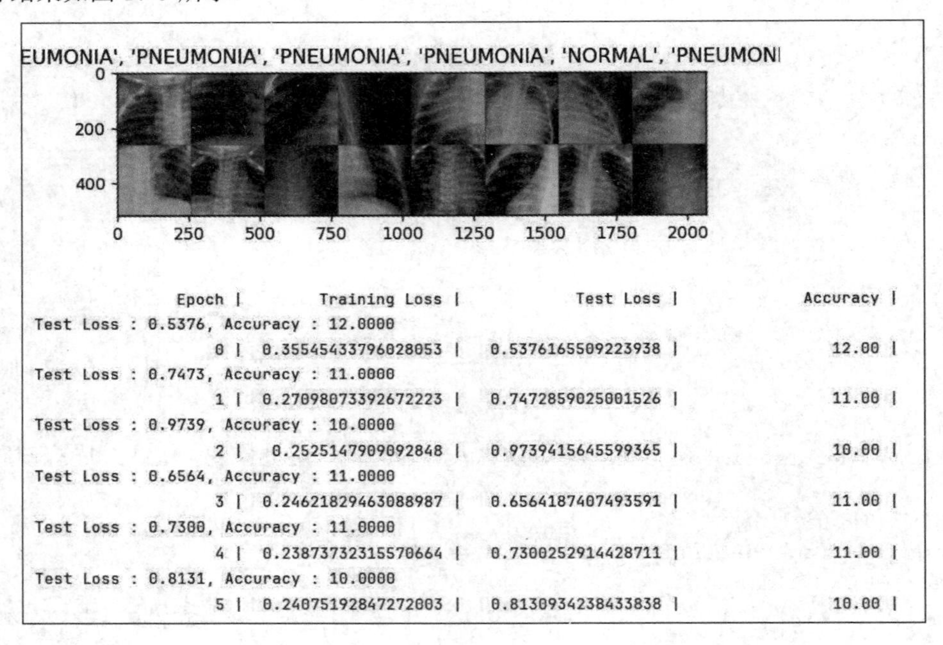

图 17-5

这个项目使用了 ResNet50 网络并使用该网络预训练权重进行迁移学习，在肺部感染 X 射线数据集上进行了网络训练，可以增加训练轮次，最终达到了比较高的识别准确率。

第 18 章

乐器声音音频识别项目实战

18.1 音频与声音数字化

1. 音频的相关概念

相信大家在课本中都学过，声音信号是由空气压力的变化而产生的。我们可以测量压力变化的强度，并绘制这些测量值随时间的变化。声音信号经常在规律的、固定的区间内重复，因此每个波都具有相同形状。如图 18-1 所示的高度表示声音的强度，我们称之为振幅。振幅决定了声波的振动大小。

信号完成一个完整波所花费的时间为周期，信号在一秒钟内发出的波数为频率。频率决定声波的振动频率，一般比较刺耳的声音频率就比较大，也就是音调比较高。频率的单位是赫兹，每秒钟振动（或振荡、波动）一次为 1 赫兹。音频就是人耳可以听到的频率在 20Hz~20kHz 之间的声波。

生活中的大多数声音可能并不遵循这种简单而有规律的周期模式。不同频率的信号可以添加在一起，形成一种具有更复杂的重复模式的复合信号。我们听到的所有声音，包括人声，都由这样的波形组成。人耳能根据声音的“质量”（也称为音色）来区分不同的声音。波形决定声波的形状，可以决定声音的音色如何。如图 18-2 所示的波形可能是一种乐器的声音。

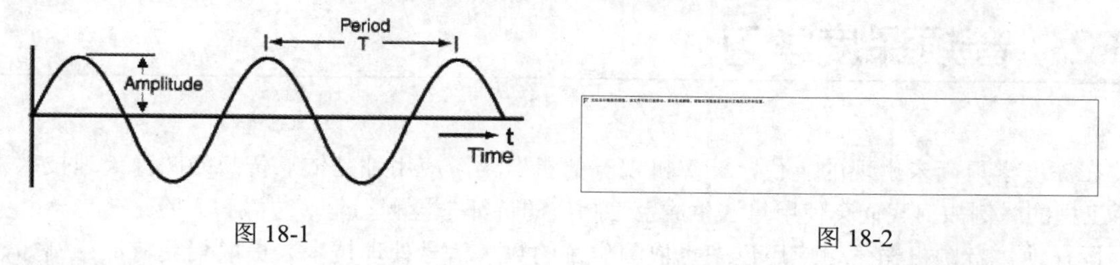

图 18-1　　图 18-2

2. 声音数字化

为了把声音数字化，我们必须将信号转换为一系列数字，以便将其输入模型中。我们每隔相同的时间段对声音的振幅进行测量，然后把信号转换为数字。如图 18-3 所示，每隔相同的时间段进行抽样测量，每一次这样的测量就是一个样本，采样率是每秒的样本数。例如，采样率通常约为每秒 44 100 个样本，也就是说一个 10 秒的音乐片段有 441 000 个样本。

我们已经知道了音频就是一种波，那么要使用什么方法来记录和存储呢？一般来说，可以使用脉冲编码调制（Pulse Code Modulation，PCM）。所谓的 PCM，是对连续变化的模拟信号进行抽样、量化和编码产生数字信号，如图 18-4 所示。

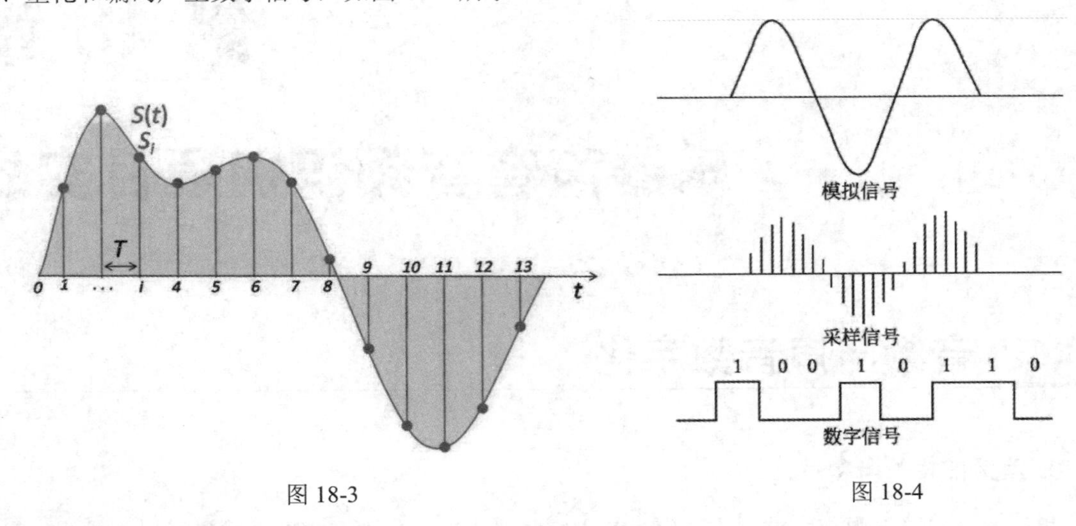

图 18-3　　　　图 18-4

PCM 的主要过程如下。

（1）抽样：将连续时间模拟信号变为离散时间、连续幅度的抽样信号。因为我们都知道，声波是连续的，但是要训练的数据是离散的。根据奈奎斯特采样定理（奈奎斯特采样定理是美国电信工程师 H.奈奎斯特在 1928 年提出的，采样定理说明采样频率与信号频谱之间的关系，是连续信号离散化的基本依据），采样频率不小于模拟信号频谱中最高频率的 2 倍。

（2）量化：将抽样信号变为离散时间、离散幅度的数字信号。

（3）编码：对每一组数据的幅度进行编码（这个就类似于哈夫曼编码，哈夫曼编码的目的是减少存储体积，最佳的编码方式）。比如给你 515 组数据，一共有 32 组不同的幅度，那么就可以用 5 位的二进制数来表示，也就是 5bytes。

18.2　音频深度学习

在深度学习尚未出现的年代，计算机视觉的机器学习应用都是依靠传统的图像处理技术来做特色工程的。例如，我们会使用算法生成手工制作的特征来检测拐角、边缘和人脸。

同样地，音频机器学习应用过去也依赖传统的数字信号处理技术来提取相关特征。例如，为了理解人类语音，可以使用语音概念来分析音频信号，从而提取音素等元素。所有这些都需要大量特定领域的专业知识才能解决问题，才能调整系统，从而获得更好的性能。

但随着近年来深度学习应用越来越普遍，它在处理音频方面也取得了巨大的成功。有了深度学习，传统的音频处理技术就不再需要了，我们可以依靠标准的数据准备来完成，不再需要大量的手动和自定义生成的特征。

而且，我们使用深度学习时实际上并没有处理原始格式的音频数据，常常是把音频数据转换为图像，然后使用标准的 CNN 架构来处理这些图像。我们通常会从音频中生成声谱图。所以现在首先了解一下什么是频谱图，然后使用频谱图来理解声谱图。

我们可以把不同频率的信号加在一起来形成复合信号，这些复合信号代表真实发生的声音，所以，如果一个信号由多种不同频率组成，我们可以称它为这些频率的总和。频谱图是组合在一起产生信号的一组频率，如图 18-5 所示，显示了一段音乐的频谱，频谱图绘制了信号中的所有频率以及每个频率的强度或振幅。

信号中的最低频率叫作基频，基频的整数倍的频率叫作谐波。例如，如果基频为 200 赫兹，则它的谐波频率为 400 赫兹、600 赫兹，以此类推。

我们前面看到的显示幅度与时间的波形是表示声音信号的一种方式。如图 18-6 所示，由于 X 轴显示的是信号的时间值范围，因此我们是在时域中查看信号的。频谱是表示相同信号的另一种方式。它显示了振幅与频率之间的关系，并且由于 X 轴显示了信号的频率值的范围，因此在某个时刻，我们是在频域中查看信号的。

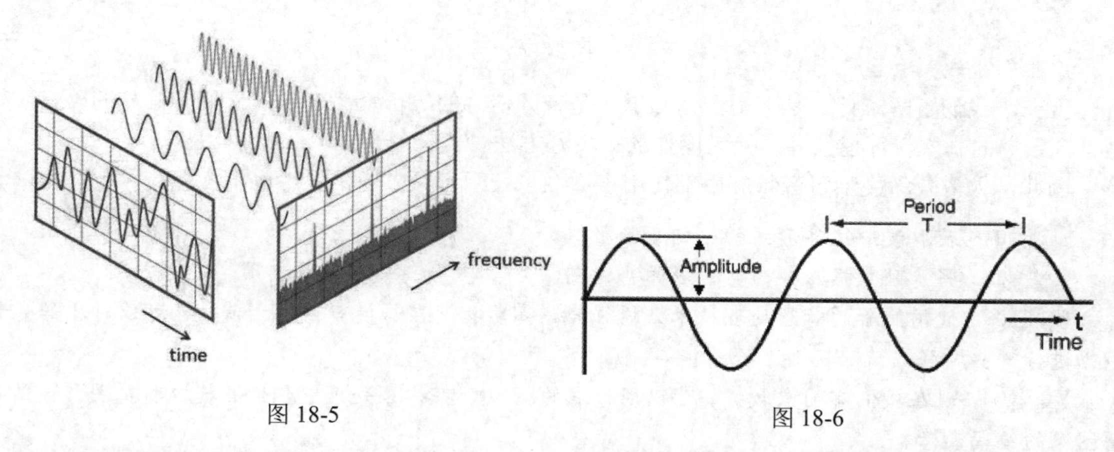

图 18-5　　　　图 18-6

由于信号随时间变化会产生不同的声音，因此其组成频率也会随时间而变化。换句话说，它的频谱是随时间变化的。信号的声谱图绘制了频谱随时间的变化，就像信号的“照片”一样。它在 X 轴上绘制时间，在 Y 轴上绘制频率，就好像我们在不同的时间点一次又一次地拍摄频谱，然后将它们全部合并为一幅图。

它使用不同的颜色表示每个频率的振幅或强度。颜色越亮，信号就越好。频谱图的每个垂直“切片”本质上是信号在该时间点的频谱，显示了在该时间点信号中发现的每个频率中的信号强度是如何分布的。

如图 18-7 所示，第一幅图片显示是时域中的信号，即振幅与时间。我们可以从图 18-7 中看出一个片段在每个时间点的音量，但是没有告诉我们存在哪些频率。第二幅图片是声谱图，它显示了频域中的信号。声谱图是利用傅里叶变换将信号分解成其组成频率而产生的。

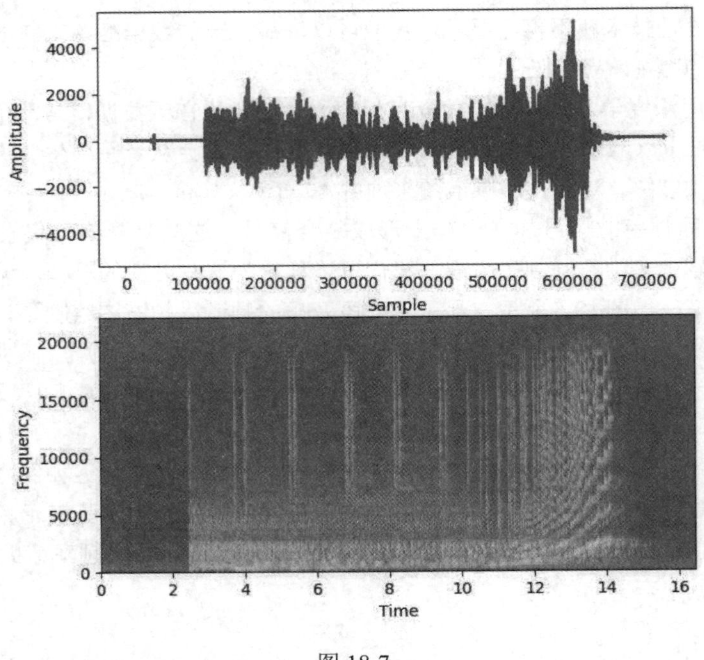

图 18-7

现在，我们了解了什么是声谱图，知道它是音频信号的等价紧凑表示，就像是信号的“指纹”，是音频数据的基本特征捕获并转换为图像的一个好方法。

因此，大多数深度学习音频应用都使用声谱图来表示音频，通常采用以下步骤：

步骤 01 获取波形文件形式的原始音频数据。

步骤 02 将音频数据转换为其对应的声谱图。

步骤 03 使用简单的音频处理技术来增强声谱图数据（在转换声谱图之前，也可以对原始音频数据进行一些增强或清除）。

步骤 04 现在我们有图像数据，可以用标准的 CNN 架构来处理它们，并提取特征图，这是声谱图像的编码表示。

下一步根据我们要解决的问题，从这个编码表示中生成输出预测。例如，对于音频分类问题，我们可以将音频传入分类器，分类器通常由一些完全连接的线性层组成。

18.3 音频处理的应用场景

我们的生活中到处都充满着各种各样的声音，所以会有很多需要处理和分析音频的场景。现在深度学习已经非常成熟，我们可以用深度学习解决一系列音频处理的场景问题。

1. 音频分类

如图 18-8 所示，音频分类涉及获取声音并将其分为几个类别。例如，识别声音的类型或来源，声音是汽车的起步声、锤子的声音、口哨声还是狗叫声。显而易见，音频分类的应用市场是巨大的。我们可以根据机器或设备发出的声音来检测故障，或把它应用于监控系统来检测安全漏洞。

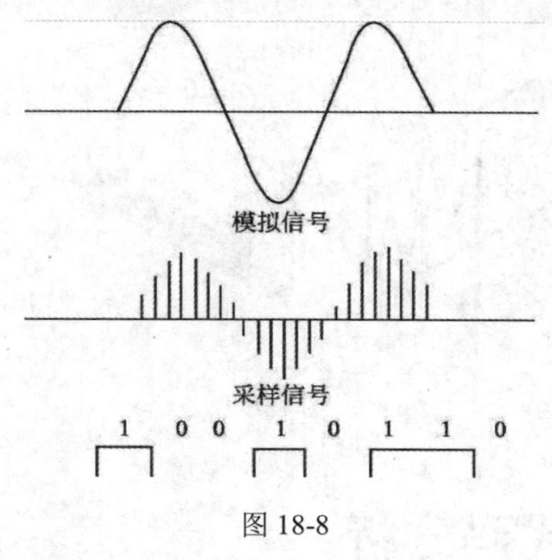

图 18-8

2. 音频分离

音频分离是指将感兴趣的信号从混合信号中分离出来，以便进一步处理。例如，我们希望将个人声音与背景噪声区分开，或者将小提琴的声音与音乐表演的其余部分区分开。

3. 音乐流派分类

我们都知道可以基于音频来识别和分类音乐，深度学习可以分析音乐的内容并找出音乐所属流派。这是一个多标签分类问题，因为一个音乐有可能属于多个流派，例如该音乐可能会被划分进摇滚、流行、爵士、萨尔萨舞、器乐等流派，也可能被划分进“老歌”“女歌手”“快乐”“派对音乐”的分类中。

4. 音乐生成

很多新闻都提到深度学习可以使用编程方式生成仿真人脸和图片，还能编写语法正确的智能信件或新闻报道。同样的道理，我们可以通过深度学习生成与特定流派、乐器甚至特定作曲家风格类似的合成音乐。

5. 语音识别

从技术上讲，语音识别也是一个音频分类问题，但涉及口语识别。我们可以用它识别说话者的性别或姓名（例如，这是比尔·盖茨或汤姆·汉克斯）。我们有可能通过语音识别检测人类情感，从他们的声音语调中识别其情绪，例如这个人是快乐、悲伤、愤怒还是焦虑的。我们还可以用它检测动物的声音，识别是什么动物在发出声音，或者识别这个动物的叫声是温柔的、刺耳的、威胁的还是惊恐的。

6. 语音转文字

我们可以更好地处理人类语音，不仅可以识别说话者，还能理解他们说话的内容。这涉及从音频中提取词汇，并将词汇转录为文本语句，如图18-9所示，这是最具挑战性的应用之一，因为它不仅涉及音频分析，还涉及自然语言处理，并且还需要开发一些基本的语言功能，才能从话语中辨别出不同的单词。

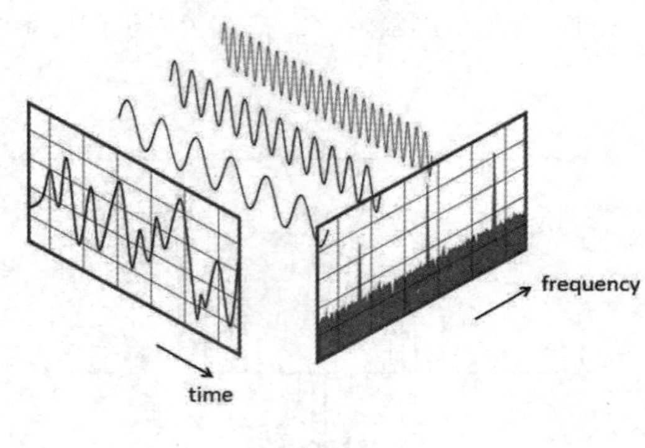

图 18-9

18.4 实战项目代码分析

乐器声音音频识别对实现自动化乐理分析、音乐信息检索和音频内容识别等应用具有重要意义。乐器声音音频识别是指通过对乐器演奏或录制的音频进行分析，自动判断出音频中所使用的乐器种类。这对于音乐家、音乐学者以及音频应用开发者来说都具有很大的价值。传统的乐器声音识别方法主要依靠特征提取和分类器的组合，但对于复杂多变的乐器声音，识别效果有限。本项目将介绍如何使用 PyTorch 训练一个网络模型来进行语音识别，由于语音属于时序信息，因此本项目主要使用循环神经网络 LSTM 来进行建模，我们将建立一个用现代算法来分类一个曲调是大和弦还是小和弦的语音识别模型。

LSTM 是一种循环神经网络的变体，能够在处理长序列数据时更好地捕捉时间依赖关系。在乐器声音音频识别中，我们可以将音频信号转换为时域或频域的特征序列，然后通过 LSTM 对这些序列进行建模。

1. 收集数据

首先，我们需要收集并准备乐器声音音频数据集。这个数据集应包含各种乐器演奏的音频样本，并标注乐器类别。

2. 特征提取

将音频信号转换为时域或频域的特征序列，这是乐器声音音频识别的关键步骤。常用的特征提取方法包括短时傅里叶变换（Short-Time Fourier Transform，STFT）、梅尔频率倒谱系数（Mel-Frequency Cepstral Coefficients，MFCC）等。这些特征能够反映音频的频谱信息和能量分布。

3. 模型构建

使用 LSTM 来构建乐器声音音频识别模型。LSTM 的输入为特征序列，输出为乐器类别。可以选择使用单层或多层 LSTM 结构，并结合其他神经网络层来提高模型的表达能力。

4. 模型训练与调优

将准备好的数据集划分为训练集和测试集，通过优化算法（如 Adam）对模型进行训练。在训练过程中，监控模型在测试集上的性能指标（如准确率、F1 值），并根据模型的表现对超参数进行调优。

5. 模型评估与应用

使用测试集评估训练好的模型的性能，计算准确率、召回率、F1 值等指标。对于乐器声音音频识别来说，可以使用交叉验证（Cross Validation）等方法进行更全面的评估。在实际应用中，可以将该模型嵌入音频处理软件或移动应用中，实现实时的乐器声音识别功能。

本项目所使用的数据集包含吉他和钢琴两种乐器的音频文件。由于我们的音频数据不可以直接用于神经网络中直接进行学习，因此需要将其解码形成数值编码。源程序代码如下：

```
###############audio_demo.py#######
import torch
import torch.nn as nn
import torch.nn.functional as F
import torch.optim as optim
from torchnet import meter
import matplotlib.pyplot as plt
import IPython.display as ipd
from tqdm import tqdm
import librosa
import glob
import numpy as np
import pandas as pd

data_path = './audio_data/*/*'  # 数据集路径
epochs = 10           # 迭代轮数
lr = 0.001            # 学习率
batch_size = 32       # 批次大小
hidden_dim = 64
num_layers = 2
save_path = './audio_model.pkl'  # 模型保存路径
device = torch.device('cuda:0' if torch.cuda.is_available() else 'cpu')  # 设备

# 将音频数据转成 numpy 格式数据
def audio_preprocessing(filepath):
    audio, sr = librosa.load(filepath, duration=5)
    pad_len = 110250 - len(audio)
    audio = np.pad(audio, (0, pad_len))
    return audio

# 处理数据
audio_list = []
for i in tqdm(glob.glob(data_path)):
    audio = audio_preprocessing(i)
    audio_list.append(audio)
```

```
# 绘制音频信号
plt.plot(audio_list[0])

train = pd.DataFrame({'path': glob.glob(data_path)})
train['label'] = train['path'].apply(lambda x: x.split('\\')[1]).replace({'Major':
1, 'Minor': 0})

# 859, 2205, 50
x_train = np.array(audio_list).reshape(859, -1, 50)
y_train = train['label'].values

# 形成训练集
train_dataset = torch.utils.data.TensorDataset(
    torch.tensor(x_train),
    torch.tensor(y_train))

# 形成迭代器
train_loader = torch.utils.data.DataLoader(train_dataset,
                                          batch_size,
                                          True)

print('using {} data for training.'.format(len(train_dataset)))

# 定义一维卷积模块
class CNN(nn.Module):
    def __init__(self, hidden_dim, num_layers, output_dim):
        super(CNN, self).__init__()
        self.lstm = nn.LSTM(50, hidden_dim, num_layers, batch_first=True)
        self.fc = nn.Linear(hidden_dim, output_dim)

    def forward(self, x):
        x, _ = self.lstm(x)  # torch.Size([32, 2205, 64]) 批次，序列长度，特征长度

        x = x[:, -1, :]  # torch.Size([32, 64])

        x = self.fc(x)  # torch.Size([32, 2])

        return x

# 模型训练
model = CNN(hidden_dim, num_layers, output_dim=2)

optimizer = optim.Adam(model.parameters(), lr=lr)  # 优化器
criterion = nn.CrossEntropyLoss()  # 多分类损失函数

model.to(device)
loss_meter = meter.AverageValueMeter()

best_acc = 0              # 保存最好的准确率
```

```
best_model = None          # 保存对应最好的准确率的模型参数
for epoch in range(epochs):
    model.train()          # 开启训练模式
    epoch_acc = 0          # 每个 epoch 的准确率
    epoch_acc_count = 0 # 每个 epoch 训练的样本数
    train_count = 0        # 用于计算总的样本数，方便求准确率
    loss_meter.reset()

    train_bar = tqdm(train_loader)  # 形成进度条
    for data in train_bar:
        x_input, label = data  # 解包迭代器中的 X 和 Y

        optimizer.zero_grad()

        # 形成预测结果
        output_ = model(x_input.to(device))

        # 计算损失
        loss = criterion(output_, label.view(-1))
        loss.backward()
        optimizer.step()

        loss_meter.add(loss.item())

        # 计算每个 epoch 正确的个数
        epoch_acc_count += (output_.argmax(axis=1) == label.view(-1)).sum()
        train_count += len(x_input)

    # 每个 epoch 对应的准确率
    epoch_acc = epoch_acc_count / train_count

    # 打印信息
    print("【EPOCH: 】%s" % str(epoch + 1))
    print("训练损失为%s" % (str(loss_meter.mean)))
    print("训练精度为%s" % (str(epoch_acc.item() * 100)[:5]) + '%')

    # 保存模型及相关信息
    if epoch_acc > best_acc:
        best_acc = epoch_acc
        best_model = model.state_dict()

    # 在训练结束保存最优的模型参数
    if epoch == epochs - 1:
        # 保存模型
        torch.save(best_model, './audio_best_model.pkl')

print('Finished Training')
```

运行结果如下：

```
100%|██████████████| 859/859 [00:11<00:00, 72.31it/s]
```

```
using 859 data for training.
100%|██████████| 27/27 [01:01<00:00,  2.27s/it]
【EPOCH: 】1
训练损失为0.6803049952895551
训练精度为58.44%
100%|██████████| 27/27 [01:13<00:00,  2.73s/it]
  0%|          | 0/27 [00:00<?, ?it/s]【EPOCH: 】2
训练损失为0.6797413362397087
训练精度为58.44%
100%|██████████| 27/27 [01:17<00:00,  2.88s/it]
  0%|          | 0/27 [00:00<?, ?it/s]【EPOCH: 】3
训练损失为0.6791554225815667
训练精度为58.44%
100%|██████████| 27/27 [01:12<00:00,  2.67s/it]
  0%|          | 0/27 [00:00<?, ?it/s]【EPOCH: 】4
训练损失为0.6791852536024868
训练精度为58.44%
100%|██████████| 27/27 [01:04<00:00,  2.38s/it]
【EPOCH: 】5
训练损失为0.6792585010881778
训练精度为58.44%
100%|██████████| 27/27 [01:07<00:00,  2.50s/it]
【EPOCH: 】6
训练损失为0.6790655829288341
训练精度为58.44%
100%|██████████| 27/27 [01:05<00:00,  2.41s/it]
【EPOCH: 】7
训练损失为0.6797297067112392
训练精度为58.44%
100%|██████████| 27/27 [01:01<00:00,  2.27s/it]
  0%|          | 0/27 [00:00<?, ?it/s]【EPOCH: 】8
训练损失为0.679986419501128
训练精度为58.44%
100%|██████████| 27/27 [01:04<00:00,  2.39s/it]
【EPOCH: 】9
训练损失为0.679186458940859
训练精度为58.44%
100%|██████████| 27/27 [01:04<00:00,  2.39s/it]
【EPOCH: 】10
训练损失为0.6789051713766875
训练精度为58.44%
Finished Training
```

这里只训练了10轮，训练的数据样本也偏小，后续可以增加训练轮次和训练的数据样本，最终达到了比较高的识别准确率。